中国石油大学(北京)学术专著系列

页岩气井筒完整性失效机理与控制方法

李 军 席 岩 著

科学出版社

北 京

内 容 简 介

本书在总结国内外页岩气井筒完整性失效特征的基础上,对井筒完整性失效分析涉及的力学基础理论进行了分析,建立了直井、定向井、水平井的套管、水泥环及井壁围岩组合体弹塑性分析力学模型和有限元模型,并进行了案例分析;针对页岩气储层层理性强、各向异性突出的特点,开展了相关力学实验,确定了相关评价模型;建立了各向异性条件下的井周应力和套管应力计算模型,并进行了案例分析;在上述理论的基础上,对影响套管应力和变形的工程与地质因素进行了系统分析;同时,由于页岩气井环空带压现象较为普遍,开展了水泥石力学分析和密封完整性评价试验,分析了温度-压力耦合作用下水泥环完整性失效机理;最后,提出了页岩气井筒完整性控制方法。

本书可供石油工程专业及其相关领域的工程技术人员、院校的教师、研究生和高年级大学生参考使用。

图书在版编目(CIP)数据

页岩气井筒完整性失效机理与控制方法 / 李军,席岩著. —北京:科学出版社,2020.6

(中国石油大学(北京)学术专著系列)

ISBN 978-7-03-065031-3

Ⅰ. ①页… Ⅱ. ①李… ②席… Ⅲ. ①油页岩-井筒 Ⅳ. ①TE24

中国版本图书馆CIP数据核字(2020)第074515号

责任编辑:万群霞 崔元春 / 责任校对:王萌萌
责任印制:师艳茹 / 封面设计:无极书装

科 学 出 版 社 出版

北京东黄城根北街 16 号
邮政编码:100717
http://www.sciencep.com

北京通州皇家印刷厂 印刷

科学出版社发行 各地新华书店经销

*

2020 年 6 月第 一 版 开本:720×1000 1/16
2020 年 6 月第一次印刷 印张:18 1/4 插页:8
字数:370 000

定价:168.00 元

(如有印装质量问题,我社负责调换)

丛 书 序

　　大学是以追求和传播真理为目的，并对社会文明进步和人类素质提高产生重要影响力和推动力的教育机构和学术组织。1953 年，为适应国民经济和石油工业的发展需求，北京石油学院在清华大学石油系吸收北京大学、天津大学等院校力量的基础上创立，成为新中国第一所石油高等院校。1960 年被确定为全国重点大学。历经 1969 年迁校山东改称华东石油学院；1981 年又在北京办学，数次搬迁，几易其名。在半个多世纪的历史征程中，几代石大人秉承追求真理、实事求是的科学精神，在曲折中奋进，在奋进中实现了一次次跨越。目前，学校已成为石油特色鲜明，以工为主，多学科协调发展的"211 工程"建设的全国重点大学。2006 年 12 月，学校进入"国家优势学科创新平台"高校行列。

　　学校在发展历程中，有着深厚的学术记忆。学术记忆是一种历史的责任，也是人类科学技术发展的坐标。许多专家学者把智慧的涓涓细流，汇聚到人类学术发展的历史长河之中。据学校的史料记载：1953 年建校之初，在专业课中有 90% 的课程采用苏联等国的教材和学术研究成果。广大教师不断消化吸收国外先进技术，并深入石油厂矿进行学术探索，到 1956 年，编辑整理出学术研究成果和教学用书 65 种。1956 年 4 月，北京石油学院第一次科学报告会成功召开，活跃了全院的学术气氛。1957～1966 年，由于受到全国形势的影响，学校的学术研究在曲折中前进。然而许多教师继续深入石油生产第一线，进行技术革新和科学研究。到 1964 年，学院的科研物质条件逐渐改善，学术研究成果及译著得到出版。党的十一届三中全会之后，科学研究被提到应有的中心位置，学术交流活动也日趋活跃，同时社会科学研究成果也在逐年增多。1986 年起，学校设立科研基金，学术探索的氛围更加浓厚。学校始终以国家战略需求为使命，进入"十一五"之后，学校科学研究继续走"产学研相结合"的道路，尤其重视基础和应用基础研究。"十五"以来，学校的科研实力和学术水平明显提高，成为石油与石化工业应用基础理论研究和超前储备技术研究，以及科技信息和学术交流的主要基地。

　　在追溯学校学术记忆的过程中，我们感受到了石大学者的学术风采。石大学者不但传道授业解惑，而且以人类进步和民族复兴为己任，做经世济时、关乎国家发展的大学问，写心存天下、裨益民生的大文章。在半个多世纪的发展历程中，石大学者历经磨难、不言放弃，发扬了石油人"实事求是、艰苦奋斗"的优良作风，创造了不凡的学术成就。

　　学术事业的发展犹如长江大河，前浪后浪，滔滔不绝，又如薪火传承，代代相继，火焰愈盛。后人做学问，总要了解前人已经做过的工作，继承前人的成就和经验，并在此基础上继续前进。为了更好地反映学校科研与学术水平，凸显石油科技特色，弘扬科学精神，积淀学术财富，学校从 2007 年开始，建立"中国石油大学(北京)学术专著出版基金"，专款资助教师以科学研究成果为基础的优秀学术专著的出版，形成了"中国石油大学(北京)学术专著系列"。受学校资助出版的每一部专著，均经过初审评议、校外同行评议、校学术委员会评审等程序，确保所出版专著的学术水平和学术价值。学术专著的出版覆盖学校所有的研究领域。可以说，学术专著的出版为科学研究的先行者提供了积淀、总结科学发现的平台，也为科学研究的后来者提供了传承科学成果和学术思想的重要文字载体。

　　石大一代代优秀的专家学者，在人类学术事业发展尤其是石油与石化科学技术的发展中确立了一个个坐标，并且在不断产生着引领学术前沿的新军，他们形成了一道道亮丽的风景线。"莫道桑榆晚，为霞尚满天"。我们期待着更多优秀的学术著作，在园丁灯下伏案或电脑键盘的敲击声中诞生，而展现在我们眼前的一定是石大寥廓邃远、星光灿烂的学术天地。

　　祝愿这套专著系列伴随新世纪的脚步，不断迈向新的高度！

中国石油大学(北京)校长

2008 年 3 月 31 日

前　　言

美国页岩气开发取得了巨大成功,对国际油价、全球能源供应格局及地缘政治产生了深远影响。我国页岩气储量与美国基本相当,潜力巨大。因此,加快我国页岩气开发进程,对于缓解天然气供应压力、调整能源结构具有重大意义。"十二五"期间,我国页岩气开发取得了突破性进展。中国石油化工股份有限公司(简称中石化)四川涪陵页岩气田探明储量增至 3806 亿 m^3,成为除北美之外的全球第二大页岩气田。2017 年,我国页岩气产量达到 90 亿 m^3,比上一年增加 14%。页岩气勘探开发正成为我国石油工业的重要增长点。

尽管我国页岩气开发取得了阶段性成果,发展前景广阔。但在页岩气水平井分段压裂过程中,出现了严重的井筒完整性失效问题,制约了我国页岩气高效开发进程。具体来说,主要包括以下两个方面。

一方面是结构完整性失效,即套管变形问题突出。统计结果显示,2018 年,中国石油天然气股份有限公司(简称中石油)长宁页岩气示范区完成压裂 100 口井,套管变形 32 口井,变形比例达 32%。中石油威远区块完成压裂 140 口井,套管变形 67 口井,变形比例达 47.9%。套管变形后,导致桥塞无法坐封到位,压裂段数减少,降低了单井产量,缩短了井的生命周期。另外,部分井分段压裂改造完成后,在钻塞过程中发现套管已经变形,无法完成钻塞作业,导致单井产量大幅降低。

另一方面是密封完整性失效,即环空带压问题严重。统计结果显示,截至 2015 年 12 月底,中石化涪陵页岩气田投产井达到 166 口,出现的环空带压井占比高达 79.52%,给井口安全带来严重威胁,亟待解决。

国外的页岩气开发也出现了类似问题。Ingraffea 等对美国宾夕法尼亚州 41381 口井进行了统计,发现 Marcellus 页岩气区套损率是常规油气藏的 1.57 倍,而宾夕法尼亚州东北部的非常规油气井套损率是其他区域的 2.7 倍。此外,加拿大 Simonette 南部、Utica 等页岩气区块也出现了套管变形问题。

综上所述,页岩气压裂过程中的套管变形和环空带压问题非常普遍,是一个共性问题。尤其是套管变形,已经严重影响到了我国页岩气的高效开发。针对上述问题,我国先后分别采取了提高套管钢级、增加套管壁厚、使用弹韧性水泥、降低施工排量等多种举措,但井筒完整性问题仍然存在,且不同区块差异很大。其主要原因是页岩气井压裂过程中井筒失效机理不清,主控因素不明,进而缺乏合理有效的控制方法,因此非常有必要对其开展深入系统的研究。

　　在国家自然科学基金重点项目"页岩气水平井井筒完整性失效机理与控制方法"的支持下，作者及其研究团队对上述问题进行了深入分析，得出了一些有益的认识，并在此基础上完成了本书。全书共分 7 章，包括页岩气井完整性失效概况、井筒完整性力学分析基础、页岩力学各向异性条件下井周力学分析、工程因素对套管应力影响研究、地质因素对套管应力影响研究、多级压裂过程中水泥环密封失效机理研究、页岩气井筒完整性控制方法。

　　本书在撰写过程中，得到了中国石化石油工程技术研究院和中国石油西南油气田公司工程技术研究院的大力支持，其在资料提供、案例分析、效果评价等方面提供了诸多帮助。另外，博士研究生席岩、翟文宝、王滨、蒋记伟、连威、黄洪林、张更，硕士研究生黄玮、刘金璐、张浩哲、张展豪等做了大量的文字编辑工作，在此一并表示感谢！

　　由于我国页岩气开发起步较晚，面临的井筒完整性失效难题也远比国外复杂，解决技术方案尚不成熟，很多问题的解决尚处于摸索过程。本书得出的结论也是基于前期的工程实践和理论分析，加之涉及多学科内容，作者水平也有限，时间较为仓促，书中难免存在不妥之处，恳请同仁与读者批评指正。

作　者
2019 年 5 月

目　　录

丛书序
前言
第1章　页岩气井完整性失效概况 ·· 1
　1.1　页岩气开发概况 ·· 1
　　1.1.1　国外页岩气开发概况 ··· 2
　　1.1.2　我国页岩气开发概况 ··· 8
　　1.1.3　国内外页岩气开发对比 ·· 14
　1.2　页岩气井筒完整性失效现状 ··· 17
　　1.2.1　国外页岩气井筒完整性失效现状 ······································ 17
　　1.2.2　国内页岩气井筒完整性失效现状 ······································ 18
　1.3　井筒完整性失效机理研究现状 ·· 21
　　1.3.1　结构完整性失效机理 ··· 21
　　1.3.2　密封完整性失效机理 ··· 30
　参考文献 ··· 32
第2章　井筒完整性力学分析基础 ·· 37
　2.1　平面应变问题的基本方程和厚壁筒问题的解 ······························ 37
　2.2　页岩储层原地应力及其确定方法 ··· 41
　　2.2.1　水力压裂法测地应力 ··· 42
　　2.2.2　直井岩心声发射凯塞尔效应试验测地应力 ··························· 44
　　2.2.3　斜井岩心声发射凯塞尔效应试验测地应力 ··························· 46
　　2.2.4　地层破裂试验与差应变结合法测地应力 ····························· 48
　　2.2.5　国内主要页岩气区块的地应力 ··· 50
　2.3　直井井筒力学模型 ··· 50
　　2.3.1　均匀地应力条件下井筒线弹性模型 ···································· 51
　　2.3.2　均匀地应力条件下井筒弹塑性模型 ···································· 58
　　2.3.3　非均匀地应力条件下井筒有限元模型 ································· 68
　2.4　定向井井筒力学模型 ·· 79
　　2.4.1　定向井井周围岩应力场空间坐标变换 ································· 79
　　2.4.2　定向井井周应力计算 ··· 80
　　2.4.3　定向井井壁稳定三维有限元分析模型 ································· 83
　　2.4.4　定向井套管受力有限元分析 ·· 85

2.5 水平井井筒力学模型 ································· 90
    2.5.1 水平井井筒力学模型 ························· 90
    2.5.2 水平井井筒力学模型求解 ····················· 92
参考文献 ······································· 99
第3章 页岩力学各向异性条件下井周力学分析 ··············· 101
  3.1 页岩岩石力学各向异性实验研究 ··············· 101
    3.1.1 页岩岩石力学各向异性实验 ··············· 101
    3.1.2 页岩岩石力学各向异性模型 ··············· 110
  3.2 页岩各向异性本构关系和井周应力分布 ··········· 117
    3.2.1 各向异性地层井周应力基本方程 ·············· 117
    3.2.2 页岩力学各向异性条件下井周应力分布 ·········· 123
    3.2.3 各向异性条件下井周应力案例分析 ············· 134
参考文献 ······································· 140
第4章 工程因素对套管应力影响研究 ·················· 142
  4.1 射孔对套管应力的影响 ···················· 142
    4.1.1 页岩气井常用射孔参数 ·················· 142
    4.1.2 不同射孔参数作用下套管应力计算 ············· 142
  4.2 压裂过程中热-流-固耦合作用对套管应力的影响 ······· 146
    4.2.1 压裂过程中井筒温度场 ·················· 146
    4.2.2 压裂过程中热-流-固耦合作用下套管应力计算 ······· 159
  4.3 固井质量对套管应力的影响 ················· 170
    4.3.1 页岩气井固井质量统计及分析 ··············· 171
    4.3.2 不同水泥环形态下套管应力计算 ·············· 172
参考文献 ······································· 177
第5章 地质因素对套管应力影响研究 ·················· 178
  5.1 页岩各向异性对套管应力影响分析 ·············· 179
    5.1.1 页岩各向异性数值模型 ·················· 179
    5.1.2 考虑页岩各向异性的套管应力分析 ············· 181
  5.2 页岩非均质性对套管应力影响分析 ·············· 182
    5.2.1 页岩非均质性评价方法 ·················· 183
    5.2.2 页岩岩性界面对套管应力影响分析 ············· 200
  5.3 断层滑移对套管剪切变形影响分析 ·············· 202
    5.3.1 微地震监测方法简介 ··················· 202
    5.3.2 基于微地震的断层滑移与套管变形分析 ·········· 205
参考文献 ······································· 215

第6章　多级压裂过程中水泥环密封失效机理研究·········217

　6.1　水泥坏密封失效形式·········217

　6.2　复杂应力条件下水泥石力学行为特征·········217

　　6.2.1　固井水泥石完整性室内试验·········217

　　6.2.2　循环压力作用下水泥环胶结面密封失效数值分析·········232

　6.3　温度-压力耦合作用下水泥环完整性失效机理·········236

　　6.3.1　瞬态温度-压力耦合作用下水泥环应力计算分析·········236

　　6.3.2　弹韧性水泥保护密封完整性应用案例·········246

　参考文献·········247

第7章　页岩气井筒完整性控制方法·········249

　7.1　井眼轨道优化与轨迹控制·········249

　7.2　旋转套管固井技术·········252

　7.3　紊流注水泥技术·········253

　7.4　合理优选套管·········255

　　7.4.1　理论计算分析·········255

　　7.4.2　实际套管实验结果·········258

　7.5　优化固井方式·········259

　　7.5.1　分段固井方法·········259

　　7.5.2　组合体受力有限元模型分析·········259

　　7.5.3　不同固井方法下套管应力对比分析·········261

　　7.5.4　分段固井方法可行性分析·········262

　7.6　水泥浆体系优化·········263

　　7.6.1　水泥浆体系设计思路·········263

　　7.6.2　水泥浆体系常规性能评价·········263

　　7.6.3　水泥石力学性能评价·········265

　　7.6.4　现场应用情况·········265

　7.7　分段分簇参数优化·········266

　　7.7.1　分段压裂裂缝缝间距优化·········266

　　7.7.2　非均匀分簇射孔参数优化·········267

　7.8　断层滑移预测与压裂参数优化·········272

　　7.8.1　优化方法的提出·········273

　　7.8.2　地层压力的监测·········273

　　7.8.3　计算步骤·········274

　7.9　井身结构优化·········276

　7.10　可溶桥塞·········280

　参考文献·········281

彩图

第1章 页岩气井完整性失效概况

据美国能源信息署(Energy Information Administration,EIA)发布的数据,2014 年全世界共有 95 个页岩气盆地,分布在 42 个国家,其页岩气地质资源量约为 1013 万亿 m^3,可采资源量约为 220.69 万亿 m^3。相当于煤层气和致密砂岩气的总和,储量极为丰富[1]。美国页岩气开发取得了巨大成功,对全球天然气市场、能源供应格局及地缘政治产生了重要影响。根据自然资源部 2012 年勘探评价结果可知,我国陆域页岩气资源潜力为 134 万亿 m^3,可采资源量约为 25 万亿 m^3,与美国可开采资源量(28.3 万亿 m^3)相当[2]。因此,加快我国页岩气开发进程,对于缓解天然气供应压力、调整能源结构具有重大意义。

"十二五"期间,我国页岩气开发取得了突破性进展。四川涪陵页岩气田探明储量增至 3806 亿 m^3,成为除北美之外的全球第二大页岩气田。截至 2016 年底,涪陵页岩气田年产气量 50 亿 m^3,中石油长宁—威远页岩气开发示范区页岩气产量达到 23 亿 m^3,且保持上升态势[3]。国家能源局公布的《页岩气发展规划(2016—2020 年)》指出[4]:2020 年力争实现页岩气产量 300 亿 m^3,2030 年实现页岩气产量 800 亿~1000 亿 m^3。

井筒完整性概念[5]由挪威石油标准化组织(NORSOK)在 2004 年正式提出,指的是"在一口井的生命周期中,运用技术、生产和管理手段降低地层流体失控的风险,其核心是在各个阶段都必须建立有效的井筒屏障"。具体到我国页岩气开发现状,井筒完整性问题主要表现在两个方面:一是结构完整性失效,即压裂过程中发生套管变形;二是密封完整性失效,即出现环空带压现象。上述问题严重影响了我国页岩气井的压裂效果和产量,亟待解决。由此可见,研究页岩气井筒完整性失效机理与控制方法具有重要的理论价值和工程意义。

1.1 页岩气开发概况

现今不断上升的能源需求和巨大的资源压力,使非常规油气资源成为新的"宠儿"。特别是以北美地区为代表的页岩气的大规模商业开发,使页岩气成为油气资源勘探开发的重要目标。

目前,已有 30 多个国家陆续开展了页岩气资源的前期评价和基础研究,其中美国已实现了页岩气大规模商业化开发,加拿大、中国也进入了页岩气开发阶段。

其他国家如英国、法国、德国、奥地利、波兰等欧洲国家也开展了页岩气开发探索工作。此外，拉丁美洲的一些国家也开始涉足页岩气领域[6]。

1.1.1 国外页岩气开发概况

1. 美国页岩气开发概况

1821 年，美国纽约州弗里多尼亚(Freedonia)完成了第一口商业性天然气井，产出的就是弗里多尼亚页岩泥盆系的页岩气。1859 年美国的德雷克在宾夕法尼亚州打出的第一口现代油井带来的巨大效益使常规油气成为主要开发目标，而页岩气并未得到重视。1996 年，美国页岩气产量为 85 亿 m^3，仅占美国天然气总产量的 1.6%。随着水平井与分段压裂技术的不断进步，加上政策和市场等因素的助推，美国页岩气得到大规模商业开发。到 2016 年，美国页岩气产量已达 4820 亿 m^3，占美国天然气总产量的 64.3%。据美国能源信息署统计，2008～2016 年美国页岩气产量和探明储量均呈现出快速增长趋势，见表 1.1。

表 1.1　2008～2016 年美国页岩气产量和探明储量变化

年份	页岩气			天然气总产量 /亿 m^3	页岩气产量占天然气总产量的比例/%
	产量/亿 m^3	剩余可采储量 /亿 m^3	储采比		
2008	599.0	9743.1	16.3	5708	10.5
2009	880.0	17162.2	19.5	5840	15.1
2010	1510.0	27578.0	18.3	6036	25.0
2011	2269.0	37246.0	16.4	6485	35.0
2012	2944.0	36620.0	12.4	6805	43.3
2013	3230.5	45029.5	13.9	6854	47.1
2014	3805.5	56511.0	14.8	7285	52.2
2015	4305.3	49695.0	11.5	7673	56.1
2016	4820.1	59375.9	12.3	7492	64.3

目前，美国页岩气的主产区及潜在产区主要分布于美国南部、中部及东部，其中较活跃的是 Barnett、Haynesville、Antrim、Fayetteville、Marcellus 和 New Albany 等页岩区块。

1) Barnett 页岩区块

Barnett 页岩区块位于美国得克萨斯州福特沃斯盆地，展布面积约 1.3 万 km^2，覆盖 23 个县。核心区主要分布在 Denton、Johnson、Tarrant、Wise 4 个县[7]。Barnett 页岩埋深为 1981～2591m，其上、下界均为石灰岩地层。Barnett 页岩的平均总有机碳（total organic carbon，TOC）含量为 4.5%，总孔隙度为 4%～5%，地质储量为 1.5 万亿～5.7 万亿 $m^{3[8]}$，技术可采储量为 962 亿～2831 亿 m^3。Barnett 页岩分为上下两层，中间为碳酸盐岩层。其中下 Barnett 层厚度较大，上 Barnett 层厚度较小。在福特沃斯盆地北部，Barnett 页岩的平均厚度为 91m，在盆地最深处页岩厚度超过 305m，夹层灰岩层的厚度约为 122m，其相关参数见表 1.2[9]。

表 1.2　Barnett 页岩性质参数表

埋深 /m	总厚度 /m	有效厚度 /m	TOC 含量 /%	镜质体反射率/%	总孔隙度 /%	含气量 /(m³/t)	吸附气含量/(m³/t)	压力梯度 /(psi*/m)	产气量 /(10³m³/d)	天然气地质储量 /(10⁹m³/km²)
1981～2591	61～91	15～60	4.5	1.0～1.3	4～5	8.50～9.91	20	1.41～1.44	100～1000	0.33～0.44

　　* 1psi = 6.89476×10^3Pa。

　　1982 年，Barnett 页岩区块第一口页岩气井完钻。1993 年，Barnett 页岩区块页岩气井数量为 150 口，年产量为 3.1 亿 m^3。到 2010 年，Barnett 页岩区块页岩气井数量达到 14866 口，比 1993 年增加了 98 倍，年产量达 517.6 亿 m^3，增加了 166 倍。Barnett 页岩区块成为水平井和大规模水力压裂相结合的试验场，相关技术日益成熟。

　　2）Haynesville 页岩区块

　　Haynesville 页岩主要分布在路易斯安那州西北部、阿肯色州西南部、得克萨斯州东部，在其他地区也有少量的分布，展布面积约为 23310km²。Haynesville 页岩地层属于上侏罗统，埋深为 3200～4115m，页岩厚度为 61～91m。Haynesville 页岩的 TOC 含量为 0.5%～4.0%，总孔隙度为 8%～9%，地质储量约为 20.3 万亿 m^3，技术可采储量约为 7.1 万亿 m^3。预计未来 10 年，美国天然气产量的增长量将大部分来自页岩气，其中 30%的增长来自 Haynesville 页岩区块。

　　3）Antrim 页岩区块

　　Antrim 页岩广泛分布于密歇根盆地，其页岩底部的埋深在海平面以下约 730m，地层相对单一。Antrim 页岩区块的第一口页岩气井钻于 20 世纪 40 年代，1986 年仅有 32 口页岩气井。20 世纪 90 年代以来，该区块有上千口页岩气井完钻，从而成为北美地区主要页岩气来源。Antrim 页岩气的地质储量为 2.1 万亿 m^3，技术可采储量为 5663 亿 m^3。该区块钻井时通常在 Antrim 页岩下部的 Lachine 和 Norwood 段完井，其累积厚度约为 49m。Lachine 和 Norwood 段岩层的 TOC 含量为 0.3%～24%，相关参数见表 1.3。

表 1.3 美国 Antrim 页岩性质参数表

埋深/m	总厚度/m	有效厚度/m	TOC含量/%	镜质体反射率/%	总孔隙度/%	含气量/(m³/t)	吸附气含量/(m³/t)	压力梯度/(psi/m)	产气量/(10³m³/d)	天然气地质储量/(10⁹m³/km²)
183~730	49	21~37	0.3~24	0.4~0.6	9	1.13~2.83	70	1.15	1.13~14.16	0.07~0.16

4）Marcellus 页岩区块

Marcellus 页岩气田是目前世界上最大的非常规天然气田，位于阿巴拉契亚盆地东部，横跨纽约州、宾夕法尼亚州、西弗吉尼亚州及俄亥俄州东部，展布面积为24.6 万 km²。Marcellus 页岩是富含有机质的黑色沉积岩，其埋深为 1200~2600m，平均厚度为 15~61m，最大厚度为 274m。

Marcellus 页岩气的地质储量高达 42.5 万亿 m³，占整个阿巴拉契亚盆地的 85%以上。据 2006 年美国地质调查局(United States Geological Survey，USGS)的评估显示，Marcellus 页岩气田的技术可采储量为 8778 亿 m³。该地区自 2007 年采用"井工厂"开发模式后，垂深 2500m、长水平段 1300m 的水平井钻井周期仅为 27d，提速效果显著。"井工厂"式作业现场如图 1.1 所示。

图 1.1 "井工厂"式作业现场

5）Fayetteville 页岩区块

Fayetteville 页岩分布在阿肯色州北部的阿科马盆地及俄克拉荷马州的东部，页岩埋深为 914~2134m，有效厚度为 6~61m，总有机碳含量较高，为 4.0%~9.8%，总孔隙度为 2%~8%。该区块的地质储量约为 1.5 万亿 m³，其中技术可采储量约为 1.2 万亿 m³[10]，日产量大约为 3115 万 m³。Fayetteville 页岩气区 2007~2011 年"井工厂"钻井情况统计结果表明，钻井时间减少了 53%，水平段长度增加了 85%，但钻井成本并未因水平段的增加而增加，平均单井作业成本控制在 280 万~300 万美元，见表 1.4。

表 1.4　Fayetteville 页岩 2007～2011 年钻井情况统计结果

年份	钻井时间 /d	水平段长度/m	钻井成本/万美元
2007	17	810	290
2008	14	1100	300
2009	12	1250	290
2010	11	1380	280
2011	8	1500	280

6）New Albany 页岩区块

New Albany 页岩是一套分布于伊利诺伊盆地的泥盆系页岩，厚度为 30～122m，埋深为 182～1494m，页岩覆盖面积约为 11.3 万 km^2。与美国其他黑色页岩类似，New Albany 页岩中的天然气为裂缝和基质孔隙中的游离气及干酪根和黏土颗粒表面的吸附气。该区块页岩最早发现于 1858 年，页岩气的开采距今已有 100 多年的历史。New Albany 页岩气主要产层是富含有机质的 Grassy Creek、Clegg Creek 及 Blocher 层段。从有机质丰度来看，Blocher 层段底部和 Grassy Creek 上段有机碳含量较高，为 8%～15%。New Albany 页岩的地质资源量为 2.4 万亿～4.5 万亿 m^3，技术可采储量约为 5400 亿 m^3。

2. 加拿大页岩气开发概况

加拿大页岩气主要分布在西加拿大盆地，包括西部不列颠哥伦比亚省的阿尔伯塔省、萨斯喀彻温省及东部的安大略省、魁北克省等[11]。据美国能源信息署估算，加拿大的非常规天然气储量达 388 万亿 m^3，位居全球第七。

1）Colorado Group 页岩区块

Colorado Group 页岩区块由多个页岩层构成，这些地层分布在阿尔伯塔省南部和萨斯喀切温省。在阿尔伯塔省的 Wildmere 地区，Colorado Group 页岩的厚度大约为 198m，这套页岩中有 5 个潜力产层。与 Horn River 盆地的页岩地层及魁北克省尤蒂卡页岩不同，Colorado 页岩气产层类似于 Montney 混合型含气页岩，其横向分布范围很大，储层物性变化比较明显。

2）Duvernay 页岩区块

Duvernay 页岩分布在加拿大阿尔伯塔省 Kaybob 地区，并延伸到了不列颠哥伦比亚省境内。该区块页岩是一套薄层的泥灰岩，即由钙质岩碎屑构成的白云岩或灰岩，一般不含硅质。在该页岩区块的东部，其厚度为 53m，向东南延伸，其厚度逐渐增大到 75m；在东北方向上，厚度达到了 120m；在该页岩盆地的西部，其厚度为 60m，向北延伸，其厚度逐渐增至 250m。

3) Horn River 页岩区块

Horn Rive 页岩分布在不列颠哥伦比亚省东北部，是加拿大最大的页岩气田，其地层富含硅质，厚度约为 137m，TOC 含量为 1%～6%，天然气资源量为 7.1 万亿 m³[12]。

4) Horton Bluff 页岩区块

Horton Bluff 页岩是在一次区域性沉降过程中沉积形成的。该区块页岩硅质含量平均为 38%，黏土含量平均为 42%。其有机质含量达 10%，明显高于加拿大其他地区的含气页岩地层，产层厚度在 14m 以上，部分地区厚度可达 70m。其地质资源量为 3.85 万亿 m³。

5) Montney 页岩区块

Montney 页岩分布在加拿大不列颠哥伦比亚省道森克里克(Dawson Creek)地区，北面与 Horn Rive 页岩及 Duvernay 页岩相邻。这套致密的页岩地层中蕴藏有大量的天然气资源，它是一种介于致密气和页岩气之间的混合型气藏。储层为三叠系砂质泥岩，埋深在 1676～4114m，其最大厚度可达 304m。由于具有这些优越的条件，这套页岩有望成为加拿大重要的页岩气资源产地。然而，Montney 页岩的储层特征比较复杂，在同一地区的上段和下段的矿物学特征相差较大，从而增加了地层评价的难度。该区块的天然气资源约为 1.4 万亿 m³[13]。

3. 阿根廷页岩气开发概况

阿根廷页岩气资源丰富，主要分布在内乌肯盆地、查科盆地、白垩盆地、库约盆地、圣豪尔赫盆地和奥斯特勒尔盆地这 6 个区域，页岩覆盖面积约为 54.5 万 km²[14]。据 2013 年美国能源信息署数据，阿根廷页岩气可采资源量高达 22.7 万亿 m³，仅次于中国，居全球第二，约占全球页岩油气资源的 12%。目前，阿根廷已经开始对页岩气进行大规模商业开发，显示出良好的发展前景[15-17]。

1) 内乌肯盆地页岩区块

内乌肯盆地是阿根廷最大的页岩油气藏，有机质丰度高，埋深适中，可采资源量达 11.5 万亿 m³，主要产层为 Los Molles 组和 Vaca Muerta 组[18]。其中 Los Molles 组由深海相页岩夹细-粗粒的浊积砂组成，厚度自东向西逐渐增加，最厚可达 2000m。该产层黏土矿物含量低，小于 20%，主要组成为伊利石，脆性矿物含量高，可压裂性强。产层中部存在超压现象，是页岩油气的有利生成区。Vaca Muerta 组由深海-浅海相泥岩、泥灰岩和灰岩组成，厚度为 30～1200m，盆地中部厚度可达 700m 以上。阿根廷国家石油公司与雪佛龙(Chevron)等公司合作，2015 年 4 月实现日产气量 190 万 m³。

2）查科盆地页岩区块

查科盆地页岩区块主要分布在玻利维亚，部分在阿根廷境内，盆地面积约为 2.5 万 km²。该盆地 TOC 含量为 0.5%～1%，有机质丰度低，厚度较大，为 500～1000m，技术可采储量约为 1.1 万亿 m³。截至 2016 年底，累计产量达 1500 亿 m³。

3）白垩盆地页岩区块

白垩盆地页岩是在晚白垩世浅湖环境下沉积形成的。该页岩区块有机质含量高，TOC 含量为 0.5%～6%，包括 3 个重要的沉积区块：Metán-Alemanía、Lomas de Olmedo 和 Tres Cruces，总面积约为 5.3 万 km²。但由于成熟烃源岩分布范围较小，页岩油气勘探潜力有限，截至 2016 年，该区块尚未进行大规模开发。

4）库约盆地页岩区块

库约盆地发育三叠纪断陷期湖相页岩。该区块主力页岩层埋深大于 3000m，岩层厚度为 50～400m，TOC 含量较高，为 3%～10%，盆地面积约为 4.3 万 km²。库约盆地大部分区块烃源岩未成熟，成熟烃源岩主要位于靠近冲断带的前缘，以页岩油为主。由于成熟烃源岩分布范围较小，页岩油气勘探潜力有限，可采资源量约为 4200 亿 m³。

5）圣豪尔赫盆地页岩区块

圣豪尔赫盆地发育侏罗纪裂谷期和白垩纪拗陷期页岩。该区块含油气面积达 17 万 km²，主力岩层埋深为 1500～3000m，岩层厚度为 100～2000m，TOC 含量偏低，为 1%～3%，地质储量约 2.8 万亿 m³，技术可采储量约为 1.4 万亿 m³。

6）奥斯特勒尔盆地页岩区块

奥斯特勒尔盆地发育早白垩世沉积的海相页岩。该区块含油气面积达 14.6 万 km²，主力页岩层埋深大于 3000m，岩层厚度为 50～400m，TOC 含量偏低，为 0.5%～2%，可采资源量约为 4.5 万亿 m³。

4. 其他国家页岩气开发概况

其他国家的页岩气技术可采储量相对较低，但分布广泛，主要集中在波兰、挪威、乌克兰和瑞典等国家。其中，波兰拥有三大页岩气盆地，分别位于波罗的海、波德拉谢省及卢布林地区。据美国能源信息署数据显示，波兰页岩气地质储量为 5.3 万亿 m³，相当于波兰年天然气消费量的 300 倍。目前，波兰正在积极与美国进行合作，不断推动本国页岩气产业的发展。

法国、德国、英国、西班牙等国家也开展了页岩气研究和试探性开发。由于欧洲关于环境保护的法律十分严格，欧盟对于页岩气的开发十分谨慎，正密切关注美国页岩气开采导致的环境污染问题。例如，2008～2010 年，法国政府允许对巴黎盆地的页岩油和法国南部的页岩气进行勘探。但在 2010 年 7 月 13 日，法国因考虑到环境保护问题，而成为全球首个立法禁止采用水力压裂方式开采页岩油气的国家。

1.1.2 我国页岩气开发概况

我国页岩地层在各个地质历史时期发育十分充分，形成了海相、陆相及海陆交互相等多种类型的富含有机质页岩层系。其中，海相厚层富有机质页岩主要分布在我国南方，以扬子地区为主；海陆交互相中层富有机质泥页岩主要分布在我国北方，以华北、西北和东北地区为主；陆相中厚层富有机质泥页岩主要分布在大中型含油气盆地，以松辽盆地、鄂尔多斯盆地等为主。

我国页岩气开发起步较晚，2006 年才开始页岩气资源的调查研究。经过十多年的发展，我国页岩气产业获得了较大进步。通过与国外相关企业进行的一系列合作，我国逐渐掌握了相关开发技术。此外，作为低品位的资源，页岩气产业受到越来越多的政策支持：2011 年，国家发展和改革委员会、财政部、国土资源部、国家能源局提出《页岩气发展规划(2011—2015 年)》，2013 年，国家能源局将页岩气开发纳入国家战略新兴产业。

目前中石油已建成两个国家级页岩气示范区，分别是中石油长宁—威远国家级页岩气示范区和云南昭通国家级页岩气示范区。中石化也在四川盆地页岩气勘探开发方面取得了突破，以涪陵页岩气田最为典型。此外，陕西延长石油(集团)有限责任公司(简称延长石油)在鄂尔多斯盆地的页岩气勘探开发也取得了一定的进展。截至 2012 年，国内页岩气开发主要进展情况见表 1.5 所示。

表 1.5　国内主要页岩气项目研究进展

企业	页岩气项目进展
中石油	获得威远、长宁、昭通和富顺—永川 4 个有利区块， 中石油长宁—威远国家级页岩气示范区完钻 16 口井，完成压裂试气 12 口井，直井日产量 0.2 万～3 万 m^3，水平井日产量 1 万～16 万 m^3； 云南昭通国家级页岩气示范区完钻 7 口井，直井日产量 0.25 万 m^3，水平井日产量 1.5 万～3.6 万 m^3
中石化	黔东、皖南、川东北完钻 5 口评价井，其中 2 口井获得工业气流； 优选了建南和黄平等有利区块
延长石油	2011 年完钻国内第一口陆相页岩气井； 延安地区 3 口井获得陆相页岩气； 在鄂尔多斯盆地完钻 24 口井，完成页岩气压裂井 14 口，其中直井压裂井 13 口，水平井分段压裂井 1 口，均见页岩气流
总计	截至 2012 年底，全国累计完成 129 口页岩气相关钻井，其中包括：调查直井 46 口、探井(直井)55 口、评价井 28 口

1. 中石油页岩气开发概况

2013 年 1 月，国家发展和改革委员会、国家能源局正式设立长宁—威远国家级页岩气示范区和云南昭通国家级页岩气示范区。中石油优选了长宁、威远、富顺—永川 3 个页岩气有利区，面积为 8266km²，其中龙马溪组天然气资源量达 3.81 万亿 m³。

我国第一口页岩气评价井威 201 井位于四川省内江市威远县新场镇老场村，如图 1.2 所示。该井于 2009 年 12 月开钻，2010 年 4 月完钻，完钻井深为 2840m。证实了威远地区下古生界筇竹寺组、龙马溪组黑色页岩储层发育，且富含天然气。表明以四川盆地威远地区为代表的中国南方下古生界页岩气具有广阔的勘探开发前景，为页岩气藏部署水平井、实现规模效益开发提供了重要依据。

图 1.2　中国第一口页岩气井——威 201 井（文后附彩图）

宁 201-H1 是长宁地区第一口页岩气水平井。该井于 2011 年 6 月 17 日开钻，同年 11 月 20 日完钻。2012 年 7 月，宁 201-H1 井测试日产量达 15 万 m³，是威 201 井的 8.6 倍，成为我国第一口具有商业价值的页岩气井。

中国石油西南油气田分公司进而开发了“一场多井”的井位部署技术，先后部署了长宁 H2、长宁 H3 平台。到 2017 年 9 月 1 日，新井成功率达 100%，钻获高产气井 57 口，并新部署 80 座平台 377 口井。截至 2017 年，中石油长宁区块投产井 59 口，开井生产 54 口，日产页岩气 355 万 m³，页岩气年产量突破 10 亿 m³。

此外，中石油分别与美国康菲国际石油有限公司和荷兰皇家壳牌集团（简称壳牌集团）等公司合作开发了 3 个区块，其开发面积达 7575km²。2009 年，中石油在富顺—永川区块与壳牌集团合作开展页岩气联合评价，截至 2015 年累计开钻井 22 口，完钻井 21 口，获气井 17 口，测试日产量达 166.5 万 m³，投产井 11 口。2014 年页岩气生产量为 4691 万 m³，累计产页岩气 9621 万 m³。

在多年页岩气勘探开发过程中，中石油借鉴、吸收国内外油气勘探开发的技术和经验，并与长宁区块的实际情况相结合，形成了本土化主体技术，如下所述[19]。

(1)综合地质评价技术建立了资源评价方法、技术体系，发现了可供开发的区域、储层，为勘定井位指明了方向。

(2)"平台+长水平段+分段体积压裂"开发优化技术大量节省土地，为"工厂化"作业创造了条件。

(3)水平井优快钻井技术水平段长度从1000m增加到2500m，埋深从2500m增加至超过4300m，平均钻井周期从175d降至76d。

(4)分段体积压裂技术显著提高了单井产量和施工效率，使关键工具、压裂液国产化，大幅降低了成本。

(5)水平井组"工厂化"作业模式实现了钻井、压裂工厂化布置、批量化实施、流水线作业。

(6)高效清洁开采技术做到了钻井泥浆不落地，压裂液用水循环利用。

2. 中石化页岩气开发概况

中石化从2006年开始重点关注页岩气，2007年初步完成选区评价工作。2011年，中石化勘探分公司对前期优选的焦石坝—綦江—五指山区块开展深入评价，落实了四川盆地内焦石坝、南天湖、南川、丁山及林滩场—仁怀5个有利勘探目标。2012年，在最有利的焦石坝目标区部署了第一口海相页岩气探井——焦页1井。选择2395~2415m优质页岩气层作为侧钻水平井水平段靶窗，实施侧钻水平井——焦页1HF井，并于同年11月28日，获得了20.3万m^3/d的高产工业气流。中国南方海相页岩气勘探取得重大突破，拉开了涪陵页岩气田商业化开发的序幕。涪陵页岩区块分布在重庆市涪陵区境内，西、北临长江，南跨乌江，东到矿权边界，探明地质储量高达1067亿m^3，成为除北美之外全球最大的页岩气田。

焦石坝地区五峰组—龙马溪组天然气藏为典型的自生自储式连续性页岩气藏。页岩纵向连续稳定，页岩气层总厚度为70.1~86.6m，纵向上连续，中间无隔层。TOC含量介于0.46%~7.13%，平均为2.66%，主要为中—特高有机碳含量；脆性矿物含量介于33.9%~80.3%，平均为56.5%，主要为高脆性矿物含量；储集空间以纳米级有机质孔、黏土矿物间微孔为主，并发育晶间孔、次生溶蚀孔等，孔径主要为中孔；页岩气层孔隙度分布在1.17%~8.61%，平均为4.87%。焦石坝区块五峰组—龙马溪组一段页岩气藏单元中部平均埋深为2645m，平均地温梯度为2.83℃/100m，地层压力系数为1.55，为弹性气驱、中深层、超高压、页岩气干气藏。

2013年11月，中石化通过了《涪陵页岩气田焦石坝区块一期产能建设方案》，预计建成天然气产能每年 50 亿 m³。针对涪陵地形地貌特点和页岩气高效开发需要，中石化探索创建了以"井工厂"钻井为代表的高效开发产业化模式，主要包括适应涪陵山地特点的集"井工厂"交叉式布井与三维井眼轨道设计方案、钻井设备选型与配套、基于工序并行设计与无缝衔接的工厂化流程设计方法、基于钻井"学习曲线"的优快钻井模式等一体化技术，较好满足了山地页岩气田开发建设的需要。

中石化结合复杂山地环境条件，针对传统单井压裂施工流程，先按重复性、主要动力设备占用、施工必备条件、压裂返排体系等进行流程分类，再按时间、空间、设备进行"井工厂"流程组合，形成了"压裂施工与泵送桥塞同步作业、交替施工、逐段压裂"的现场施工组织模式，利用多套压裂设备对同一平台 2 口或 2 口以上的井进行压裂。通过"井工厂"钻井生产模式和压裂生产模式，提升了生产效率，创造了一系列工程施工的"涪陵速度"，钻井、压裂施工周期较初期缩短了 40%左右。

国家能源局于 2013 年 11 月正式设立重庆涪陵国家级页岩气示范区。2014 年 4 月 9 日，重庆市人民政府决定命名涪陵页岩气田中石化焦页 1HF 井为"页岩气开发功勋井"，以彰显焦页 1HF 井为页岩气大规模开发利用所作出的突出贡献，如图 1.3 所示。

图 1.3　中石化涪陵"页岩气开发功勋井"——焦页 1HF 井(文后附彩图)

截至 2015 年 11 月 30 日，重庆涪陵国家级页岩气示范区探明地质储量 3806 亿 m³，是除北美之外全球第二大的页岩气田。累计开钻 271 口，完井 236 口，完成试气 180 口，投产 165 口，累计生产页岩气达 38.9 亿 m³，销售 37.3 亿 m³，最高日产量为 1620 万 m³。2015 年 12 月，重庆涪陵国家级页岩气示范区通过了国家能源局的验收。预计到 2020 年，累计可完成钻井数 1200 口，实现年产能 100 亿 m³。

3. 延长石油页岩气开发概况

从 2009 年开始，延长石油开始详细对比分析国内外页岩气成藏地质条件，充分利用鄂尔多斯盆地已有的常规油气勘探开发成果和地质等资料，对鄂尔多斯盆地东南部页岩气成藏地质条件进行初步评价，认为该区长 7、长 9 泥页岩具备页岩气成藏条件。

2010 年，延长石油在前期整体规划的基础上加大了对非常规油气资源的勘探投入，采用地质、地球化学、测井、实验等多种手段和方法，对鄂尔多斯盆地泥页岩分布和页岩气富集的地质条件进行深入研究，进一步查明了该区页岩气的基础地质背景和条件，预测了富含有机质页岩发育区及其资源潜力与分布，并提出了"陆相湖盆具备页岩气成藏条件"的创新性认识，通过资源评价及有利目标区优选，将甘泉—直罗和云岩—延川两个页岩气区块确定为有利区。

2011 年 4 月，延长石油通过多参数精细研究，选定柳评 177 井长 7 页岩段 1470～1501m 井段进行射孔和小规模压裂测试，日产气为 2350m³，成为中国乃至世界上第一口陆相页岩气井，如图 1.4 所示。

图 1.4　延长石油柳评 177 页岩气井压裂试气并点火成功

2012 年 5 月，延长石油成功完钻中国第一口陆相页岩气水平井——延页平 1 井，并成功压裂，表明中生界地层具有较大的页岩气勘探潜力。2012 年 10 月，国家发展和改革委员会批准设立了延长石油延安国家级陆相页岩气示范区，其面积为 4000km²。

2013 年 9 月，在云岩—延川区顺利完钻上古生界第一口页岩气水平井——云页平 1 井，水平段长 1000m，气测综合解释含气层共 30 层，总厚度为 722m。截至 2017 年底，延长石油在延安地区已累计完钻页岩气井 66 口，落实陆相页岩气地质储量达 1654 亿 m³。

4. 其他区块页岩气开发概况

2017 年 9 月，国土资源部提出，将在页岩气勘探开发取得重要成果的长江经济带建设页岩气勘探开发基地，这也预示着长江沿线的页岩气开发将迎来一个新的发展时期。而湖南和湖北作为长江中游页岩气开发的重点区域，也将告别过去缺油少气的历史，成为未来我国另一个天然气发展的中心区域。

湖南省已查明页岩气资源量约为 9.2 万亿 m³，约占全国资源储量的 7%，位居全国第六。湖南省的页岩气主要分布在湘西、湘东、湘中、湘北地区，其中湘西地区页岩气资源量约占全省的 70%。在勘探开发方面，除了中石油、中石化、中国华电集团有限公司、国家能源投资集团有限责任公司(原神华集团有限责任公司)等国有单位在湖南进行页岩气勘探开发之外，湖南省省属企业也开始涉足这一领域。2014 年 6 月 30 日，湖南华晟能源投资发展有限公司的第一口页岩气井——龙参 2 井在龙山县洛塔乡烈坝村正式开钻，这标志着湖南省属企业开始向"气化湖南"工程进军。

相比湖南省，湖北省页岩气的开发占据着更大的优势。湖北省页岩气资源储量约为 9.5 万亿 m³，位居全国第五，页岩气勘查有利区面积达 7.9 万 km²。鄂阳页 1HF 井位于湖北省宜昌市长阳土家族自治县贺家坪镇，储层埋深高达 3600m，于 2017 年 3 月 21 日开钻，是中国地质调查局针对震旦系部署的第一口页岩气探井，也是除四川盆地外首次在寒武系获得页岩气流的探井，具有重要的意义。

此外，贵州省对页岩气的勘探开发也取得了一定进展。贵州省全省页岩气地质资源量约为 3.9 万亿 m³，含气页岩层系分布广泛，埋深适中，厚度较大，煤层气、常规油气及固体矿产等资源前景好。2013 年 1 月，国土资源部与贵州省人民政府签署了《关于共同推进页岩气勘查开发合作协议》。2014 年 8 月，国土资源部批复正式成立黔北页岩气综合勘查试验区，覆盖金沙—遵义—湄潭—思南—印江①一线以北至省界所圈闭范围，面积约为 3.6 万 km²，建设周期为 2014～2020 年。设立试验区的主要目的是开展页岩气地质理论研究，加强勘查开发技术攻关，尽快探明页岩气储量，逐步形成产能建设，探索建立适合页岩气、常规油气、煤层气及固体矿产等多矿种、多区块、多种所有制矿业权人共同参与、沟通协调的综合勘查机制，力争在 2020 年前建成年产能达 10 亿 m³ 的页岩气勘探开发基地。

除了长江沿岸的省份之外，中国地质调查局油气资源调查中心通过野外露头及邻区钻井资料证实广西壮族自治区柳州地区下石炭统岩关阶发育多套厚层泥页岩，TOC 含量在 1.5%～2.0%，具备形成页岩气良好的物质基础。2017 年 9 月 2 日，中国地质调查局在广西壮族自治区融安县潭头乡新林村蓬山屯部署的页岩气地质调查井"桂融地 1 井"正式开钻，如图 1.5 所示。该井构造位置位于柳城斜

---

① 印江全称为印江土家族苗族自治县。

坡，主要目的层为下石炭统岩关阶，设计井深 1500m，该井的开钻标志着广西融水地区页岩气的勘探开发迈出了重要一步。

图 1.5　广西桂融地 1 井现场(文后附彩图)

1.1.3　国内外页岩气开发对比

1. 页岩气资源基础与开发前景对比

根据美国能源信息署 2012 年的数据，美国页岩气可采资源量为 18.8 万亿 m³[20]；国土资源部 2012 年数据显示，我国页岩气可采储量为 25.1 万亿 m³，中美两国大体相当。然而截至 2014 年底，我国页岩气产量为 13 亿 m³，而美国页岩气产量是中国的 280 多倍。由此不难看出中国页岩气具有非常大的开发潜力和产量增长空间。

2. 页岩气开发地质条件和地表环境条件对比

美国页岩气储层埋藏深度适中，大多位于 1000～3000m，有机质成熟度适中 (1.1%～2.0%)，含气量整体较高(平均为 3.0～6.0m³/t)，构造稳定；而我国页岩气储层埋藏较深，大多数位于 2500～6500m，有机质成熟度偏高(＞2.0%)，含气量区域性变化较大(平均为 1.0～3.0m³/t)，构造相对复杂。美国页岩气区带地势较平坦，地广人稀，水资源丰富，有利于勘探生产；而我国页岩气富集区多处于地表复杂的山区和丘陵，地形高差较大，工程作业困难，整体水资源紧缺。

3. 页岩气开发技术对比

美国页岩气开发核心技术主要包括地震储层预测、水平井钻井、压裂、微地震监测、平台式"工厂化"作业模式等。这些技术解决了寻找页岩气甜点核心区、提高单井产量及降低开发成本的问题。尤其是水平井钻井技术与多级压裂技术的结合，使页岩气的开采取得了突破性进展[21]。在水平井钻井中，合理的井身结构设计、精确的轨迹控制、优质的固井质量及地质导向技术，保证了水平井钻井的高成功率。目前，美国页岩气水平井水平段长度基本在 1500m 以上，最长的超过 3000m。多级压裂的设计、关键工具和装备、液体体系、实时监测、返排控制的有效结合及实施，保证了压裂作业效果，提高了单井产能。单井压裂段数普遍在 10～20 段，最高可达 40 多段。开发过程中运用平台式"工厂化"作业模式，对人员、材料、设备进行集约化使用与管理，加以"工厂化"的作业流程，取得了一定的规模效益，因而使成本得到了有效控制。

　　我国页岩气勘探开发起步与美国相比晚。目前，已初步掌握了页岩气的地震、地球物理、钻井、压裂和试气等技术，相关技术及装备正在逐步实现国产化。初步掌握了"工厂化"水平钻井、完井等关键技术，页岩气井水平段长度可达到 2000m。初步形成了页岩气大型水力压裂改造技术体系，基本形成了完备的压裂液体系，自主研发的 3000 型压裂车达到世界领先水平，可在同一平台进行两口井的工厂化拉链式压裂，每口井的压裂段数达到 20 段以上。根据摩贝（MOLBASE）的数据分析，我国与美国页岩气技术开发情况见表 1.6。

表 1.6　中国与美国页岩气技术开发情况对比[22]

技术对比	技术项目	美国相关技术成熟度	中国相关技术成熟度
页岩气资源评价技术	页岩气开发机理分析研究	★★★★	★★
	实验测试与分析	★★★★	★★
	含气特点与模拟	★★★	★★
	有利选区与评价	★★★★	★★
	产能分析及预测	★★★★	★★★
页岩气开发技术	多级压裂	★★★★	★★★
	清水压裂	★★★★	★★
	水力喷射压裂	★★★	★★★
	重复压裂	★★★★	★★
	同步压裂	★★★★	★★
	氮气泡沫压裂	★★★★★	★★★
	大型水力压裂	★★★★★	★★★
	压裂液	★★★★	★★
	精确导向与储层改造	★★★★	★★
	钻直井及完井技术	★★★★★	★★★
	钻水平井及完井技术	★★★★	★★
页岩气工厂化作业技术	—	★★★★	★

注：★★★★★为非常成熟；★★★★为比较成熟；★★★为一般成熟；★★为较不成熟；★为非常不成熟。

压裂技术是页岩气开采中的关键，压裂费用一般占页岩气开采总费用的30%左右，是页岩气开采能否实现低成本工业化开发及保证页岩气产量的关键。压裂可分为常规水力压裂、氮气泡沫压裂等多种压裂方式，它们各自的技术特点及适用范围见表1.7。

表 1.7　压裂技术特点及适用性[22]

压裂技术项目	技术特点	适用性
多级压裂	多段压裂，分段压裂；技术成熟，使用广泛	适用于产层较多、水平井段长的井
清水压裂	减阻水为压裂液主要成分，成本低，但携砂能力有限	适用于天然裂缝系统发育的井
水力喷射压裂	定位精准，无需机械封隔，节省作业时间	尤其适用于裸眼完井的生产井
重复压裂	通过重新打开裂缝或裂缝重新取向增产	老井和产能下降的井均可使用
同步压裂	多口井同时作业，节省作业时间且效果好于依次压裂	井眼密度大，井位距离近
氮气泡沫压裂	地层伤害小，滤失低，携砂能力强	水敏性地层和埋深较浅的井
大型水力压裂	使用大量凝胶，完井成本高，地层伤害大	对储层无特别要求，适用广泛

4. 页岩气开采成本对比

目前我国四川盆地的页岩气开采成本为 2.5～4.5 元/m³，不仅高于美国页岩气开采成本，而且高于国内常规天然气的开采成本。页岩气开采成本的关键指标是产量，单井产量越高，开采成本越低。随着开采技术的不断成熟，产量会大大增加，因而页岩气成本具备较大的下行空间。预计到开采成熟期，四川盆地的页岩气开采成本可降至 1.5～2.5 元/m³。中美页岩气与国内常规天然气开采成本对比见表 1.8。

表 1.8　中美页岩气与国内常规天然气开采成本对比[22]　（单位：元/m³）

油气田名称	预估平均开采成本
美国典型页岩气	1.5
四川页岩气(开采早期)	2.5～4.5
四川页岩气(开采成熟期)	1.5～2.5
川渝气田	0.63
长庆油田	0.65
青海油田	0.60
新疆油田(不含西气东输气田)	0.51
其他(大港、辽河、中原等)	0.60

目前我国页岩气开采成本较高，单井投入一般在 5000 万～7000 万元，主要原因是我国页岩气目前仍处于前期的探索阶段，开发时间较短，地质、地表条件复杂。但随着水平井钻井、多级分段压裂等一系列关键技术和装备的国产化，页岩气开发成本将大大缩减。

1.2　页岩气井筒完整性失效现状

我国页岩气资源丰富，但与美国相比，储层非均质性强，构造稳定的盆地面积相对较小，厚度变化大，因此开发难度较大。特别是南方复杂地区海相泥页岩时代久远、热演化程度高、多期构造运动叠加，导致我国页岩气井深度大、温度压力高，多口井出现井筒完整性失效问题。这对于刚刚起步的我国页岩气而言无疑是难上加难。为此，需要深入了解国内外页岩气井筒完整性失效现状，分析失效机理，并着力解决页岩气井筒完整性失效问题，为我国大规模商业化开发页岩气奠定基础。

1.2.1　国外页岩气井筒完整性失效现状

目前，根据美国、英国和加拿大等国家公布的井筒完整性情况，涉及井筒屏障或完整性失效的井所占比例为 1.9%～75%，变化范围非常大[23]。其中，北美非常规油气藏套管变形主要表现为：①P110 套管接箍破坏；②压裂后根部套管破裂；③井口振动导致井口发生疲劳破坏；④近井口生产套管柱接头发生滑扣。

根据 Ingraffea 等的研究，美国宾夕法尼亚州的 41381 口井中套损率为 6.2%[24]。其中，Marcellus 页岩气田井筒套损率为常规油气藏的 1.57 倍，而宾夕法尼亚州东北部的套损率是其他区域的 2.7 倍。除此之外，Woodford 等多个页岩气田的多口井还出现了压裂后环空带压等问题[25]。

Davies 等[26]评估了宾夕法尼亚州 2005～2013 年的 8030 口页岩气井，其中6.3%的井存在井筒屏障或者完整性失效问题，这与 Ingraffea 等统计的 6.2%的套损率相吻合。Considine 等[27]研究了 Marcellus 区块 2008～2011 年的 3533 口页岩气井，发现涉及井筒完整性问题的井占 2.58%。后来，Vidic 等[28]研究了 2008～2013 年的 6466 口页岩气井，其中 3.4%的井由于套管和固井质量问题，井筒屏障被破坏。页岩气开发的井筒完整性数据见表 1.9。

表 1.9　页岩气开发的井筒完整性数据总结

区域	时间	井数量/口	井筒屏障问题比例/%	井筒完整性失效比例/%	参考文献
宾夕法尼亚州	2010～2012.02	4934	7.6	未报道	Ingraffea[29]
宾夕法尼亚州	2008～2011.08	3533	2.58	0.17(井喷和气体运移)	Considine 等[27]
宾夕法尼亚州	2005～2012	6466	3.4	0.25(污染地下水)	Vidic 等[28]
宾夕法尼亚州	2002～2012	6007	6.2	未报道	Ingraffea 等[24]
宾夕法尼亚州	2005～2013	8030	6.26	1.27(气体泄漏)	Davies 等[26]
科罗拉多州	2010～2014	973	0	0	Stone 等[30]
得克萨斯州	1993～2008	16818	0	0	Kell[31]

1.2.2　国内页岩气井筒完整性失效现状

2009～2015 年，中石油在四川长宁—威远页岩气田共计压裂页岩气井 101 口（水平井 90 口），32 口井出现套管变形问题，套管变形点达 47 个，套管变形井占31%。由于桥塞无法成功坐封到目标井深，部分井段被迫放弃压裂，压裂段数减少、单井产量达不到设计要求，极大地影响了开发效果。部分井的套管变形情况见表 1.10。

表 1.10　现场施工参数及套管变形情况

井号	井型	井深/m	施工层位	压裂段数	施工排量/(m³/min)	施工泵压/MPa	总液量/m³	总砂量/t	未钻磨桥塞数
宁 206	直井	1905	筇竹寺组	1	10～10.4	56～63.94	2393	120.1	
宁 201	直井	2559	龙马溪组/筇竹寺组	2	10～10.3	57～72	3193	177.7	
威 201-H1	水平井	2743	龙马溪组	12(11)	16	42～65	23316	1009.8	1
宁 201-H1	水平井	3790	龙马溪组	12(10)	7.7～11.6	56～68	21564	569.2	1(放弃 2 段)
宁 H3-1	水平井	3973	龙马溪组	12	8.2～10.5	69～84	21576	872.2	0
宁 H3-2	水平井	3837.8	龙马溪组	12	8.5～11.6	60.2～84.6	22595	1016.5	0
宁 H2-1	水平井	4140	龙马溪组	17(13)	10.1～12.5	65～81.9	24873	1620.8	(放弃 4 段)
宁 H2-3	水平井	3457	龙马溪组	12(8)	11.3～13.3	58～81	15180	909.3	(放弃 4 段)
宁 H6-2	水平井	4206	龙马溪组	22(11)	11.14～14	55～95	20661.1	1320	(放弃 11 段)
宁 H6-6	水平井	4340	龙马溪组	19(16)	12～14.2	68～85	31949.2	1743	(放弃 3 段)

注：压裂段数括号外指设计压裂段数，括号内为实际压裂段数。

长宁—威远区块压裂的 101 口井中，总设计压裂段为 1676 段，因套管变形放弃比例为 10.2%，见表 1.11[32]。

表 1.11　长宁—威远区块压裂段放弃比例统计表

开发阶段	压裂井数	套管变形井	变形比例/%	设计段数	放弃段数	放弃比例/%
第 1 阶段(2009～2010)	4	2	50			
第 2 阶段(2011～2012)	10	3	30	33	6	18.2
第 3 阶段(2013～2014.03)	9	4	44.4	122	19	15.6
第 4 阶段(2014.4～2016.03)	78	25	32.1	1521	146	9.6
合计	101	34	33.7	1676	171	10.2

涪陵区块套管变形的情况见表 1.12。该区块压裂的 8 口井中，总设计压裂段为 155 段，放弃段数 66 段，套管变形放弃比例高达 42.58%，见表 1.13。

表 1.12　涪陵区块套管变形井统计表

井名	套管钢级	套管尺寸/mm	变形情况
焦页 56-3HF	天钢 TP110T	139.7	下第 2 段射孔枪及桥塞，泵送桥塞至 3020.00m 遇阻，起出射孔枪串，检查桥塞有明显划痕；下 Φ102mm 模拟桥塞，泵送桥塞至 2999.4m 遇阻，上提电缆至 2995.14m 遇阻
焦页 52-3HF	宝钢 BG110T	139.7	钻除第 3 个桥塞(底带 Φ108.0mm 威德福磨鞋)，加深连续油管至 3664.3m 遇阻
焦页 66-1HF	天钢 TP110+TP110T	139.7	第 4 段泵送桥塞-射孔作业，泵送至 3798.15m 遇卡；下 Φ108mm 磨鞋至 3809.5m 遇阻，起出磨鞋外壁及底部边缘有明显磨痕；下 Φ95mm 磨鞋至 3809.3m 遇阻，起出磨鞋底部外缘有磨损，外壁有轻微刮痕
焦页 23-3HF	烟台 TP110T	139.7	泵送桥塞在井深 2725～2803.00m 遇阻，说明套管在井深 2725.00～2803.00m 存在异常
焦页 6-4HF	天钢 TP110T	139.7	第 8 段泵送桥塞-射孔作业，泵送至 3993.34m 出现遇阻信号，判断泵送桥塞射孔过程中遇卡
焦页 9HF	天钢 TP110T	139.7	第 3 段泵送桥塞-射孔作业，泵送至 4500m，排量为 1m³/min，压力达到 92.5MPa，无法继续泵送
焦页 6-5HF	天钢 TP110T	139.7	第 12 段泵送桥塞-射孔作业，泵送至 3998.93m 出现遇阻信号，遇阻深度为 4009m。下 Φ108mm 磨鞋至井深 4009.3m 无进尺，更换为 Φ93mm 磨鞋至 4009.3m 无进尺，下 Φ108mm 铅模打印，缩径至 Φ90mm
焦页 52-7HF	宝钢 BG110T	139.7	第 4 段压裂：施工排量为 10.0m³/min，泵压为 82.0MPa，监测技套压力瞬间上涨至 65.0MPa，判定生产套管有渗漏

表 1.13　涪陵区块压裂段放弃比例统计表

序号	井号	设计段数	实际施工段数	放弃段数	放弃比例/%
1	焦页 56-3HF	17	1	16	94.12
2	焦页 52-3HF	16	16	0	
3	焦页 66-1HF	17	17	0	
4	焦页 23-3HF	21	2	19	90.48
5	焦页 6-4HF	15	15	0	
6	焦页 6-5HF	22	22	0	
7	焦页 9HF	29	2	27	93.10
8	焦页 64-5HF	18	14	4	22.22
	合计	155	89	66	42.58

除套管变形外，多口页岩气井还出现了环空带压问题。截至 2015 年底，中国涪陵页岩气田投产井 166 口，出现环空带压井比例高达 79.52%，其中一级套管头(生产套管和技术套管之间)压裂前后环空带压比例从 14.85%增加至 50.05%，二级套管头(技术套管和表层套管之间)压裂前后环空带压井比例从 15.84%增加至 53.01%，如图 1.6 所示。可见，页岩气井环空带压现象与压裂作业有密切关系[33-35]。

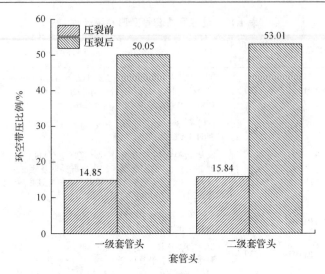

图 1.6　压裂前后环空带压比例

分析表明,环空带压井有如下特征[36]:①带压井中,B 环空压力大于 30MPa 的带压井占总带压井的比例为 0.88%,20~30MPa 的占比为 15.94%,10~20MPa 的占比为 23.89%,小于 10MPa 的占比为 59.29%,部分井出现冒气现象,给安全生产带来了隐患;②从环空带压时间来看,分段压裂后环空带压显著升高。B 环空压裂前带压井占当前带压井总数的 19.04%,压裂后增加了 44.64%,同时随着生产的进行,带压井比例也进一步增加。部分井的试压及处理情况见表 1.14。

表 1.14　新井套管试压不合格及处理情况统计

井号	试压情况	处理情况
焦页 5-1HF	井筒试压至 61.5MPa,30min 后降为 52.7MPa,压降为 8.8MPa;技套压力由 2MPa 增至 3MPa,24h 后,套压由 41.3MPa 下降到 23.0MPa,技套压力由 0MPa 上升到 20MPa	分析为套管丝扣渗漏,按照设计限压施工,完成了压裂施工
焦页 5-2HF	全井筒试压 90MPa,压降为 20MPa,试压不合格,发现油套和技套串漏	采取直接更换井口密封的方式,更换套管头作业,试压合格
焦页 14-1HF	对井筒试压 50MPa,10min 后压降为 0.4MPa;对井筒试压 70MPa,30min 后压降为 5MPa,井筒试压不合格	进行井筒堵漏,井筒试压 90MPa,经 30min 压降为 0.4MPa,合格
焦页 12-2HF	井筒试压 25MPa,10min 后压力降至 24.1MPa;打压至 30MPa,10min 后压力降至 24.46MPa,打压至 37.3MPa,30min 后压力降至 24.6MPa,多方资料判断为人工井底漏失	连续油管带复合桥塞至井深 4090m(人工井底 4100m),用压裂车对井筒试压至 90MPa,经 10min 压降为 0.4MPa,试压合格
焦页 59-6HF	对全井筒试压 95MPa,30min 后压降为 3.0MPa 不合格	堵漏,对全井筒进行试压至 90.0MPa,稳压 30min,压降为 0.4MPa,合格

续表

井号	试压情况	处理情况
焦页 50-6HF	井筒试压至 95MPa，5min 后压力突然开始下降，40min 后降至 59.0MPa，试压不合格	堵漏，对井筒试压至 95MPa，30min 后压降为 5.6MPa；要求压裂施工限压 90MPa，完成后续压裂施工
焦页 39-2HF	井筒试压 95MPa，15min 后压为 2.6MPa，试压不合格，表套压力为 0，技套压力为 13MPa	堵漏，对井筒试压至 88.7MPa，30min 后压降为 0.5MPa，试压合格
焦页 103-2HF	井筒试压至 81.00MPa，随后压力降至 34.00MPa，试压不合格，通过查询多方资料，判断为人工井底漏失	坐封 2 个桥塞封隔人工井底，试压合格，按照压裂方案完成压裂施工
焦页 7HF	对全井筒试压 95MPa，稳压 30min，压降为 6.0MPa，试压不合格	堵漏，井筒试压至 90MPa，经 30min 压降为 0.5MPa，合格

1.3　井筒完整性失效机理研究现状

目前，页岩气井筒完整性失效类型主要为结构完整性失效和密封完整性失效，表现形式为套管变形和环空带压。本节主要阐述两种失效机理的研究现状，为后续页岩气井筒完整性失效分析奠定基础。

1.3.1　结构完整性失效机理

1. 套管变形问题研究现状

随着页岩气套管变形问题的日益突出，许多专家学者相继针对该问题开展了研究。练章华等指出体积压裂导致的地层岩性降低、原始地应力场重新分布是导致套管变形的主导因素[37-40]；戴强[41]结合套管变形现状开展研究，指出储层改造是页岩气完井期间生产套管变形损坏的重点环节，套管本身强度的削弱和外挤压力的增强是套管变形的主要原因；田中兰等[32]指出套管弯曲和温度降低都会导致套管强度降低，环空束缚水的存在同时也会增大套管变形风险；蒋可[42]通过对套管成像测井的分析，计算了套管偏心、水泥环缺失对套管应力的影响；刘奎等[43-45]根据对四川盆地长宁区块页岩气水平井固井质量的分析结果得出，压裂过程的温度应力及由套管内压周期性变化导致的局部载荷是页岩气井套管变形的主要因素；陈朝伟等[46]通过研究指出，水力压裂过程中压裂液的注入容易导致断层发生滑移，从而引发套管剪切变形；王倩琳等[47]从多个角度对压裂套管变形的失效影响因素进行了分析，指出挤压、剪切和弯曲等载荷共同作用，易引发套管挤毁变形，进而导致后续作业时井下工具下入遇阻。

2. 套管变形机理分析

综上可见，前人研究主要是对引起套管变形的单一因素进行了分析，得出了部分重要结论，但总体上缺乏系统的研究，下面对影响套管变形的主要因素进行初步分析。

1）套管变形位置与时间的关系

由图 1.7 可知，在研究的 8 口井中，套管变形大部分都出现在水平段的跟端部位，只有少部分出现在水平段的趾端，且全部井都有套管变形现象，这是因为跟端部位受到压裂液的多次重复施压，发生套管变形的可能性增加。

由图 1.8 可知，大部分套管变形都发生在下桥塞或钻桥塞过程中，而压裂过程中出现套管变形的仅有 1 口井，因此初步判定套管变形可能出现在套管压裂之

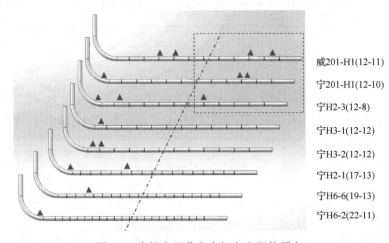

图 1.7　套管变形井在空间上出现的频率

三角表示套损位置；（12-11）表示总共 12 段，压裂 11 段，余同

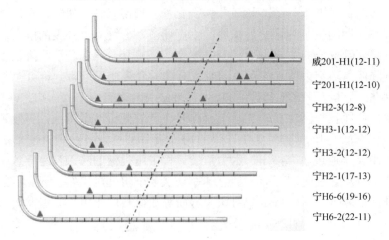

图 1.8　套管变形在时间上的分布图（文后附彩图）

黑色表示在压裂过程中发生套管变形；绿色表示在下桥塞过程中发生套管变形；
蓝色表示在钻桥塞过程中发生套管变形

后，而并非在高泵压压裂过程中。压裂时套管受力固然严重，但当停泵后管柱内泄压，地层中赋存了高压流体，导致套管周围外压很大，这样可能加剧套管的受力，套管变形比压裂时更严重。

2) 套管变形与固井质量的关系

页岩气水平井的注水泥设计与常规井有较大差别，为了使水平段环空中充满水泥，保证页岩气井的固井质量，需注意以下问题。

(1) 水平段岩屑床问题。

在页岩气大斜度井段和水平井段，岩屑和加重材料在重力作用下沿井眼下侧和在井眼的低边易出现大量岩屑沉积。注水泥时，这些积存的岩屑造成井眼下侧的钻井液难以被置换，水泥环内可能残留液体通道，降低了水泥环的完整性，易引起层间窜流。

(2) 水泥浆窜槽问题。

注水泥时，水泥浆顶替钻井液流动，不是全面的平行推进，而是部分水泥浆呈尖锋状股流窜入钻井液，造成套管外与井壁间不能全部被水泥封堵，称为水泥浆窜槽。水泥浆窜槽的原因是：①套管没有扶正至井眼中央，造成一边贴在井壁，发生窜槽；②水泥浆太稀，密度不足，水泥浆流动与钻井液相混，造成窜槽；③井眼缩径，水泥浆流速大，不能形成塞流，而是呈尖锋流窜入钻井液中；④水泥浆失水和水化过程体积减缩；⑤环空中的游离水聚集。

(3) 固井胶结面质量问题。

在页岩气水平井钻井过程中，要求钻井液具有更好的携岩性、润滑性和储层保护性能。油基钻井液因具有抗高温、抗污染能力强、抑制性强、润滑性好和储层保护性能好等优点，在页岩气开采钻井中广为使用。但是，油基钻井液会导致井壁和套管壁上形成油质泥饼或油膜，使固井套管的表面和井壁由原来的亲水性转变为亲油性。固井时，水泥浆是亲水性的，这就导致水泥浆不能很好地吸附在金属套管和井壁表面，导致第一、第二胶结面胶结质量差。

对部分套管变形井的固井质量进行统计，如图 1.9 所示。可见，威 201-H1 井、宁 201-H1 井、宁 H6-2 井、宁 H6-6 井部分压裂段存在较多的固井质量问题，加大了套管变形的可能性。同时在固井质量好的井段也出现了套管变形现象。因此，固井质量与套管变形之间的关系还需要进一步研究。

3) 套管变形与泥质含量的关系

页岩地层中会夹杂有一些黏土矿物，而黏土矿物吸水易膨胀，使得套管外部的载荷相应增加，当外部载荷超过套管的抗挤强度时，套管就会发生变形。理论上讲，通常泥质含量高的更容易发生套管变形。根据所取得的套管变形井基础数据，绘制泥质含量与套管变形点的曲线图，来进一步分析两者之间的相关性，如

图 1.10 所示。可见，套管变形与泥质含量之间没有必然的联系，在泥质含量较高或较低的地方，套管都出现了变形。

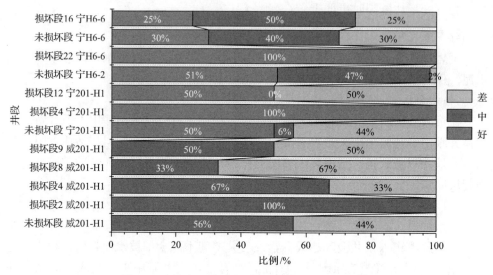

图 1.9　套管变形井段固井质量情况（文后附彩图）

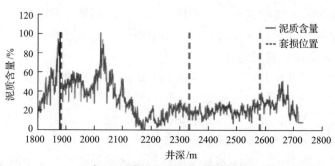

(a) 威201-H1井(水平段)套损与泥质含量关系图

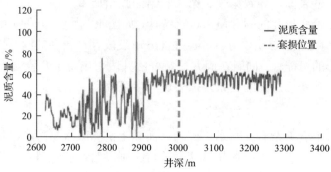

(b) 威201-H3井(水平段)套损与泥质含量关系图

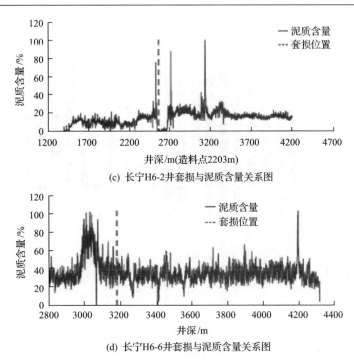

(c) 长宁H6-2井套损与泥质含量关系图

(d) 长宁H6-6井套损与泥质含量关系图

图 1.10　泥质含量与井深及套管变形点之间的关系

4) 套管变形与地应力的关系

页岩气水平井一般沿着最小主应力方向钻进，以便在压裂过程中，裂缝沿着最大主应力方向进行延伸，从而沟通储层内部的微裂缝，有助于页岩气的高效开发。

图 1.11 给出了美国 Barnett、Haynesville、Marcellus、加拿大 Duvernay 及中国威远、长宁、威荣等部分页岩气区块的地应力统计情况。可见，中国的页岩气区块最大水平地应力一般大于垂向地应力，而美国和加拿大的页岩气区块最大水平地应力一般小于垂向地应力，两者属于不同的地应力类型。同时，中国页岩气区块的最大水平地应力与最小水平地应力之差明显高于美国和加拿大的页岩气区块。说明中国页岩气区的地应力条件比国外要复杂，这也在一定程度上揭示了我国页岩气多级压裂过程中套管变形问题更为严重的原因。

5) 套管变形与井径变化的关系

页岩层理或天然裂缝发育，产状多变，在长水平段钻井中易发生井漏、垮塌等问题，导致井径变化较大。部分井套管变形部位的井径变化曲线如图 1.12 所示。可见，套管变形与井眼不规则存在一定的关系，在井径变化剧烈的井段发生了套管变形。井径不规则不仅使套管受力复杂，而且使水平井下套管作业困难，容易使套管产生弯曲应力。因此，应该尽量控制水平井段的狗腿角，尽可能保持井眼轨迹平滑。

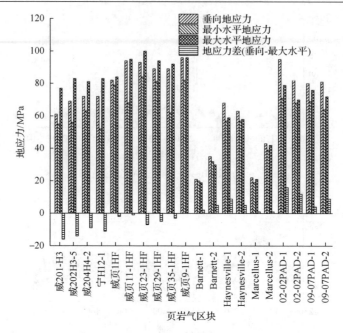

图 1.11　国内外页岩地层地应力对比

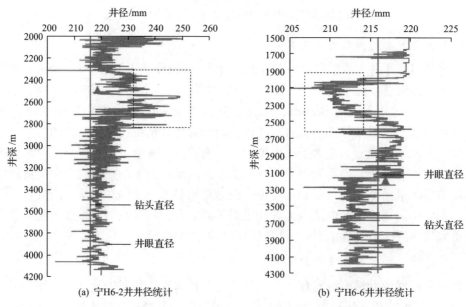

图 1.12　宁 H6-2、宁 H6-6 井径与套管变形位置的关系

三角表示套损位置；虚线框指井径变化较大的位置

6) 套管变形与套管偏心的关系

长水平段页岩气水平井下套管时，因为套管自重而引起套管偏心，易形成宽

窄不一的环空间隙，固井时水泥浆在宽间隙处的流动阻力要小于在窄间隙处的流动阻力，使顶替界面容易向宽间隙处扩展，形成的水泥环薄厚不均，甚至有些地方没有形成水泥环。由图 1.13 可知，偏心程度变化大的位置可能存在套管变形，没有偏心的位置也可能存在套管变形。因此，套管变形与套管偏心不存在直接关系。

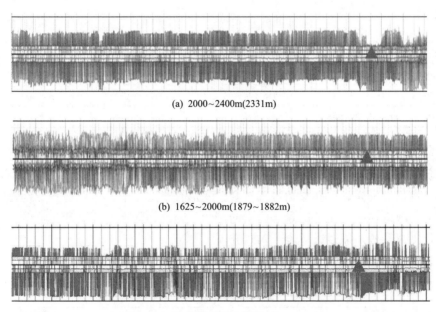

(a) 2000~2400m(2331m)

(b) 1625~2000m(1879~1882m)

(c) 2500~2600m(2579m)

图 1.13　威 201-H1 井套管偏心与套管变形点（文后附彩图）

三角表示套损位置

7) 套管变形与地层非均质性的关系

我国页岩储层具有较强的非均质性，在井眼轴线上会存在岩性交替变化及地应力变化的情况。在进行压裂时，套管内部受到较大的压力，而不同井深处的套管受到不同的地应力作用，加之非均质性影响，可能导致在某些层段处出现套管变形。

通过对部分井套管变形段的测井曲线分析，发现套管变形点处都出现了较明显的岩性变化，且地层中存在较多的裂缝，这说明套管变形与地层的非均质性之间存在较大的联系。

为了解整个套管变形井的情况，本章统计分析了套管变形井段的地质特征。由表 1.15 可知，发生套管变形的部位均存在较高的地应力、岩石力学性质交错变化及岩性界面现象，且大都存在天然裂缝或断层。在压裂过程中，上述因素会显著影响裂缝形态和近井应力场变化，进而会影响到套管应力，增加套管损坏的概率。

表 1.15　部分套管变形井地质力学特征

井号	失效部位	地质特征		
		原地应力岩石力学属性	岩性	天然裂缝带断层发育
威 201-H1	1(2331.5m) 2(1882.74m)	交错锯齿状大幅度变化	存在岩性界面	天然裂缝带发育
威 201-H3	1(3335.36m) 2(3001m) 3(2940m)	交错锯齿状大幅度变化	存在岩性界面	天然裂缝带发育
宁 201-H1	1(3491m)	交错锯齿状大幅度变化	存在岩性界面	断层发育
宁 206	1(1875m)	交错锯齿状大幅度变化	存在岩性界面	不显著
宁 201	1(2441.63m)	交错锯齿状大幅度变化	存在岩性界面	天然裂缝发育
长宁 H3-1	1(2930～2934m)	—	不显著	天然裂缝发育

8) 套管变形与压裂施工参数的关系

表 1.16 给出了长宁—威远区块部分井的压裂施工参数，可以看出，压裂施工压力、排量、规模、射孔参数等都对套管变形有一定影响。压裂参数受到地层破裂压力、改造体积、压后产量等因素的制约，因此如何在保证套管完整性的条件下优化压裂参数，需要进一步深入研究。

表 1.16　长宁—威远区块部分井的压裂施工参数

井号	失效部位	工程特征			
		压裂特点(相对于未套管变形压裂段)	每段压后反排测试	射孔参数	固井质量
威 201-H1	1(2331m) 2(1882m)	低压力、大排量、高砂比、大规模	没有	1(1.5m/簇、12孔/簇、48孔/段) 2(2m/簇、15孔/簇、60孔/段)	变形段: 第3段,差6m,中等89m;第8段,差16m,中等84m
威 201-H3	1(3335m) 2(3001m) 3(2940m)	无明显特征	没有	1m/簇、14孔/簇、42孔/段	优
宁 201-H1	1(3491m)	低压力、大排量、高砂比、大规模	没有	0.7m/簇、14孔/簇、42孔/段	变形段: 差32m,好48m
长宁 H3-1	1(2930～2934m)	低压力、大排量、高砂比、大规模	没有	1m/簇、17孔/簇、51孔/段	优
宁 206	1(1875m)	(仅压了一段)	压后反排测试	2m/簇	优
宁 201	1(2441m)	低压力、大排量、高砂比、大规模	第一段压后反排测试	3m/簇、48孔/簇、144孔/段	优

9) 温度对套管抗外挤强度的影响

在页岩气大型体积压裂过程中，随着大排量压裂液的快速注入，井筒温度会迅速降低，温度的急剧降低会导致套管收缩，相应的抗外挤强度会明显下降，如图 1.14 所示。

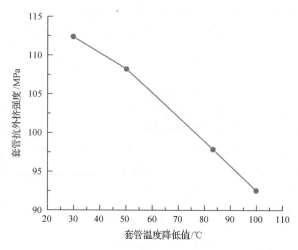

图 1.14　套管温度变化对抗外挤强度的影响

10) 井眼弯曲对套管强度的影响

一般情况下，井眼弯曲会导致套管两侧分别产生拉力和压力，使套管抗外挤强度和抗内压强度均下降，如图 1.15 所示。页岩气开发中，基本都采用水平井，加之页岩层理性强，井壁稳定性差，易出现井眼不规则的情况。因此，套管弯曲程度会加剧，不利于套管结构完整性的保护。

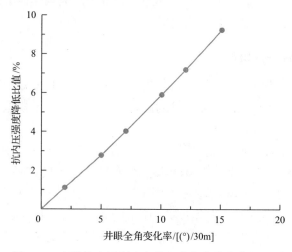

图 1.15　套管抗内压强度与井眼全角变化率度的关系

11) 页岩层滑移与套管变形的关系

在页岩气井压裂过程中，大量的压裂液和支撑剂进入地层，可能引起页岩沿层理面或岩性变化界面发生滑移，从而导致套管发生剪切变形，如图 1.16 所示。从目前的研究情况看，微断层滑移很可能是引起套管变形的关键因素。但由于地球物理勘探的精度所限，很难识别深部地层的小尺度断层或裂缝，难以量化滑移体的规模、滑移距离及其和压裂参数的关系。因此，这方面的内容有待于进一步深入研究。

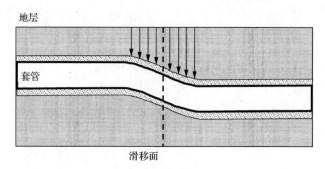

图 1.16　套管剪切变形示意图

12) 生产套管下入困难导致套管变形

部分页岩气井水平段下套管困难，需要使用旋转下套管工具，甚至"上提下砸"方能下入，严重时出现拔套管重新通井才能下入的情况。下套管困难可能导致套管多次弯曲、拉伸及冲击，损坏的概率加大，或者套管下不到位，影响井筒完整性。

综上可知，引起页岩气套管变形的因素有很多，但规律性不强，往往难以确定主控因素，因此需要进一步深入研究。

1.3.2　密封完整性失效机理

环空带压的主要原因是水泥环密封失效。水泥环密封失效是水泥环完整性被破坏的一种形式。针对水泥环完整性问题，部分学者从力学模型、室内模拟实验等方面开展了一系列研究。

在力学模型方面，殷有泉等[48]建立了非均匀地应力条件下套管-水泥环-地层组合体弹性解析解；李军等[49]、陈朝伟和蔡永恩[50]基于特雷斯卡(Tresca)屈服准则、莫尔-库仑(Mohr-Coulomb)屈服准则推导了组合体弹塑性理论公式；Xu 等[51]、Zhang 和 Wang[52]研究了压力与温度共同作用下水泥环的受力状态；Raoof 等[53]、Jesus 和 Sigbjørn[54]在考虑温度、压力耦合作用的基础上建立了数值模型，分析了不同固井质量条件下水泥环的完整性状态。

在室内模拟实验方面，Goodwin 和 Crook[55]最早设计了可评价压力载荷下水泥环整体密封性试验装置。基于此，Carpenter 等[56]、Boukhelifa 等[57]、Li 等[58]开展了循环压力载荷下水泥环试验，发现水泥环产生塑性变形导致胶结边界分离，内部渗透率变大，高压差下产生周向裂纹与轴向缝隙，缝隙相互沟通，水泥环密封失效。Albawi 等[59]设计了循环温度载荷下水泥环密封动态监测装置；Andrade 等[60]、Jelena 等[61]测试了循环温度载荷下水泥环失效变化，发现在温度变化的瞬间，水泥环会产生剪应力，导致剪切失效。但上述研究均为单一温度、压力载荷试验，而在页岩气井多级压裂工况下，井筒承受多频次剧烈的温度与压力交变载荷，需要进行温压交变载荷耦合作用试验研究。

上述研究所针对的水泥环失效情况主要是针对开发过程中出现的水泥环完整性失效[62-65]，并未对页岩气井压裂过程出现环空带压的原因进行分析。相比开发过程中的井下力学环境，页岩气井采用多级分段压裂的方式，压裂过程中压裂液会多次注入井内，导致井筒内压频繁升高、降低。同时，井筒温度也会多次升降，导致多级压裂过程中水泥环的力学环境更加复杂。

沈吉云等[65]将套管内压变化分解成两个阶段，即加载(内压升高)阶段和卸载(内压降低)阶段。通过理论模型与室内模拟实验结果对比发现：在加载阶段(内压升高)，随着套管内压力增加，水泥环周向受拉，可能从内边界开始出现径向裂缝(拉伸破坏)，但随着水泥环发生塑性屈服，拉应力将减小甚至转为压应力。因此，裂缝不会继续扩展，而是逐渐处于闭合状态，如图 1.17 所示。而微环隙的产生需要经历加载和卸载两个过程，加载过程中，水泥环将产生塑性变形，但不会出现微环隙；由于水泥环塑性变形不可恢复，卸载时将出现界面受拉状态，从而产生微环隙。这与实验中观察到周向裂缝(微环隙)且气窜发生在卸载阶段的现象更加吻合，如图 1.18 所示。

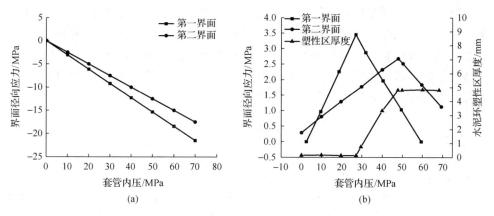

图 1.17　加载阶段界面应力大小及水泥环塑性区厚度

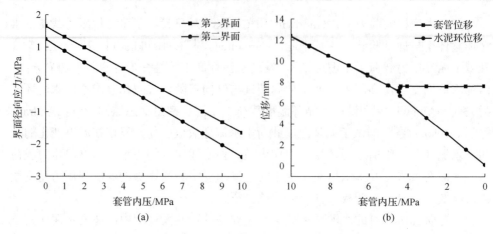

图 1.18　卸载时界面径向应力及第一界面微环隙

刘硕琼等[66]在研究中指出，压裂过程中套管内压的卸载容易导致微环隙的产生，从而使密封完整性失效；赵常青等[67]认为四川盆地页岩气井水平段固井韧性防窜水泥浆凝固后，当水泥石弹性模量小于 7GPa、三轴强度大于 40MPa 时，才能减轻和避免压裂时水泥环的破坏。

除此之外，张林海等[68]利用自主研发的水泥环密封性实验装置研究了套管内加卸压循环作用下水泥环的密封性，指出循环载荷是页岩气井压裂过程中导致密封失效的主要因素。研究结果表明在较高套管内压作用下，水泥环除了发生弹性变形还发生塑性变形；随着应力循环次数的增加，塑性变形也会不断累积，导致微环隙出现。Wang 和 Dahi[69]、Shadravan 等[70]提出页岩气井压裂过程中温度剧变对于水泥环密封失效具有显著影响，多级压裂则会加剧这种影响。

综上可见，页岩气井压裂过程中套管变形和环空带压问题很突出，对于页岩气开发具有重要影响。针对这两类问题，先后分别采取了提高套管钢级、增加套管壁厚、使用偏梯形螺纹套管、降低施工排量等多种举措，导致压裂施工成本增加，但井筒完整性失效问题仍然存在，且不同区块差异很大。其主要原因是页岩气井压裂过程中套管变形和环空带压问题的机理不清，主控因素不明，缺乏合理有效的控制方法。因此，非常有必要开展页岩气井筒完整性失效机理与控制方法研究，以推动我国页岩气高效开发的进程。

参 考 文 献

[1] 董大忠, 邹才能, 李建中, 等. 页岩气资源潜力与勘探开发前景[J]. 地质通报, 2011, 30(3): 324-336.

[2] 张东晓, 杨婷云. 页岩气开发综述[J]. 石油学报, 2013, 34 (4): 792-801.

[3] 董大忠, 王玉满, 李新景, 等. 中国页岩气勘探开发新突破及发展前景思考[J]. 天然气工业, 2016, 36(1): 19-32.

[4] 吕连宏, 张型芳, 庞卫科, 等. 实施《页岩气发展规划(2016-2020 年)》的环境影响研究[J]. 天然气工业, 2017, 37(3): 132-138.

[5] 郑有成. 油气井完整性与完整性管理[J]. 钻采工艺, 2008, 31(5): 6-9.

[6] Mirko V D B, Calixto F J. Human‐induced seismicity and large-scale hydrocarbon production in the USA and Canada[J]. Geochemistry Geophysics Geosystems, 2017, 18(7): 2467-2485.

[7] Railroad Commission of Texas Oil and Gas Division. Newark, East (Barnett Shale) Field changes in railroad commission field oversight [OL]. (2007-07)[2009-09-10]. https://www.rrc.texas.gov/media/7011/072007barnettshalenotice-71607.pdf.

[8] Jarvie D M, Claxton B L, Henk F, et al. Oil and shale gas from the Barnett Shale, Fort. Worth Basin Texas[C]. AAPG Annual Meeting Program, Denver, 2001.

[9] Engelder T. Marcellus 2008: Report card on the breakout year for gas production in the Appalachian Basin[J]. Fort Worth Basin Oil & Gas Magazine, 2009, (20): 18-22.

[10] National Engergy Board. A primer for understanding Canadian shale gas[OL]. (2009)[2019]. http://www.neb.gc.ca/clf-nsi/rnrgynfmtn/nrgyrprt/ntrlgs/prmrndrstndngshlgs2009/prmrndrstndngshlgs2009-eng.pdf.

[11] Beaton A P, Pawlowiccz J G, Anderson S D A, et al. Rock evalt total organic carbon, adsorption isotherms and organic petrography of the Colorado Group: Shale gas data release[OL]. Alberta, Canada (2008-11) [2019]. http://www.ags.gov.ab.ca/publications/abstracts/OFR_2010_06.html.

[12] Ross D J K, Bustin R M. Characterizing the shale gas resource potential of Devonian-Mississippian strata in the Western Canada sedimentary basin: Application of an integrated formation evaluation[J]. AAPG Bulletin, 2008, 92(1): 87-125.

[13] Williams J, Kramer H. Montney shale formation evaluation and reservoir characterization case study well comparing 300m of core and log data in the upper and lower Montney[C]. Proceedings of the 2011 CSPG CSEG CWLS Convention, Calgary, 2011.

[14] 姜向强, 田纳新, 殷进垠, 等. 阿根廷内乌肯盆地页岩油气资源潜力[J]. 石油地质与工程, 2018, 32(3): 55-58, 63, 123.

[15] Barredo S, Stinco L. A geodynamic view of oil and gas resources associated to the unconventional shale reservoirs of Argentina[C]. Unconventional Resources Technology Conference, Denver, 2013.

[16] Aloulou F. Argentina and China lead shale development outside North America in first-half 2015[OL]. (2015-06-26)[2019]. http://www.eia.gov/todayinenergy/detail.cfm?id=21832.

[17] U.S. Energy Information Administration. World shale resource assessments[OL]. (2015-09-24)[2019]. https://www.eia.gov/analysis/studies/worldshalegas/.

[18] Stinco L, Barredo S. Unconventional shale and tight reservoirs of Argentina, opportunities and challenges[C]. World Petroleum Congress, Madrid, 2007.

[19] 周泽山, 帅建军, 杨旸. 做页岩气勘探开发的深耕者——中国石油西南油气田开发长宁区块启示录[N]. 中国能源报, 2017-09-11(13).

[20] 江怀友, 鞠斌山, 李治平, 等. 世界页岩气资源现状研究[J]. 中外能源, 2014, 19(3): 14-22.

[21] 申延平, 吴朝东, 梅丹, 等. 页岩油气发展的石油地质意义及决定因素[J]. 天然气地球科学, 2014, 25(s1): 150-155.

[22] 赵镇. 页岩气: 美国的今天, 不一定是中国的明天——中国页岩气行业现状解析. (2016-09-22) [2019] http://www.chyxx.com/industry/201609/450688.html.

[23] Davies R J, Almond S, Ward R S, et al. Oil and gas wells and their integrity: Implications for shale and unconventional resource exploitation[J]. Marine and Petroleum Geology, 2014, 56: 239-254.

[24] Ingraffea A R, Wells M T, Santoro R L, et al. Assessment and risk analysis of casing and cement impairment in oil and gas wells in Pennsylvania, 2000-2012[J]. Proceedings of the National Academy of Sciences of the United States of America, 2014, 111（30）: 10955-10960.

[25] Daghmouni H, Manci M E, Abdel S A, et al. Well integrity management system （WIMS） development [C]. Presented at the Abu Dhabi International Petroleum Exhibiton & Conference, Dhabi, 2010.

[26] Davies R J, Almond S, Ward R S, et al. Reply: "Oil and gas wells and their integrity: Implications for shale and unconventional resource exploitation"[J]. Marine and Petroleum Geology, 2015, 59: 674-675.

[27] Considine T J, Watson R W, Considine N B, et al. Environmental regulation and compliance of Marcellus Shale gas drilling[J]. Environmental Geosciences, 2013, 20（1）: 1-16.

[28] Vidic R D, Brantley S L, Vandenbossche J M, et al. Impact of shale gas development on regional water quality[J]. Science, 2013, 340（6134）: 1235009.

[29] Ingraffea A R.Fluid migration mechanisms due to faulty well design and or construction: An overview and recent experiences in the pennsylvania marcellus Play [OL].（2013-01-01） [2019]. https://www.psehealthyenergy. org/wp-content/uploads/2017/04/PSE_Cement_Failure_Causes_and_Rate_Analaysis_Jan_2013_Ingraffea1-1.pdf.

[30] Stone C H, Eustes A W, Fleckenstein W W. A continued assessment of the risk of migration of hydrocarbons or fracturing fluids into fresh water aquifers in the Piceance, Raton, and San Juan Basins of Colorado[C]. Society of Petroleum Engineers Annual Technical Conference and Exhibition, Abu Dubai, 2016.

[31] Kell S. State oil and gas agency groundwater investigations and their role in advancing regulatory reforms. A two-state review: Ohio and Texas[OL]. （2012-04-26）[2019]. http://www.gwpc.org/state-oil-gas-agency-groundwater-investigations.

[32] 田中兰, 石林, 乔磊. 页岩气水平井井筒完整性问题及对策[J]. 天然气工业, 2015, 35（9）: 70-76.

[33] Stone C H, Fieckenstein W W, Eustes A W. An assessment of the probability of subsurface contamination of aquifers from oil and gas well in the Wattenberg Field, modified for water well location[C]. Society of Petroleum Engineers Annual Technical Conference and Exhibition, Abu Dubai, 2016.

[34] Kissinger A, Helmig R, Ebigbo A, et al. Hydraulic fracturing in unconventional gas reservoirs: Risks in the geological system, part 2: Modelling the transport of fracturing fluids, brine and methane[J]. Environmental Earth Sciences, 2013, 70（8）: 3855-3873.

[35] 陈朝伟, 石林, 项德贵. 长宁-威远页岩气示范区套管变形机理及对策[J]. 天然气工业, 2016, 36（11）: 70-75.

[36] 谢和. 固井套管及水泥环力学完整性研究[D]. 成都: 西南石油大学, 2016.

[37] 练章华, 张颖, 赵旭, 等. 水平井多级压裂管柱力学、数学模型的建立与应用[J]. 天然气工业, 2015, 35（1）: 85-91.

[38] 于浩, 练章华, 徐晓玲, 等. 页岩气直井体积压裂过程套管失效的数值模拟[J]. 石油机械, 2015, 43（3）: 73-77.

[39] 于浩, 练章华, 林铁军. 页岩气压裂过程套管失效机理有限元分析[J]. 石油机械, 2014, 42（8）: 84-88.

[40] 于浩, 练章华, 林铁军, 等. 页岩气体积压裂过程中套管失效机理研究[J]. 中国安全生产科学技术, 2016, 12（10）: 37-43.

[41] 戴强. 页岩气井完井改造期间生产套管损坏原因初探[J]. 钻采工艺, 2015, 38（3）: 22-25.

[42] 蒋可. 长宁威远区块页岩气水平井固井质量对套管损坏的影响研究[D]. 成都: 西南石油大学, 2016: 36-65.

[43] 刘奎, 高德利, 曾静, 等. 温度与压力作用下页岩气井环空带压力学分析[J]. 石油钻探技术, 2017, 45(3): 8-14.

[44] 刘奎, 高德利, 王宴滨, 等. 局部载荷对页岩气井套管变形的影响[J]. 天然气工业, 2016, 36(11): 76-82.

[45] 刘奎, 王宴滨, 高德利, 等. 页岩气水平井压裂对井筒完整性的影响[J]. 石油学报, 2016, 37(3): 406-414.

[46] 陈朝伟, 王鹏飞, 项德贵. 基于震源机制关系的长宁-威远区块套管变形分析[J]. 石油钻探技术, 2017, 45(4): 110-114.

[47] 王倩琳, 张来斌, 胡瑾秋, 等. 多角度辨识压裂套管变形的失效影响因素[J]. 中国安全生产科学技术, 2017, 13(6): 40-46.

[48] 殷有泉, 蔡永恩, 陈朝伟, 等. 非均匀地应力场中套管载荷的理论解[J]. 石油学报, 2006, 27(4): 133-138.

[49] 李军, 陈勉, 柳贡慧, 等. 套管、水泥环及井壁围岩组合体的弹塑性分析[J]. 石油学报, 2005, 26(6): 99-103.

[50] 陈朝伟, 蔡永恩. 套管—地层系统套管载荷的弹塑性理论分析[J]. 石油勘探与开发, 2009, 36(2): 242-246.

[51] Xu H L, Zhang Z, Shi T H, et al. Influence of the WHCP on cement sheath stress and integrity in HTHP gas well[J]. Journal of Petroleum Science and Engineering, 2015, 126: 174-180.

[52] Zhang Z, Wang H. Effect of thermal expansion annulus pressure on cement sheath mechanical integrity in HPHT gas wells[J]. Applied Thermal Engineering, 2017, 118: 600-611.

[53] Raoof G, Brent A, Nikoo F. A thermo-poroelastic analytical approach to evaluate cement sheath integrity in deep vertical wells[J]. Journal of Petroleum Science and Engineering, 2016, 147: 536-546.

[54] Jesus D A, Sigbjørn S. Cement sheath failure mechanisms: Numerical estimates to design for long-term well integrity[J]. Journal of Petroleum Science and Engineering, 2016, 147: 682-698.

[55] Goodwin K J, Crook R J. Cement sheath stress failure[J]. SPE Drilling Engineering, 1992, 7(4): 291-296.

[56] Carpenter R B, Brady J L, Blount C G. The effects of temperature and cement admixes on bond strength[J]. Journal of Petroleum Technology, 1992, 44(8): 936-941.

[57] Boukhelifa L, Moroni N, James S G, et al. Evaluation of cement systems for oil and gas well zonal isolation in a full-scale annular geometry[J]. Spe Drilling & Completion, 2013, 20(1): 44-53.

[58] Li Z, Zhang K, Guo X, et al. Study of the failure mechanisms of a cement sheath based on an equivalent physical experiment[J]. Journal of Natural Gas Science and Engineering, 2016, 31: 331-339.

[59] Albawi A, Torsaeter M, Andrade J D, et al. Experimental set-up for testing cement sheath integrity in arctic wells[C]. Presented at OTC Artic Technology Conference held, Houston, 2014.

[60] Andrade J D, Torsaeter M, Todorovic J, et al. Influence of casing centralization on cement sheath integrity during thermal cycling[C]. IADC/SPE Drilling Conference and Exhibition, Fort Worth, 2014.

[61] Jelena T, Kamila G, Alexandre L, et al. Integrity of downscaled well models subject to cooling[C]. The SPE Bergen One Day Seminar, Grieghallen, 2016.

[62] 李进, 龚宁, 李早元, 等. 射孔完井工况下固井水泥环破坏研究进展[J]. 钻井液与完井液, 2016, 33(6): 10-16.

[63] 徐璧华, 卢翔, 谢应权. 高温高压下油井水泥环胶结强度测试新方法[J]. 天然气工业, 2016, 36(11): 65-69.

[64] 赵新波, 韩生超, 杨秀娟, 等. 热固耦合作用下的套管-水泥环-地层多层组合系统应力分析[J]. 中南大学学报(自然科学版), 2017, 48(3): 837-843.

[65] 沈吉云, 石林, 李勇, 等. 大压差条件下水泥环密封完整性分析及展望[J]. 天然气工业, 2017, 37(4): 98-108.

[66] 刘硕琼, 李德旗, 袁进平, 等. 页岩气井水泥环完整性研究[J]. 天然气工业, 2017, 37(7): 76-82.

[67] 赵常青, 胡小强, 张永强, 等. 页岩气长水平井段防气窜固井技术[J]. 天然气工业, 2017, 37(10): 59-65.

[68] 张林海, 刘仍光, 周仕明, 等. 模拟压裂作用对水泥环密封性破坏及改善研究[J]. 科学技术与工程, 2017, 17(13): 168-172.

[69] Wang W, Dahi T A. Cement sheath integrity during hydraulic fracturing: An integrated modeling approach[C]. The SPE International Conference on Health, Safety, and Environment, Woodlands, 2014.

[70] Shadravan A, Jerome S, Mahimood A, et al. Using fatigue-failure envelope for cement-sheath-integrity evaluation[C]. The SPE International Conference on Health, Safety, and Environment, California, 2015.

第 2 章　井筒完整性力学分析基础

井筒完整性失效的本质是一个力学问题。对套管变形而言，是套管承受的外部载荷超过了其强度。对环空带压而言，则是水泥环的胶结强度低于剪切或拉伸载荷。因此，对套管-水泥环-地层组合体进行力学分析是非常必要的。本章主要对井筒完整性力学分析基础进行讨论。

2.1　平面应变问题的基本方程和厚壁筒问题的解

在地层深处的套管，其纵向变形受到限制，如果不考虑地应力沿纵深的变化，可以将其简化为平面应变问题[1]。对于套管这种具有轴对称几何形状的结构，采用极坐标进行力学分析较为方便。取几何对称中心 O 为坐标原点，平面内任一点 A 到原点 O 的距离为 r，AO 与 x 轴之间的夹角 θ。

在平面应变问题中，非零应力分量有 σ_r、σ_θ、$\tau_{r\theta}$ 和 σ_z，非零应变分量有 ε_r、ε_θ、ε_z、$\varepsilon_{r\theta}$；非零位移分量有 u_r、u_θ。这些量满足如下 3 类方程。

(1)几何方程：

$$\begin{cases} \varepsilon_r = \dfrac{\partial u_r}{\partial r} \\ \varepsilon_\theta = \dfrac{1}{r}\dfrac{\partial u_\theta}{\partial \theta} + \dfrac{u_r}{r} \\ \varepsilon_{r\theta} = \dfrac{1}{2}\left(\dfrac{\partial u_\theta}{\partial r} + \dfrac{1}{r}\dfrac{\partial u_r}{\partial \theta} - \dfrac{u_\theta}{r} \right) \end{cases} \tag{2.1}$$

式中，ε_r、ε_θ 分别为径向应变、环向应变，无量纲；u_r、u_θ 分别为径向位移、环向位移，m；r 为半径，m；$\varepsilon_{r\theta}$ 为柱坐标系下微元体的切向变形。

(2)平衡微分方程(不考虑体积力)：

$$\begin{cases} \dfrac{\partial \sigma_r}{\partial r} + \dfrac{1}{r}\dfrac{\partial \tau_{r\theta}}{\partial \theta} + \dfrac{\sigma_r - \sigma_\theta}{r} = 0 \\ \dfrac{\partial \tau_{r\theta}}{r} + \dfrac{1}{r}\dfrac{\partial \sigma_\theta}{\partial \theta} + \dfrac{2\tau_{r\theta}}{r} = 0 \end{cases} \tag{2.2}$$

(3) 本构方程:

$$\begin{cases} \varepsilon_r = \dfrac{1}{E}\big[\sigma_r - \mu(\sigma_\theta + \sigma_z)\big] \\[2mm] \varepsilon_\theta = \dfrac{1}{E}\big[\sigma_\theta - \mu(\sigma_z + \sigma_r)\big] \\[2mm] \varepsilon_z = \dfrac{1}{E}\big[\sigma_z - \mu(\sigma_r + \sigma_\theta)\big] \\[2mm] \varepsilon_{r\theta} = \dfrac{1+\mu}{E}\tau_{r\theta} \end{cases} \tag{2.3}$$

式中, E 和 μ 分别为材料的弹性模量和泊松比。在平面应变条件下, $\varepsilon_z = 0$, 从式 (2.3) 的第三式解出 σ_z, 并代入前两式, 本构方程可表示为

$$\begin{cases} \varepsilon_r = \dfrac{1+\mu}{E}\big[(1-\mu)\sigma_r - \mu\sigma_\theta\big] \\[2mm] \varepsilon_\theta = \dfrac{1+\mu}{E}\big[(1-\mu)\sigma_\theta - \mu\sigma_r\big] \\[2mm] \varepsilon_{r\theta} = \dfrac{1+\mu}{E}\tau_{r\theta} \end{cases} \tag{2.4}$$

在极坐标下, 应变协调方程为

$$\left(\frac{1}{r^2}\frac{\partial^2}{\partial\theta^2} - \frac{1}{r}\frac{\partial}{\partial r}\right)\varepsilon_r + \frac{1}{r^2}\frac{\partial}{\partial r}\left(r^2\frac{\partial\varepsilon_r}{\partial r}\right) - \frac{2}{r^2}\frac{\partial}{\partial r}\left(r\frac{\partial\varepsilon_{r\theta}}{\partial\theta}\right) = 0 \tag{2.5}$$

将本构方程式 (2.4) 代入应变协调方程式 (2.5), 得到应力协调方程:

$$\begin{aligned} &\left(\frac{\partial^2}{\partial\theta^2} - r\frac{\partial}{\partial r}\right)\big[(1-\mu)\sigma_r - \mu\sigma_\theta\big] + \frac{\partial}{\partial r}\left\{r^2\left[(1-\mu)\frac{\partial\sigma_\theta}{\partial r} - \mu\frac{\partial\sigma_r}{\partial r}\right]\right\} \\[2mm] &-2(1+\mu)\frac{\partial}{\partial r}\left(r\frac{\partial\varepsilon_{r\theta}}{\partial\theta}\right) = 0 \end{aligned} \tag{2.6}$$

在极坐标下的应力函数 Φ 与应力分量的关系可写成

$$\begin{cases} \sigma_r = \dfrac{1}{r}\dfrac{\partial\Phi}{\partial r} + \dfrac{1}{r^2}\dfrac{\partial^2\Phi}{\partial\theta^2} \\[2mm] \sigma_\theta = \dfrac{\partial^2\Phi}{\partial r^2} \\[2mm] \tau_{r\theta} = -\dfrac{\partial}{\partial r}\left(\dfrac{1}{r}\dfrac{\partial\Phi}{\partial\theta}\right) \end{cases} \tag{2.7}$$

将式(2.7)代入平衡方程式(2.2)，可验证平衡方程自动满足。将式(2.7)代入应变协调方程式(2.6)，得

$$\nabla^2\nabla^2\Phi=0 \tag{2.8}$$

式中，

$$\nabla^2 = \frac{\partial^2}{\partial r^2}+\frac{1}{r}\frac{\partial}{\partial r}+\frac{1}{r^2}\frac{\partial^2}{\partial\theta^2}$$

于是在平面应变问题中，求解应力可归结为求解满足双调和方程式(2.8)的应力函数 Φ。当求出应力函数 Φ 后，由式(2.7)可求出应力分量，进而由式(2.4)求出应变分量，再由式(2.1)求出位移分量。

以内外边界都受均布载荷的厚壁圆筒模型为例进行分析，如图 2.1 所示，采用拉梅公式求解。

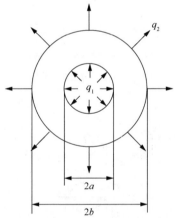

图 2.1　内外受均布载荷厚壁圆筒

a 为圆筒内壁半径；b 为圆筒外壁半径；q_1 为圆筒内壁载荷；q_2 为圆筒外壁载荷

由于应力函数 Φ 与变量 θ 无关，式(2.8)可简化为

$$\left(\frac{\mathrm{d}^2}{\mathrm{d}r^2}+\frac{1}{r}\frac{\mathrm{d}}{\mathrm{d}r}\right)^2\Phi = 0 \tag{2.9}$$

或

$$\Phi''''+\frac{2}{r}\Phi'''-\frac{1}{r^2}\Phi''+\frac{1}{r^3}\Phi' = 0 \tag{2.10}$$

方程的通解为

$$\Phi = A + B\ln r + Cr^2 + Dr^2\ln r \tag{2.11}$$

式中，A、B、C、D 为待定系数。由于常数 A 不产生应力，且 $Dr^2\ln r$ 项对应于多值位移，可取 $A=D=0$，因此，

$$\Phi = B\ln r + Cr^2 \tag{2.12}$$

将式(2.12)代入式(2.7)，得应力分量：

$$\begin{cases} \sigma_r = \dfrac{B}{r^2} + 2C \\[2mm] \sigma_\theta = -\dfrac{B}{r^2} + 2C \\[2mm] \tau_{r\theta} = 0 \end{cases} \tag{2.13}$$

按照边界条件：

$$\begin{cases} r=a, \sigma_r = -q_1, \tau_{r\theta}=0 \\ r=b, \sigma_r = q_2, \tau_{r\theta}=0 \end{cases} \tag{2.14}$$

得到常数：

$$\begin{cases} B = -\dfrac{a^2 b^2}{b^2 - a^2}(q_1 + q_2) \\[3mm] C = \dfrac{a^2 q_1 + b^2 q_2}{2(b^2 - a^2)} \end{cases} \tag{2.15}$$

于是应力分量为

$$\begin{cases} \sigma_r = \dfrac{a^2}{b^2-a^2}\left(1-\dfrac{b^2}{r^2}\right)q_1 + \dfrac{b^2}{b^2-a^2}\left(1-\dfrac{a^2}{r^2}\right)q_2 \\[3mm] \sigma_\theta = \dfrac{a^2}{b^2-a^2}\left(1+\dfrac{b^2}{r^2}\right)q_1 + \dfrac{b^2}{b^2-a^2}\left(1+\dfrac{a^2}{r^2}\right)q_2 \\[3mm] \tau_{r\theta} = 0 \end{cases} \tag{2.16}$$

将应力分量代入本构方程式(2.4)的第二式得应变分量：

$$\varepsilon_\theta = \frac{1+\mu}{E}\left\{\frac{a^2}{b^2-a^2}\left(1-2\mu+\frac{b^2}{r^2}\right)q_1+\frac{b^2}{b^2-a^2}\left(1-2\mu+\frac{a^2}{r^2}\right)q_2\right\}$$

由几何方程式(2.1)的第二式得

$$u=u_r=r\varepsilon_\theta$$

$$=\frac{(1+\mu)r}{E(b^2-a^2)}\left[(1-2\mu)(a^2q_1+b^2q_2)+\frac{a^2b^2}{r^2}(q_1+q_2)\right] \tag{2.17}$$

2.2　页岩储层原地应力及其确定方法

油气生、储、盖地层是地壳上部的组成部分。在漫长的地质年代里，它经历了无数次沉积轮回和升降运动，地壳物质内产生了一系列的内应力效应。这些来源于板块周围的挤压、地幔对流、岩浆活动、地球的转动、新老地质构造运动及地层重力、地层温度的不均匀、地层中的水压梯度等的内应力随时间和空间的变化，使地下岩层处于十分复杂的自然受力状态。这些内应力主要以两种形式存在于地层中：一部分是以弹性能形式，另一部分则因种种原因在地层中处于自我平衡而以冻结形式保存着。

岩层内产生一种反抗变形的力，这种内部产生的并作用在地壳单位面积上的力称为地应力。地应力是客观存在的一种自然力，它影响着油气勘探和开发的过程。在油气勘探开发过程中，掌握油气储集区域的构造应力的大小和方位，可以优化油气田开发井网布置和优选钻井泥浆的密度以稳定井壁，减少或避免漏、喷、塌、卡等事故。对于页岩气开发而言，地应力对于裂缝扩展及缝网体的形成具有显著的影响，因此掌握地应力的分布规律是极为重要的。

地应力测量是一门在地球物理学、岩石力学、渗流力学等学科的基础上发展起来的边缘科学分支。油田地应力的测量包括地应力的主方向和地应力的数值大小两个方面，目前主要有以下 4 类方法。

(1)资料分析法，如河流变迁、板块作用、地形起伏、地质构造和震源机制等。这些资料可以定性地给出大范围的应力场分布与特点，但很难进行精细的应力场研究。

(2)有孔应力测量，如水力压裂应力测量、井壁崩落应力方位测量、套芯应力解除等。这些方法可以给出比较精确的应力测量结果，但是深部地层的应力测量费用较高。

(3)岩心分析法。国内多数岩心来自钻孔，该方法是由孔应力测量方法的派生方法。可以直接在室内进行测定，不需要大量的现场设备和人员，得到了广泛应用。如何给出岩心在钻孔中的方位则是该方法的一个技术关键，至今，给岩心定向的方法虽然已有许多种，但是国内外还没有一种可以普遍使用且又非常可靠的方法，这是一个有待解决的问题。

(4)地应力原点测量是在油田深部地层直接进行地应力测量，这种方法在国内外几乎还是一个空白，其在安全性、可靠性及技术方面都存在一定的困难。国外在 20 世纪 60 年代便开始有人研究该方法，但真正付诸实践的几乎没有。

在实际应用中，上述各类方法经常会组合使用，具体的测量方法包括水力压裂法、凯塞尔效应试验、地破试验与差应变结合法等，这些方法在石油工程中经常被用来确定地应力的大小和方向。

2.2.1　水力压裂法测地应力

水力压裂法是根据井眼的受力状态及其破裂机理来推算地应力的方法。在地层某深度处，当井内钻井液柱压力使原有裂隙张开、延伸或形成新的裂隙时，井内流体压力称为地层破裂压力。地层破裂压力的大小和地应力的大小密切相关。根据多孔介质弹性理论可知，井壁周围岩石所受的各应力分量为

$$\begin{aligned} \sigma_r &= p_i - \alpha p_p \\ \sigma_\theta &= (\sigma_H + \sigma_h) - 2(\sigma_H - \sigma_h)\cos 2\theta_r - p_i - \alpha p_p \\ \tau_{r\theta} &= 0 \end{aligned} \tag{2.18}$$

式中，σ_r 为井眼周围所受径向应力；σ_θ 为井眼周围所受环向应力；$\tau_{r\theta}$ 为井眼周围所受切应力；p_i 为井内钻井液柱压力；σ_H 为最大水平主应力；σ_h 为最小水平主应力；θ_r 为井眼周围某点径向与最大水平主应力方向的夹角；p_p 为地层孔隙压力；α 为有效应力系数。

从力学角度看，地层破裂是井内液柱压力过大，使岩石所受的切向应力达到岩石的抗拉强度而造成的。从式(2.18)中可以看出，当 p_i 增大时，σ_θ 变小，当 p_i 增大到一定程度时，σ_θ 将变成负值，即岩石所受切向应力由压缩变为拉伸，当这种拉伸力大到足以克服岩石的抗拉强度时，地层破裂。破裂发生在 σ_θ 最小处，即 $\theta=0°$ 或 $180°$ 处，此时 σ_θ 的值为

$$\sigma_\theta = 3\sigma_h - \sigma_H - p_i - \alpha p_p \tag{2.19}$$

将式(2.19)代入岩石拉伸破裂强度准则：

$$\sigma_\theta = -S_t \tag{2.20}$$

即可得到岩石产生拉伸破坏时井内液柱压力(即地层破裂压力) p_f 为

$$p_f = 3\sigma_h - \sigma_H - \alpha p_p + S_t \tag{2.21}$$

式中，S_t 为岩石或地层的抗拉强度。

式(2.21)表明，若已知最大、最小地应力、地层孔隙压力及岩石的抗拉强度，则可求得地层破裂压力。反之，若已测得地层破裂压力、地层孔隙压力及岩石的抗拉强度则可以求解最大、最小地应力。

图 2.2 为典型的现场地层破裂压力试验曲线，从图中可以确定以下几点。

(1)地层破裂压力 p_f 是曲线上压力最大的点，反映了液压克服地层的抗拉强度使其破裂，形成井漏，造成压力突然下降。

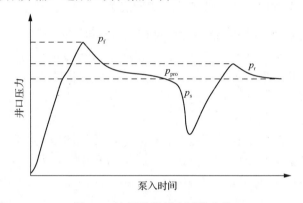

图 2.2　地层破裂压力试验曲线

(2)延伸压力 p_{pro} 是压力趋于平缓的点，是裂隙不断向远处扩展所需的压力。

(3)瞬时停泵压力 p_s 是当裂缝延伸到离开井壁应力集中区，即 6 倍井眼半径以外时(估计从破裂点起历时 1～3min)，进行瞬时停泵，记录下停泵时的压力。由于此时裂缝仍开启，p_s 应与垂直于裂缝的最小水平地应力 σ_h 相平衡，即有

$$p_s = \sigma_h \tag{2.22}$$

此后，随着停泵时间的延长，泥浆向裂缝两边渗滤，使液压进一步下降。此时由于地应力的作用，裂隙将闭合。

(4)裂缝重张压力 p_r 是瞬时停泵后重新开泵时向井内所加压力，能使闭合的裂缝重新张开。由于张开、闭合裂缝所需的压力与破裂压力相比不需克服岩石的拉伸强度，可以认为地层的抗拉强度(S_t)等于地层破裂压力与裂缝重张压力的差值，即

$$S_t = p_f - p_r \tag{2.23}$$

因此,只要通过破裂压力试验得出地层破裂压力 p_f、瞬时停泵压力 p_s 和裂缝重张压力 p_r,结合地层孔隙压力的测定,利用式(2.21)～式(2.23)即可确定出地层某深处的最大、最小水平主应力:

$$S_t = p_f - p_f$$
$$\sigma_h = p_s \qquad\qquad (2.24)$$
$$\sigma_H = 3\sigma_h - p_f - \alpha p_p + S_t$$

另外垂向地应力可以由密度测井数据求得。这样,地层某深处的 3 个主地应力就可以完全确定。

2.2.2　直井岩心声发射凯塞尔效应试验测地应力

声发射凯塞尔效应试验测地应力是利用了岩石具有记忆的特性。所谓岩石的记忆特性是指岩石材料在施工过程中,对过去所有应力状态都具有记忆性,或者说,现时的应力状态取决于变形的历史或路径。这是因为岩石在工程中既有能量储存,也有能量耗散,那么材料对力的响应,不仅取决于现时的应力状态,也取决于过去全部的应力状态。

声发射凯塞尔效应试验可以测量岩样曾经承受过的最大压应力。该类实验一般要在单轴压机上进行单向应力测定。在加载过程中,声发射率突然增大点对应的轴向应力是沿该岩样钻取方向曾经受过的最大压应力。目前的实验方法一般采用在与钻井岩心轴线 0°、45°、90°钻取 3 块岩样,测出 3 个方向的正应力,然后求出最大水平主应力、最小水平主应力。

通常认为声发射是由岩石的微破裂造成的,在岩石承载大于历史最大应力条件时,岩石出现新的微破裂,产生较强的声发射信号,出现凯塞尔点。但实际上,往往是最近一次应力历史中所曾受过的最大应力处的凯塞尔效应较为明显。而且对于某些试样,声发射信号过于剧烈且频繁,凯塞尔点难以确定,于是采用重复加载的方法,利用抹录不尽点方法来寻找凯塞尔点。

声发射凯塞尔效应试验测定地应力的过程是将取自现场的岩心在室内进行加载,用声发射仪接收岩石受载过程中所发出的声波信号。实验装置如图 2.3 所示,在 MTS 电液伺服系统中以某一加载速率均匀地给岩样施加轴向载荷,声发射探头牢固地贴在岩心侧面上,用它来接收受载过程中岩石的声发射信号。岩样所受的载荷及声信号同时输入 Locan AT-14ch 声发射仪进行处理、记录,以给出岩样的声发射信号随载荷变化的关系曲线图,如图 2.4 所示。由上述的凯塞尔效应原理,在声发射累积能量-时间曲线图上找出累积能量突然明显增加处的声发射信号,记录此处载荷的大小,即为岩石在地下该方向上所受的地应力。据此,可求得试验岩石在深部地层所受的地应力。

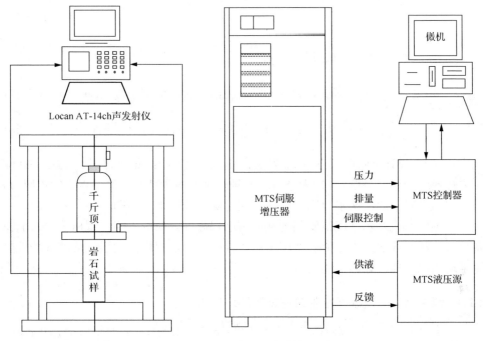

图 2.3　声发射法测地应力流程图

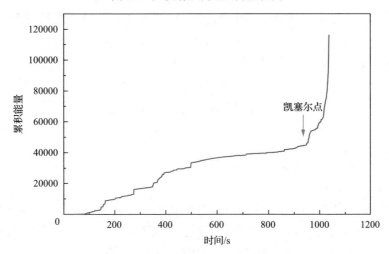

图 2.4　声发射信号随时间变化关系

岩石在地下受三向力作用，所以要在不同方向取心进行试验。取心时，通常是在垂直方向取一块，在垂直岩心轴线平面内相隔 45°取 3 块，由上述 4 个方向取得的岩心进行试验测得 4 个方向的正应力，然后利用下式可确定出深部岩石的地应力：

$$\sigma_{\mathrm{v}} = \sigma_{\perp} + \alpha p_{\mathrm{p}} \tag{2.25}$$

$$\sigma_{\mathrm{H}} = (\sigma_{0^{\circ}} + \sigma_{90^{\circ}}) / 2 + (\sigma_{0^{\circ}} - \sigma_{90^{\circ}})(1 + \tan^2 2\theta_r)^{0.5} / 2 + \alpha p_{\mathrm{p}} \tag{2.26}$$

$$\sigma_{\mathrm{h}} = (\sigma_{0^{\circ}} + \sigma_{90^{\circ}}) / 2 - (\sigma_{0^{\circ}} - \sigma_{90^{\circ}})(1 + \tan^2 2\theta_r)^{0.5} / 2 + \alpha p_{\mathrm{p}} \tag{2.27}$$

$$\tan 2\theta_r = (\sigma_{0^{\circ}} + \sigma_{90^{\circ}} - 2\sigma_{45^{\circ}}) / (\sigma_{0^{\circ}} + \sigma_{90^{\circ}}) \tag{2.28}$$

式中，σ_{v} 为岩石垂向地应力；$\sigma_{\perp}$ 为垂直方向所取岩心的正应力；p_{p} 为地层孔隙压力；$\sigma_{0^{\circ}}$、$\sigma_{45^{\circ}}$、$\sigma_{90^{\circ}}$ 分别为垂直岩心轴线平面内 3 种取心角度岩心的正应力。

　　围压下岩石的凯塞尔效应试验作为测定深部地层地应力的一种有效方法，克服了单轴岩石凯塞尔效应试验测定地应力的局限性。研究表明，围压下岩石的凯塞尔效应相对应的应力与所受的围压呈线性关系。所得出的关系式能够成功地应用于现场深部地层地应力的测定。

2.2.3　斜井岩心声发射凯塞尔效应试验测地应力

　　对于直井岩心，声发射凯塞尔效应的解释方法比较直观，但是对于斜井岩心，由于井轴坐标系与地应力主方向坐标系不一致，需建立新的解释方法。本节将声发射效应方法应用于斜井岩心，并通过应力坐标变换，求解非线性方程组，以确定主地应力。

　　在地应力主方向坐标系中，地应力张量可表示为

$$\boldsymbol{\sigma} = \begin{bmatrix} \sigma_{\mathrm{H}} & 0 & 0 \\ 0 & \sigma_{\mathrm{h}} & 0 \\ 0 & 0 & \sigma_{\mathrm{v}} \end{bmatrix} \tag{2.29}$$

　　为了建立斜井井轴坐标与地应力主方向坐标之间的转换关系，将地应力主向坐标系 $(1,2,3)$ 按以下方式旋转。

　　(1) 先将坐标 $(1,2,3)$ 以 3 为轴，按右手定则旋转角 β，变为 (x_1, y_1, z_1) 坐标。

　　(2) 再将坐标 (x_1, y_1, z_1) 以 y_1 为轴，按右手定则旋转角 α'，变为 (x, y, z) 坐标，α' 为井斜角，指的是定向井井眼轴线的切线与铅垂线的夹角。

　　于是在井轴坐标系 (x, y, z) 中的地应力张量分量与在地应力主方向坐标系 $(1,2,3)$ 中的地应力张量分量之间的变换关系可由下式给出：

$$\begin{bmatrix} \sigma_{xx} & \sigma_{xy} & \sigma_{xz} \\ \sigma_{yx} & \sigma_{yy} & \sigma_{yz} \\ \sigma_{zx} & \sigma_{zy} & \sigma_{zz} \end{bmatrix} = \boldsymbol{B} \begin{bmatrix} \sigma_{\mathrm{H}} & 0 & 0 \\ 0 & \sigma_{\mathrm{h}} & 0 \\ 0 & 0 & \sigma_{\mathrm{v}} \end{bmatrix} \boldsymbol{B}^{\mathrm{T}} \tag{2.30}$$

$$\boldsymbol{B}=\begin{bmatrix} \cos\alpha' & 0 & -\sin\alpha' \\ 0 & 1 & 0 \\ \sin\alpha' & 0 & \cos\alpha' \end{bmatrix}\begin{bmatrix} \cos\beta & \sin\beta & 0 \\ -\sin\beta & \cos\beta & 0 \\ 0 & 0 & 1 \end{bmatrix} \tag{2.31}$$

式中，$\boldsymbol{B}$ 为井眼坐标系到地应力坐标系的变化矩阵。

岩心坐标系 (x', y', z') 是将坐标嵌于岩心体内的牵连坐标系，一般来说岩心坐标 z' 与井轴坐标 z 方向一致，但岩心坐标 x'、y' 与井轴坐标 x、y 相差 θ 角，此角用常规方法不易确定，因为 θ 角在一定意义下是随机的。在岩心坐标系中的地应力张量分量与井轴坐标系中的地应力张量分量之间的转换关系为

$$\boldsymbol{\sigma}' = \boldsymbol{C}\boldsymbol{\sigma}\boldsymbol{C}^{\mathrm{T}} \tag{2.32}$$

$$\boldsymbol{C}=\begin{bmatrix} \cos\theta & \sin\theta & 0 \\ -\sin\theta & \cos\theta & 0 \\ 0 & 0 & 1 \end{bmatrix} \tag{2.33}$$

式中，$\boldsymbol{C}$ 为岩心坐标系到地应力坐标系的变化矩阵。

于是地应力主方向坐标系与井轴坐标系之间的转换关系为

$$\boldsymbol{\sigma}'' = \boldsymbol{T}\boldsymbol{\sigma}\boldsymbol{T}^{\mathrm{T}} \tag{2.34}$$

式中，$\boldsymbol{T}$ 为井轴坐标系到地应力坐标系的变化矩阵，其中，

$$\begin{aligned} &\boldsymbol{T} = \boldsymbol{C}\boldsymbol{B} \\ &T_{11} = \cos\alpha'\cos\beta\cos\theta - \sin\beta\sin\theta \\ &T_{12} = \cos\alpha'\sin\beta\cos\theta + \cos\beta\sin\theta \\ &T_{13} = -\sin\alpha'\cos\theta \\ &T_{21} = -\cos\alpha'\cos\beta\cos\theta - \sin\beta\sin\theta \\ &T_{22} = \cos\alpha'\sin\beta\cos\theta + \cos\beta\cos\theta \\ &T_{23} = \sin\alpha'\sin\theta \\ &T_{31} = \sin\alpha'\cos\theta \\ &T_{32} = \sin\alpha'\cos\beta \\ &T_{33} = \cos\alpha' \end{aligned} \tag{2.35}$$

在声发射试验中，在岩心横截面内每隔 45° 取一小岩心，分别做凯塞尔效应试验，声发射所得应力结果为 $\sigma_{0°}$、$\sigma_{45°}$、$\sigma_{90°}$。岩心坐标 x、y 轴平面与 $\sigma_{0°}$、$\sigma_{45°}$、$\sigma_{90°}$ 取心平面一致，根据应力分析理论可以得到 $\sigma_{0°}$、$\sigma_{45°}$、$\sigma_{90°}$ 与岩心坐标应力张量之间的关系：

$$\sigma_{xx} = \sigma_{0°}$$

$$\sigma_{yy} = \sigma_{90°}$$

$$\sigma_{xy} = \sigma_{45°} - \frac{\sigma_{0°} - \sigma_{90°}}{2}$$

(2.36)

这样，在应力张量 σ'_{ij} 中，σ'_{xx}、σ'_{yy}、σ'_{xy} 就可由凯塞尔效应试验得到，因此在式 (2.32) 和式 (2.33) 中未知量为 σ_1、σ_2、σ'_{xz}、σ'_{yz}、σ'_{zz} 和 θ。

则式 (2.37) 可写为式 (2.38)：

$$
\begin{bmatrix}
T_{11}^2 & T_{12}^2 & 0 & 0 & 0 \\
T_{12}^2 & T_{22}^2 & 0 & 0 & 0 \\
T_{11}T_{31} & T_{12}T_{32} & -1 & 0 & 0 \\
T_{21}T_{31} & T_{22}T_{32} & 0 & -1 & 0 \\
T_{31}^2 & T_{32}^2 & 0 & 0 & -1
\end{bmatrix}
\begin{bmatrix}
\sigma_H \\
\sigma_h \\
\sigma'_{xz} \\
\sigma'_{yz} \\
\sigma'_{zz}
\end{bmatrix}
=
\begin{bmatrix}
\sigma_{xx} - T_{13}^2 \sigma_v \\
\sigma_{yy} - T_{23}^2 \sigma_v \\
-T_{33}T_{13}\sigma_v \\
-T_{23}T_{33}\sigma_v \\
-T_{33}^2 \sigma_v
\end{bmatrix}
$$

(2.37)

和

$$T_{11}T_{21}\sigma_H + T_{12}T_{22}\sigma_h + T_{13}T_{23}\sigma_v = \sigma_{xy}$$

(2.38)

式中，

$$T_{ij} = T_{ij}(\theta) = C_{ik}B_{kj}$$

(2.39)

通过式 (2.37) 中的前两个方程和式 (2.38) 可构成一个以 σ_H、σ_h、θ 为未知量的非线性封闭方程组，由此可解出大地坐标中的水平主地应力 σ_H、σ_h。

2.2.4　地层破裂试验与差应变结合法测地应力

固井结束后，一般在套管鞋附近进行地层破裂试验。地层破裂压力的大小和地应力的大小密切相关，详见式 (2.21)。

根据多孔介质弹性理论，只要通过地层破裂试验测得地层破裂压力、瞬时停泵压力和裂缝重张压力，结合地层孔隙压力，即可确定出地层某深处的最大、最小水平主应力。但是，在钻井过程中一般在地层破裂后，就不进行后续试验，因此不能确定地应力状态。如果地层破裂试验层段有岩心，那么结合差应变试验，可较好地确定地应力的大小。将式 (2.21) 变换为

$$3\sigma_h - \sigma_H = M$$

(2.40)

式中，

$$M = p_f + \alpha p_p - S_t$$

(2.41)

岩石的抗拉强度可通过巴西试验或结合石油测井数据和经验公式获取。差应变试验在高压釜中进行。首先从油田现场选取柱状钻井岩心，在圆柱侧面切取 2 个相互垂直的面，这 2 个面要与圆柱的 2 个端面相互垂直，这样试件至少有 3 个彼此正交的平面；其次在每个平面贴 1 组应变花（由 3 个应变片组成），其中 2 个应变片与棱平行，第 3 个应变片位于前 2 个应变片的角平分线上，与前 2 个应变片的夹角均为 45°。

把岩心密封后，放入高压釜中。每个围压下的应变测试都可以给出 9 个应变值，这 9 个应变值足以描述该时刻的应变状态，构成一个应变张量 $\boldsymbol{\varepsilon}$：

$$\boldsymbol{\varepsilon}=\begin{bmatrix} \varepsilon_1 & \varepsilon_2-(\varepsilon_1+\varepsilon_2)/2 & \varepsilon_8-(\varepsilon_7+\varepsilon_9)/2 \\ \varepsilon_2-(\varepsilon_1+\varepsilon_2)/2 & \varepsilon_3 & \varepsilon_5-(\varepsilon_4+\varepsilon_6)/2 \\ \varepsilon_8-(\varepsilon_7+\varepsilon_9)/2 & \varepsilon_5-(\varepsilon_4+\varepsilon_6)/2 & \varepsilon_6 \end{bmatrix} \tag{2.42}$$

式中，ε_1、ε_2、ε_3 分别为圆柱端应变片组的应变值；ε_4、ε_5、ε_6 分别为其中一个圆柱切面应变片组的应变值；ε_7、ε_8、ε_9 分别为另一个圆柱切面应变片组的应变值。

在实验室内估算地层应力值，则需要地层应变值。若确定了应变值，此时的三向主应力之比为

$$\sigma_H:\sigma_h:\sigma_v=\left[\mu(\varepsilon_h+\varepsilon_v)+(1-\mu)\varepsilon_H\right]:\left[\mu(\varepsilon_H+\varepsilon_v)+(1-\mu)\varepsilon_h\right]: \\ \left[\mu(\varepsilon_H+\varepsilon_h)+(1-\mu)\varepsilon_v\right] \tag{2.43}$$

式中，ε_H 为最大水平主应力方向应变量；ε_h 为最小水平主应力方向应变量；ε_v 为垂直地应力方向的应变量；μ 为泊松比。

确定地层应变值的试验方法如下：①在加工差应变试验试样后余下的柱状钻井岩心上钻取直径为 25mm、长度为 50mm 的柱状体，作为波速试验试样，将该试样按三轴强度试验的要求放入三轴试验机，等压测试加围压过程的岩石弹性波速，找出测量波速接近野外波速时的围压；②差应力试验中，围压线性加压至主应力比基本不变，采用最小二乘法分别回归出各个通道的应变值和围压的函数关系，将围压值代入回归的关系式，确定出野外状态应变值。地层波速是试样所处地层的岩石弹性波速，可由石油声波速度测井资料获得。

地应力的确定方法如下。

式（2.43）中，

$$\sigma_H:\sigma_h=m:n \tag{2.44}$$

其中，

$$m=\mu(\varepsilon_h+\varepsilon_v)+(1-\mu)\varepsilon_H \tag{2.45}$$

$$n = \mu(\varepsilon_H + \varepsilon_v) + (1 - \mu)\varepsilon_h \tag{2.46}$$

结合式(2.40)得

$$\sigma_H = \frac{m(p_f + \alpha p_p - S_t)}{3n - m}$$

$$\sigma_h = \frac{n(p_f + \alpha p_p - S_t)}{3n - m} \tag{2.47}$$

再结合式(2.43),即可确定垂向地应力 σ_v。

2.2.5 国内主要页岩气区块的地应力

根据相关资料[2-8]得到国内部分页岩气区块的地应力数据,见表 2.1。

表 2.1 国内部分页岩气区块的地应力数据

区块	井名	井深/m	垂向地应力/MPa	最大水平主应力/MPa	最小水平主应力/MPa	最大主应力方向
涪陵	焦页 1	2412	55~80	60~85	40~70	N85°E
涪陵	焦页 2		63.2~68	54.9~67.4	47.9~61.1	NE
涪陵	焦页 3	2575		59.1	51.5	
涪陵	焦页 4	2596		59.7	51.9	
涪陵	焦页 5	3086		69.6	61.7	
涪陵	威 1	3280		73.6	65.6	
涪陵	威 2	3581		80.0	72.1	
涪陵	威 3	3700		82.6	74.5	
涪陵	威 4	3720		84.3	76.2	
涪陵	威 5	3810		85.4	77.1	
威远	威 203	3178	89.1	70.0~88.3	54.0~69.6	
威远	威 001	1525	35.1	47.1	29.0	NE138°
威远	威 201	2855	65.6	72.2	49.1	NE119°
长宁	宁 201	2480	57.0		47.1~57.0	NE135°
长宁	宁 203	2340	62.3	45.4~62.1	34.9~47.7	
威远	WH1	2759	35	48	29	
昭通	昭 104	2039	61.2	71.7~79.6	53.1~55.7	

2.3 直井井筒力学模型

本节将对套管、水泥环及井壁围岩组合体展开弹塑性分析。对于均匀地应力的情况,采用解析方法求解。由于套管的选择最终都要以均匀外挤载荷下的强度为准,加强这一研究具有重要的工程意义。对非均匀地应力的情况则采用有限元法进行求解。

2.3.1 均匀地应力条件下井筒线弹性模型

水泥浆凝固后,套管、水泥环及井壁围岩将固结为一个组合弹性体,为研究方便起见,作如下假设[9]。

(1)水泥环和井壁围岩均为均匀各向同性体。

(2)套管无缺陷,水泥环完整、厚度均匀。

(3)假定组合体各层之间紧密连接,无滑动。

根据组合体受力状态及其几何特征,将套管、水泥环及井壁围岩组合体的三维受力问题简化为平面应变问题。套管、水泥环及井壁围岩组合体示意图如图 2.5 所示。

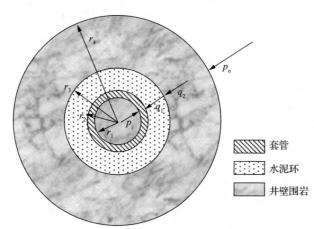

图 2.5 套管、水泥环及井壁围岩组合体示意图

r_1、r_2、r_3、r_4分别表示套管内径、套管外径、水泥环外径及井壁围岩外径;
p_o为地应力;p_i为套管内液柱压力

1. 组合体应力分析

根据组合体的受力特点,如果各层之间紧密连接,没有滑动,则各层之间就应该满足径向压力相等、径向位移连续的特点[10,11]。因此先对各部分进行应力应变分析,然后利用位移、应力连续的特点,建立各部分之间的关系,形成联立方程组进行求解。

1)套管

对于套管,根据拉梅公式,套管内的应力分布为

$$\begin{cases} \sigma_r = \dfrac{r_1^2 r_2^2 (q_1 - p_i)}{r_2^2 - r_1^2} \dfrac{1}{r^2} + \dfrac{r_1^2 p_i - r_2^2 q_1}{r_2^2 - r_1^2} \\[4mm] \sigma_\theta = -\dfrac{r_1^2 r_2^2 (q_1 - p_i)}{r_2^2 - r_1^2} \dfrac{1}{r^2} + \dfrac{r_1^2 p_i - r_2^2 q_1}{r_2^2 - r_1^2} \end{cases} \quad (r_1 \leqslant r \leqslant r_2) \tag{2.48}$$

根据平面应变条件下厚壁筒径向位移公式，则套管外壁处的径向位移 u_{so} 为

$$\begin{aligned} u_{so} &= \frac{1+\mu_s}{E_s}\left[-\frac{r_1^2 r_2^2 (q_1 - p_i)}{r_2^2 - r_1^2} \frac{1}{r_2} + \frac{r_1^2 p_i - r_2^2 q_1}{r_2^2 - r_1^2} r_2 \right] \\[3mm] &= \frac{1+\mu_s}{E_s} \frac{2(1-\mu_s) r_1^2 r_2}{r_2^2 - r_1^2} p_i - \frac{1+\mu_s}{E_s} \frac{r_1^2 r_2 + (1-2\mu_s) r_2^3}{r_2^2 - r_1^2} q_1 \\[3mm] &= \frac{1+\mu_s}{E_s} \frac{2(1-\mu_s) r_2}{t_{1\cdot 2}^2 - 1} p_i - \frac{1+\mu_s}{E_s} \frac{r_2 + (1-2\mu_s) r_2 t_{1\cdot 2}^2}{t_{1\cdot 2}^2 - 1} q_1 \\[3mm] &= f_1 p_i - f_2 q_1 \end{aligned} \tag{2.49}$$

2）水泥环

同理，水泥环内的应力分布为

$$\begin{cases} \sigma_r = \dfrac{r_2^2 r_3^2 (q_2 - q_1)}{r_3^2 - r_2^2} \dfrac{1}{r^2} + \dfrac{r_2^2 q_1 - r_3^2 q_2}{r_3^2 - r_2^2} \\[4mm] \sigma_\theta = -\dfrac{r_2^2 r_3^2 (q_2 - q_1)}{r_3^2 - r_2^2} \dfrac{1}{r^2} + \dfrac{r_2^2 q_1 - r_3^2 q_2}{r_3^2 - r_2^2} \end{cases} \quad (r_2 \leqslant r \leqslant r_3) \tag{2.50}$$

水泥环内壁处的径向位移 u_{ci} 为

$$\begin{aligned} u_{ci} &= \frac{1+\mu_c}{E_c} \frac{r_2 t_{2\cdot 3}^2 + (1-2\mu_c) r_2}{t_{2\cdot 3}^2 - 1} q_1 - \frac{1+\mu_c}{E_c} \frac{2(1-\mu_c) r_2 t_{2\cdot 3}^2}{t_{2\cdot 3}^2 - 1} q_2 \\[3mm] &= f_3 q_1 - f_4 q_2 \end{aligned} \tag{2.51}$$

水泥环外壁处的径向位移 u_{co} 为

$$\begin{aligned} u_{co} &= \frac{1+\mu_c}{E_c} \frac{2(1-\mu_c) r_3}{t_{2\cdot 3}^2 - 1} q_1 - \frac{1+\mu_c}{E_c} \frac{r_3 + (1-2\mu_c) r_3 t_{2\cdot 3}^2}{t_{2\cdot 3}^2 - 1} q_2 \\[3mm] &= f_5 q_1 - f_6 q_2 \end{aligned} \tag{2.52}$$

3）井壁围岩区

井壁围岩弹性区内的应力分布为

$$\begin{cases} \sigma_r = \dfrac{r_3^2 r_4^2 (p_o - q_2)}{r_4^2 - r_3^2} \dfrac{1}{r^2} + \dfrac{r_3^2 q_2 - r_4^2 p_o}{r_4^2 - r_3^2} \\[3mm] \sigma_\theta = -\dfrac{r_3^2 r_4^2 (p_o - q_2)}{r_4^2 - r_3^2} \dfrac{1}{r^2} + \dfrac{r_3^2 q_2 - r_4^2 p_o}{r_4^2 - r_3^2} \end{cases} \qquad (r_3 \leqslant r \leqslant r_4) \qquad (2.53)$$

井壁处岩石的径向位移 u_{fi} 为

$$\begin{aligned} u_{\text{fi}} &= \frac{1+\mu_{\text{f}}}{E_{\text{f}}} \frac{r_3 t_{3\cdot4}^2 + (1-2\mu_{\text{f}})r_3}{t_{3\cdot4}^2 - 1} q_2 - \frac{1+\mu_{\text{f}}}{E_{\text{f}}} \frac{2(1-\mu_{\text{f}})r_3 t_{3\cdot4}^2}{t_{3\cdot4}^2 - 1} p_o \\ &= f_7 q_2 - f_8 p_o \end{aligned} \qquad (2.54)$$

根据位移连续的条件，应该有

$$\begin{cases} u_{\text{so}} = u_{\text{ci}} \\ u_{\text{co}} = u_{\text{fi}} \end{cases} \quad 即 \quad \begin{cases} f_1 p_i - f_2 q_1 = f_3 q_1 - f_4 q_2 \\ f_5 q_1 - f_6 q_2 = f_7 q_2 - f_8 p_o \end{cases} \qquad (2.55)$$

式 (2.55) 中有关系数汇总如下：

$$f_1 = \frac{1+\mu_{\text{s}}}{E_{\text{s}}} \frac{2(1-\mu_{\text{s}})r_2}{t_{1\cdot2}^2 - 1}$$

$$f_2 = \frac{1+\mu_{\text{s}}}{E_{\text{s}}} \frac{r_2 + (1-2\mu_{\text{s}})r_2 t_{1\cdot2}^2}{t_{1\cdot2}^2 - 1}$$

$$f_3 = \frac{1+\mu_{\text{c}}}{E_{\text{c}}} \frac{r_2 t_{2\cdot3}^2 + (1-2\mu_{\text{c}})r_2}{t_{2\cdot3}^2 - 1}$$

$$f_4 = \frac{1+\mu_{\text{c}}}{E_{\text{c}}} \frac{2(1-\mu_{\text{c}})r_2 t_{2\cdot3}^2}{t_{2\cdot3}^2 - 1} \qquad (2.56)$$

$$f_5 = \frac{1+\mu_{\text{c}}}{E_{\text{c}}} \frac{2(1-\mu_{\text{c}})r_3}{t_{2\cdot3}^2 - 1}$$

$$f_6 = \frac{1+\mu_{\text{c}}}{E_{\text{c}}} \frac{r_3 + (1-2\mu_{\text{c}})r_3 t_{2\cdot3}^2}{t_{2\cdot3}^2 - 1}$$

$$f_7 = \frac{1+\mu_{\text{f}}}{E_{\text{f}}} \frac{r_3 t_{3\cdot4}^2 + (1-2\mu_{\text{f}})r_3}{t_{3\cdot4}^2 - 1}$$

$$f_8 = \frac{1+\mu_{\text{f}}}{E_{\text{f}}} \frac{2(1-\mu_{\text{f}})r_3 t_{3\cdot4}^2}{t_{3\cdot4}^2 - 1}$$

解得

$$q_1 = \frac{f_4 f_8 p_o + (f_6 + f_7) f_1 p_i}{(f_2 + f_3)(f_6 + f_7) - f_4 f_5}$$
$$q_2 = \frac{(f_2 + f_3) f_8 p_o + f_1 f_5 p_i}{(f_2 + f_3)(f_6 + f_7) - f_4 f_5}$$

(2.57)

式 (2.49)~式 (2.56) 中，μ_s、μ_c、μ_f 分别为套管、水泥环、井壁围岩的泊松比；E_s、E_c、E_f 分别为套管、水泥环、井壁围岩的弹性模量；$t_{1\cdot2} = r_2 / r_1$，$t_{2\cdot3} = r_3 / r_2$，$t_{3\cdot4} = r_4 / r_3$；$f_1 \sim f_8$ 为系数。

由此可见，只要知道了套管、水泥环及井壁围岩的弹性参数和几何参数，以及远场地应力和套管内液柱压力，就可精确确定套管、水泥环及近井地层的应力状态。例如，取 r_1=157.1/2mm，r_2=177.8/2mm，r_3=215.9/2mm，r_4=2159/2mm，E_s=210GPa，E_c=10GPa（软）、40GPa（硬），E_f=10GPa（软）、40GPa（硬），μ_s=0.25，μ_c=0.25，μ_f=0.25，P_i=0，p_o=45MPa。得出的径向压力和切向应力沿半径方向的分布规律如图 2.6~图 2.9 所示。

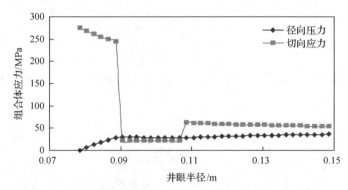

图 2.6　组合体应力沿井眼半径方向的分布规律（E_c =10GPa, E_f =40GPa）

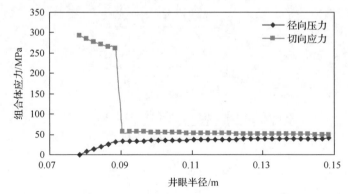

图 2.7　组合体应力沿井眼半径方向的分布规律（E_c =40GPa, E_f =40GPa）

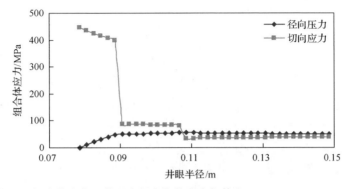

图 2.8　组合体应力沿井眼半径方向的分布规律(E_c =40GPa, E_f =10GPa)

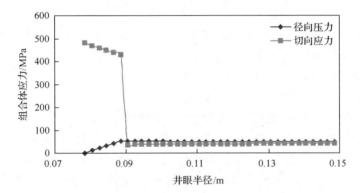

图 2.9　组合体应力沿井眼半径方向的分布规律(E_c =10GPa, E_f =10GPa)

综合图 2.6～图 2.9 可以看出,对于套管而言,所承受的径向压力和切应力不在一个数量级,套管主要承受切应力载荷。对于水泥环和近井围岩而言,所承受的径向压力和切应力基本在同一数量级,且远远小于套管应力。此外,水泥环与地层的弹性参数的不同组合对套管受力影响很大。对于硬地层而言,采用低刚度的水泥环比高刚度的效果好,例如,E_c =10GPa 时的套管最大切应力比 E_c =40GPa时下降了 7%。相反,对于软地层而言,采用刚度大的水泥环效果较好,如 E_c =40GPa时的套管最大切应力比 E_c =10GPa 时下降了 10%。当然,这只是针对所给示例所做的分析。为了更全面地分析组合体的受力特点,应对地层载荷向套管的压力传递系数进行深入研究。

2. 压力传递系数

为了考察组合体各部分力学参数对套管载荷的影响,下面重点研究式(2.57)。在套管设计中,为安全起见,通常将套管内液柱压力设为零,即 $p_i = 0$,则式(2.57)变为

$$q_1 = \frac{f_4 f_8 p_o}{(f_2 + f_3)(f_6 + f_7) - f_4 f_5}$$
$$q_2 = \frac{(f_2 + f_3) f_8 p_o}{(f_2 + f_3)(f_6 + f_7) - f_4 f_5} \tag{2.58}$$

令

$$K = \frac{f_4 f_8}{(f_2 + f_3)(f_6 + f_7) - f_4 f_5}$$
$$k = \frac{(f_2 + f_3) f_8}{(f_2 + f_3)(f_6 + f_7) - f_4 f_5} \tag{2.59}$$

式中，K 为地层至套管的压力传递系数；k 为地层至水泥环的压力传递系数。显然 K 越小，套管承受的外挤载荷越小。

从式(2.59)可以看出，对 K 值有影响的因素为套管、水泥环、井壁围岩的几何尺寸、弹性模量及泊松比。由于涉及井身结构设计，实际上三者的几何尺寸很难改变，只有井壁围岩的外径是人为取值。而根据岩石力学理论，地层边界超过井眼半径的 5～6 倍以后对井周应力的影响很小，可以忽略不计[10]。因此取 $r_4 = 10 r_1$（也可取更大值，对结果无影响）。地层的弹性参数是不可调的，套管的弹性参数改变也很困难。水泥浆是由现场混浆调配而成，因此水泥环的参数相对容易改变。泊松比的变化范围一般很小，因此可以使其他参数相对固定，仅改变水泥环弹性模量，以观察水泥环弹性参数对套管外挤载荷的影响规律。

3. 计算实例及分析

据常用套管设计，取套管内径为 0.1571m，套管外径为 0.1778m，井眼（钻头）直径为 0.2159m，近井围岩边界为 2.159m。套管弹性模量 E_s=210GPa，水泥环弹性模量 E_c=1～60GPa，泊松比取均值 0.25。关于岩石的分类方法有很多，我国大部分钻头厂家将其分为极软、软、中软、中、中硬、硬、极硬共 7 类。而 1987 年的全国岩石可钻性研究成果鉴定会，将岩石分为软、中、硬三大类[11]。结合中国岩石力学与工程学会多年来岩石力学实验的结果，选取软、硬两种典型岩石为研究对象，其弹性模量 E_f 分别为 10GPa、60GPa。则根据 K 和 k 的表达式，可得到压力传递系数随 E_c 的变化规律，如图 2.10 所示。

如图 2.10 所示，水泥环弹性模量对套管外挤载荷有着重要影响。当水泥环弹性模量与井壁围岩弹性模量接近时，K 值最大，说明套管受到的外挤载荷最大。当水泥环弹性模量继续增大时，K 值则呈逐渐下降趋势，而 k 值则逐渐上升，说明套管外挤载荷减小，而水泥环由于刚度增大承担了更多的载荷。当水泥环弹性

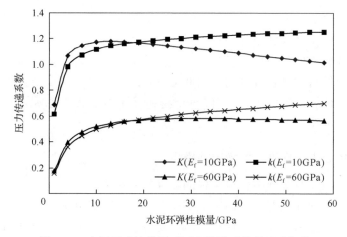

图 2.10　水泥环弹性模量对压力传递系数的影响规律

模量远远低于地层弹性模量时，高刚度的井壁围岩就会承受大部分远场应力，近井地层的应力值就会升高，而低刚度的水泥环就可以承受较小的应力，进而降低压力传递系数。由图可见，尽管增大水泥环弹性模量对减小套管外载有一定作用，但远没有减小水泥环弹性模量时的效果明显。例如，当 E_f=60GPa，E_c=30GPa 时，K=0.58；而当 E_c=5GPa 时，K=0.39。很显然，如果能将水泥环弹性模量大幅降低，则可大大改善套管的受力状况。另外，水泥环弹性模量对软、硬地层中套管载荷的影响规律有所不同。对软地层而言，增大水泥环刚度对套管减载作用还是比较明显的，而对于硬地层，增大水泥环刚度的作用则微乎其微。但降低水泥环刚度的作用却是十分显著的。

为了更直接地观察套管受力情况，下面以套管最大有效应力(MISES)为基准，对比不同地层性质条件下水泥环性能对套管受力的影响。如图 2.11 所示，对于不同地层，其弹性参数不同，但水泥环弹性模量对套管应力的大致影响规律是相同

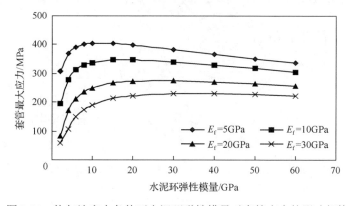

图 2.11　均匀地应力条件下水泥环弹性模量对套管应力的影响规律

的，而且变化趋势与图 2.10 是一致的。值得注意的是，无论地层软硬程度如何，减小水泥环弹性模量的结果都是相当令人振奋的。然而，由于传统的油井水泥是脆性材料，要想降低其弹性模量是有一定困难的。鉴于油井水泥技术现状，要想达到理想的弹性参数是有难度的，因此应该针对不同性质的地层来优选水泥环的弹性参数，以便达到最优效果。对于硬地层推荐使用低刚度水泥，对于软地层则应使用高刚度水泥。

2.3.2　均匀地应力条件下井筒弹塑性模型

套管、水泥环及井壁围岩组合体的线弹性分析表明，在适当范围内，减小水泥环弹性模量比增加水泥环弹性模量更有利于减小套管载荷，也就是说，在强度有保证的前提下，水泥环的塑性程度越高越好。套管本身具有很强的塑性变形能力，而深部岩石在破坏前亦大都会表现出一定的弹塑性性质，因此，对套管、水泥环及井壁围岩组合体进行弹塑性分析具有重要的现实意义。

1. 组合体应力分析

从理论上讲，套管、水泥环及井壁围岩都有进入塑性状态的可能。由于弹性与塑性可分别作为弹塑性状态的特例，分别对套管、水泥环及井壁围岩进行弹塑性应力状态的分析，以期得到更全面的认识。

套管、水泥环及井壁围岩弹塑性组合体示意图如图 2.12 所示，图中虚线为弹塑性分界线。r_{p1}、r_{p2}、r_{p3} 分别为套管、水泥环、井壁围岩区的屈服半径。组合体承受的内、外压用 p_i、p_o 表示，层间压力用 q'_1、q'_2、q'_3、q'_4、q'_5 表示。

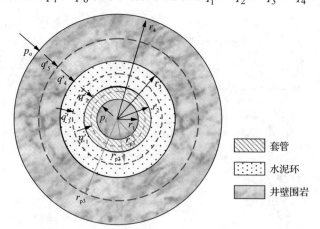

图 2.12　套管、水泥环及井壁围岩弹塑性组合体示意图(文后附彩图)

q'_1、q'_3、q'_5 分别为套管、水泥环、井壁围岩弹塑性界面应力；q'_2、q'_4 分别为套管-水泥环、水泥环-井壁围岩间的相互作用力

1) 套管塑性区

套管弹、塑性区受力状态如图 2.13 所示。厚壁圆筒为轴对称平面应变问题，因此有 $\tau_{r\theta}=\tau_{\theta z}=\tau_{zr}=0$，即 σ_r、σ_θ、σ_z 均为主应力，且由 $\varepsilon_z=0$，$\mu=0.5$ 可得 $\sigma_z=\dfrac{1}{2}(\sigma_r+\sigma_\theta)$，即 σ_z 为中间主应力。在外挤压力作用下，$\sigma_\theta<0$，$\sigma_r<0$，且有 $|\sigma_\theta|>|\sigma_r|$，因此采用特雷斯卡屈服准则（$\sigma_r-\sigma_\theta=\sigma_s$）。在套管塑性区内，应力分量应满足平衡方程与屈服条件，即

$$\begin{cases} \dfrac{\mathrm{d}\sigma_r}{\mathrm{d}r}+\dfrac{\sigma_r-\sigma_\theta}{r}=0 \\[2mm] \sigma_r-\sigma_\theta=\sigma_{ss} \end{cases} \tag{2.60}$$

式中，σ_r、σ_θ 分别为径向应力和切向应力；σ_{ss} 为套管材料的屈服强度。解得

$$\sigma_r=-\sigma_{ss}\ln r+C_积$$

式中，$C_积$ 为积分常数。

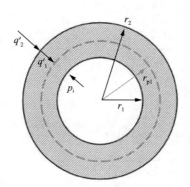

图 2.13　套管弹、塑性区域示意图

利用边界条件，$\sigma_r|_{r=r_i}=-p_i$，得

$$C_积=-p_i+\sigma_{ss}\ln r_i$$

所以，套管塑性区内的应力分布为

$$\begin{cases} \sigma_r=-\sigma_{ss}\ln\dfrac{r}{r_i}-p_i \\[2mm] \sigma_\theta=-\sigma_{ss}\left(1+\ln\dfrac{r}{r_i}\right)-p_i \end{cases} \qquad (r_i\leqslant r\leqslant r_{p1}) \tag{2.61}$$

利用边界条件，$\sigma_r|_{r=r_{p1}}=-q_1$，得

$$q_1' = p_i + \sigma_{ss} \ln \frac{r_{p1}}{r_1} \qquad\qquad (2.62)$$

2) 套管弹性区

根据拉梅公式，套管弹性区的应力分布为

$$
\begin{cases}
\sigma_r = \dfrac{r_{p1}^2 r_2^2 (q_2' - q_1')}{r_2^2 - r_{p1}^2} \dfrac{1}{r^2} + \dfrac{r_{p1}^2 q_1' - r_2^2 q_2'}{r_2^2 - r_{p1}^2} \\[3mm]
\sigma_\theta = -\dfrac{r_{p1}^2 r_2^2 (q_1' - q_2')}{r_2^2 - r_{p1}^2} \dfrac{1}{r^2} + \dfrac{r_{p1}^2 q_1' - r_2^2 q_2'}{r_2^2 - r_{p1}^2}
\end{cases}
\qquad (r_{p1} \leqslant r \leqslant r_2) \qquad (2.63)
$$

根据屈服条件，在 $r = r_{p1}$ 处，有 $\sigma_r - \sigma_\theta = \sigma_{ss}$。利用式(2.63)，可求得

$$q_2' = q_1' + \frac{r_2^2 - r_{p1}^2}{2r_2^2} \sigma_{ss} \qquad\qquad (2.64)$$

套管弹性区外径处的径向位移 u_{seo} 为

$$
\begin{aligned}
u_{seo} &= \frac{(1+\mu_s)}{E_s} \frac{2(1-\mu_s) r_{p1}^2 r_2}{r_2^2 - r_{p1}^2} q_1' - \frac{1+\mu_s}{E_s} \frac{r_{p1}^2 r_2 + (1-2\mu_s) r_2^3}{r_2^2 - r_{p1}^2} q_2' \\
&= f_1' q_1' - f_2' q_2'
\end{aligned}
\qquad (2.65)
$$

3) 水泥环塑性区

与套管塑性区分析同理，可得到水泥环塑性区的应力分布为

$$
\begin{cases}
\sigma_r = -\sigma_{sc} \ln \dfrac{r}{r_2} - q_2' \\[3mm]
\sigma_\theta = -\sigma_{sc} \left(1 + \ln \dfrac{r}{r_2}\right) - q_2'
\end{cases}
\qquad (r_2 \leqslant r \leqslant r_{p2}) \qquad (2.66)
$$

式中，σ_{sc} 为水泥材料的屈服强度。

利用边界条件可得

$$q_3' = q_2' + \sigma_{sc} \ln \frac{r_{p2}}{r_2} \qquad\qquad (2.67)$$

在塑性区内，考虑平面应变条件，有 $\varepsilon_z = 0$，以及体积不可压缩条件，有 $\varepsilon_r + \varepsilon_\theta = 0$。利用几何方程，可得

$$\frac{\mathrm{d}u}{\mathrm{d}r} + \frac{u}{r} = 0$$

或写为

$$\frac{1}{r}\frac{\mathrm{d}(ru)}{\mathrm{d}r}=0$$

通过积分，得到水泥环塑性区径向位移 u_{cp} 为

$$u_{cp}=\frac{C_{积}}{r} \tag{2.68}$$

式中，$C_{积}$ 为积分常数，需根据弹塑性交界处位移连续的条件得出。

4) 水泥环弹性区

水泥环弹性区应力分布公式为

$$\begin{cases} \sigma_r=\dfrac{r_{p2}^2 r_3^2(q_4'-q_3')}{r_3^2-r_{p2}^2}\dfrac{1}{r^2}+\dfrac{r_{p2}^2 q_3'-r_3^2 q_4'}{r_3^2-r_{p2}^2} \\[4mm] \sigma_\theta=-\dfrac{r_{p2}^2 r_3^2(q_4'-q_3')}{r_3^2-r_{p2}^2}\dfrac{1}{r^2}+\dfrac{r_{p2}^2 q_3'-r_3^2 q_4'}{r_3^2-r_{p2}^2} \end{cases} \qquad (r_{p2}\leqslant r\leqslant r_3) \tag{2.69}$$

利用屈服条件和边界条件，可得

$$q_4'=q_3'+\frac{r_3^2-r_{p2}^2}{2r_3^2}\sigma_{sc} \tag{2.70}$$

水泥环弹性区内边界处的径向位移 u_{cei} 为

$$u_{cei}=\frac{1+\mu_c}{E_c}\left[-\frac{r_{p2}r_3^2(q_4'-q_3')}{r_3^2-r_{p2}^2}+(1-2\mu_c)\frac{r_{p2}^3 q_3'-r_{p2}r_3^2 q_4'}{r_3^2-r_{p2}^2}\right] \tag{2.71}$$

对水泥环而言，弹塑性交界处的径向位移连续，因此有

$$C_{积}=u_{cei}r_{p2}$$

水泥环塑性区径向位移 u_{cp} 公式为

$$u_{cp}=\frac{C_{积}}{r}=\frac{u_{cei}r_{p2}}{r}$$

因此，水泥环塑性区内边界处的径向位移 u_{cpi} 为

$$u_{cpi}=\frac{1+\mu_c}{E_c}\frac{r_{p2}^2}{r_3^2-r_{p2}^2}\frac{r_3^2+(1-2\mu_c)r_{p2}^2}{r_2}q_3'-\frac{1+\mu_c}{E_c}\frac{r_{p2}^2}{r_3^2-r_{p2}^2}\frac{2(1-\mu_c)r_3^2}{r_2}q_4' \tag{2.72}$$

$$=f_3'q_3'-f_4'q_4'$$

而水泥环弹性区外边界处的径向位移 u_{ceo} 为

$$u_{ceo} = \frac{(1+\mu_c)}{E_c}\frac{2(1-\mu_c)r_{p2}^2 r_3}{r_3^2 - r_{p2}^2}q_3' - \frac{1+\mu_c}{E_c}\frac{r_{p2}^2 r_3 + (1-2\mu_c)r_3^3}{r_3^2 - r_{p2}^2}q_4' \qquad (2.73)$$
$$= f_5'q_3' - f_6'q_4'$$

5) 井壁围岩塑性区

与前面分析同理，可以得到井壁围岩塑性区内的应力分布为

$$\begin{cases} \sigma_r = -\sigma_{sf}\ln\dfrac{r}{r_3} - q_4' \\[3mm] \sigma_\theta = -\sigma_{sf}\left(1+\ln\dfrac{r}{r_3}\right) - q_4' \end{cases} \qquad (r_3 \leqslant r \leqslant r_{p3}) \qquad (2.74)$$

式中，σ_{sf} 为近井地层的屈服强度。

利用边界条件与屈服条件，可得

$$q_5' = q_4' + \sigma_{sf}\ln\frac{r_{p3}}{r_3} \qquad (2.75)$$

井壁围岩塑性区径向位移 u_{fc} 为

$$u_{fc} = \frac{C_{积}}{r} \qquad (r_3 \leqslant r \leqslant r_{p3}) \qquad$$

6) 井壁围岩弹性区

井壁围岩弹性区内的应力分布为

$$\begin{cases} \sigma_r = \dfrac{r_{p3}^2 r_4^2 (p_o - q_5')}{r_4^2 - r_{p3}^2}\dfrac{1}{r^2} + \dfrac{r_{p3}^2 q_5' - r_4^2 p_o}{r_4^2 - r_{p3}^2} \\[4mm] \sigma_\theta = -\dfrac{r_{p3}^2 r_4^2 (p_o - q_5')}{r_4^2 - r_{p3}^2}\dfrac{1}{r^2} + \dfrac{r_{p3}^2 q_5' - r_4^2 p_o}{r_4^2 - r_{p3}^2} \end{cases} \qquad (r_{p3} \leqslant r \leqslant r_4) \qquad (2.76)$$

利用屈服条件和边界条件，可得

$$p_o = q_5' + \frac{r_4^2 - r_{p3}^2}{2r_4^2}\sigma_{sf} \qquad (2.77)$$

井壁围岩弹性区内边界处的径向位移 u_{fei} 为

$$u_{fei} = \frac{1+\mu_f}{E_f}\left[\frac{r_{p3}r_4^2 + (1-2\mu_f)r_{p3}^3}{r_4^2 - r_{p3}^2}q_5' - \frac{2(1-\mu_f)r_{p3}r_4^2}{r_3^2 - r_{p2}^2}p_o\right] \qquad (2.78)$$

由此，可推出井壁围岩塑性区内边界处的径向位移 u_{fpi} 为

$$
\begin{aligned}
u_{fpi} &= \frac{u_{fei}r_{p3}}{r_3} \\
&= \frac{1+\mu_f}{E_f}\frac{r_{p3}^2}{r_4^2-r_{p3}^2}\frac{r_4^2+(1-2\mu_f)r_{p3}^2}{r_3}q_5' - \frac{1+\mu_f}{E_f}\frac{r_{p3}^2}{r_4^2-r_{p3}^2}\frac{2(1-\mu_f)r_4^2}{r_3}p_o \quad (2.79)\\
&= f_7'q_5 - f_8'p_o
\end{aligned}
$$

根据位移连续条件，有如下关系：

$$
\begin{cases} u_{seo}=u_{cpi} \\ u_{ceo}=u_{fpi} \end{cases} \quad 即 \quad \begin{cases} f_1'q_1'-f_2'q_2'=f_3'q_3'-f_4'q_4' \\ f_5'q_3'-f_6'q_4'=f_7'q_5'-f_8'p_o \end{cases} \quad (2.80)
$$

为了比对方便，将上述公式汇总如下。

式(2.80)中共有 r_{p1}、r_{p2}、r_{p3}、q_1'、q_2'、q_3'、q_4'、q_5' 这 8 个未知数，共 8 个方程。因此，只要知道了套管、水泥环与地层的弹塑性参数和屈服强度，以及套管内的液柱压力和远场地应力，就可以计算出套管、水泥环及井壁围岩组合体的应力、应变状态。实际上，方程组中独立的未知量有 r_{p1}、r_{p2}、r_{p3} 共 3 个，独立的方程也有 3 个，即两个位移连续方程和一个应力平衡方程：

$$
q_1' = p_i + \sigma_{ss}\ln\frac{r_{p1}}{r_i}
$$

$$
q_2' = q_1' + \frac{r_2^2-r_{p1}^2}{2r_2^2}\sigma_{ss}
$$

$$
q_3' = q_2' + \sigma_{sc}\ln\frac{r_{p2}}{r_2}
$$

$$
q_4' = q_3' + \frac{r_3^2-r_{p2}^2}{2r_3^2}\sigma_{sc} \quad (2.81)
$$

$$
q_5' = q_4' + \sigma_{sf}\ln\frac{r_{p3}}{r_3}
$$

$$
p_o = q_5' + \frac{r_4^2-r_{p3}^2}{2r_4^2}\sigma_{sf}
$$

$$
f_1'q_1'-f_2'q_2' = f_3'q_3'-f_4'q_4'
$$

$$
f_5'q_3'-f_6'q_4' = f_7'q_5'-f_8'p_o
$$

式(2.81)中的有关系数汇总如下:

$$f_1' = \frac{(1+\mu_s)}{E_s} \frac{2(1-\mu_s)r_{p1}^2 r_2}{r_2^2 - r_{p1}^2}$$

$$f_2' = \frac{1+\mu_s}{E_s} \frac{r_{p1}^2 r_2 + (1-2\mu_s)r_2^3}{r_2^2 - r_{p1}^2}$$

$$f_3' = \frac{1+\mu_c}{E_c} \frac{r_{p2}^2}{r_3^2 - r_{p2}^2} \frac{r_3^2 + (1-2\mu_c)r_{p2}^2}{r_2}$$

$$f_4' = \frac{1+\mu_c}{E_c} \frac{r_{p2}^2}{r_3^2 - r_{p2}^2} \frac{2(1-\mu_c)r_3^2}{r_2}$$

$$f_5' = \frac{(1+\mu_c)}{E_c} \frac{2(1-\mu_c)r_{p2}^2 r_3}{r_3^2 - r_{p2}^2}$$

$$f_6' = \frac{1+\mu_c}{E_c} \frac{r_{p2}^2 r_3 + (1-2\mu_c)r_3^3}{r_3^2 - r_{p2}^2}$$

$$f_7' = \frac{1+\mu_f}{E_f} \frac{r_{p3}^2}{r_4^2 - r_{p3}^2} \frac{r_4^2 + (1-2\mu_f)r_{p3}^2}{r_3}$$

$$f_8' = \frac{1+\mu_f}{E_f} \frac{r_{p3}^2}{r_4^2 - r_{p3}^2} \frac{2(1-\mu_f)r_4^2}{r_3}$$

$$(2.82)$$

　　从理论上讲,只要给定了相关的参数,就可以计算出任意情形下组合体的应力、应变状态。但由于式(2.80)是一个多元非线性方程组,其精确求解是有一定难度的。由于我们更关心如组合体的弹性极限、塑性极限等特殊值,可以根据实际工况作适当简化,得出更有实际意义的结论。

2. 不同工况下组合体应力状态分析

　　为方便起见,假设组合体各部分处于完全弹性或完全塑性状态,即去掉图2.12中的虚线,并令 $q_1' = q_2'$, $q_3' = q_4'$, $q_5' = p_o$,如图2.14所示。

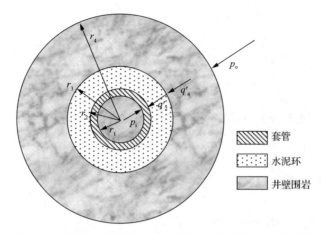

图 2.14 套管、水泥环及井壁围岩组合体受力状态示意图

1) 完全弹性状态

假如套管、水泥环及井壁围岩组合体处于完全弹性状态，则求解过程同 2.3.1 节，此处不再赘述。

2) 套管、水泥环为弹性状态，地层为塑性状态

假设套管、水泥环为弹性状态，地层为塑性状态。这类似于塑性或流变地层中下套管初期的受力状态。严格来说，塑性与流变是有本质区别的两个概念。前者与时间无关，而后者则恰恰相反。对于流变性极强的地层，可近似按塑性来考虑。

如果套管及水泥环处于线弹性状态，则套管内应力分布为

$$
\begin{cases}
\sigma_r = \dfrac{r_1^2 r_2^2 (q_2' - p_i)}{r_2^2 - r_1^2} \dfrac{1}{r^2} + \dfrac{r_1^2 p_i - r_2^2 q_2'}{r_2^2 - r_1^2} \\[4mm]
\sigma_\theta = -\dfrac{r_1^2 r_2^2 (q_2' - p_i)}{r_2^2 - r_1^2} \dfrac{1}{r^2} + \dfrac{r_1^2 p_i - r_2^2 q_2'}{r_2^2 - r_1^2}
\end{cases}
\qquad (r_1 \leqslant r \leqslant r_2) \qquad (2.83)
$$

套管外壁处的径向位移 u_{so} 为

$$
u_{so} = f_1 p_i - f_2 q_2' \qquad (2.84)
$$

水泥环应力分布为

$$
\begin{cases}
\sigma_r = \dfrac{r_2^2 r_3^2 (q_4' - q_2')}{r_3^2 - r_2^2} \dfrac{1}{r^2} + \dfrac{r_2^2 q_2' - r_3^2 q_4'}{r_3^2 - r_2^2} \\[4mm]
\sigma_\theta = -\dfrac{r_2^2 r_3^2 (q_4' - q_2')}{r_3^2 - r_2^2} \dfrac{1}{r^2} + \dfrac{r_2^2 q_2' - r_3^2 q_4'}{r_3^2 - r_2^2}
\end{cases}
\quad (r_2 \leqslant r \leqslant r_3) \tag{2.85}
$$

水泥环内壁处的径向位移 u_{ci} 为

$$
u_{ci} = f_3 q_2' - f_4 q_4' \tag{2.86}
$$

假设近井地层为塑性状态，则其应力状态为

$$
\begin{cases}
\sigma_r = -\sigma_{sf} \ln \dfrac{r}{r_3} - q_4' \\[4mm]
\sigma_\theta = -\sigma_{sf} \left(1 + \ln \dfrac{r}{r_3} \right) - q_4'
\end{cases}
\quad (r_3 \leqslant r \leqslant r_4) \tag{2.87}
$$

$$
p_o = q_4' + \sigma_{sf} \ln \dfrac{r_4}{r_3} \tag{2.88}
$$

根据位移连续条件，$u_{so} = u_{ci}$，推出

$$
q_2' = \dfrac{f_1 p_i + f_4 q_4'}{f_2 + f_3} \tag{2.89}
$$

3) 套管处于弹性状态，水泥环及井壁围岩处于塑性状态

此时的地层载荷已经使水泥环屈服，水泥环与近井地层均为塑性状态，而套管仍为弹性状态，套管内应力分布同式(2.83)。

水泥环应力分布为

$$
\begin{cases}
\sigma_r = -\sigma_{sc} \ln \dfrac{r}{r_2} - q_2' \\[4mm]
\sigma_\theta = -\sigma_{sc} \left(1 + \ln \dfrac{r}{r_2} \right) - q_2'
\end{cases}
\quad (r_2 \leqslant r \leqslant r_3) \tag{2.90}
$$

$$
q_4' = q_2' + \sigma_{sc} \ln \dfrac{r_3}{r_2} \tag{2.91}
$$

井壁围岩应力分布同式(2.87)、式(2.88)。

4) 完全塑性状态

假如套管、水泥环及井壁围岩组合体处于完全塑性状态，这类似于地层流变作用后期，套管已达到承载极限。则各部分的应力分布及层间压力表达式为

对套管，有

$$\begin{cases} \sigma_r = -\sigma_{ss} \ln \dfrac{r}{r_1} - p_i \\[3mm] \sigma_\theta = -\sigma_{ss} \left(1 + \ln \dfrac{r}{r_1}\right) - p_i \end{cases} \quad (r_1 \leqslant r \leqslant r_2) \qquad (2.92)$$

$$q_2' = p_i + \sigma_{ss} \ln \frac{r_2}{r_1} \qquad (2.93)$$

对于水泥环，其应力分布同式(2.90)、式(2.91)。

如果考虑内压为 0，则有

$$p_o = \sigma_{ss} \ln \frac{r_2}{r_1} + \sigma_{sc} \ln \frac{r_3}{r_2} + \sigma_{sf} \ln \frac{r_4}{r_3} \qquad (2.94)$$

可见，组合体完全进入塑性时的外挤力大小为套管、水泥环及井壁围岩三者的抗挤强度之和。这三者中井壁围岩的强度参数是无法改变的，而套管及水泥环的强度则是可以人为控制的。由式(2.94)可见，在套管强度和地层强度固定的情况下，组合体的塑性极限载荷与水泥环强度为线性关系。要想有效地延长套管寿命，减少损坏，在提高套管的抗挤强度的同时，更要充分利用水泥环这最后一道屏障，尽可能提高水泥环的强度，以提高组合体的承载能力。在目前套管强度提升接近极限，且成本昂贵的情况下，这一点显得尤为重要。在评价固井工作时，不能再以简单的 100% 的固井合格率作为追求目标，而应以套管寿命最佳为目的来优化油井水泥的设计与施工。

3. 计算实例及分析

几何参数同 2.3.1 节，强度参数分别取为 σ_{ss} =210MPa，σ_{sc} =30MPa、70MPa，σ_{sf} =20MPa。则屈服强度为 70MPa 的水泥环相对于屈服强度为 30MPa 的水泥环，可使组合体的承载能力提高近 8MPa。为直观观察组合体应力的分布情况，利用前面推导的塑性区应力分布公式可得出不同水泥环强度下，组合体应力沿井眼半径方向的分布曲线，如图 2.15 所示。需要说明的是，公式计算值均为负，为观察直观，均取正。对于套管而言，主要承受切向载荷。

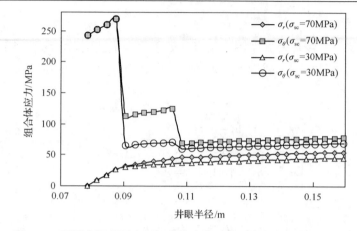

图 2.15　不同水泥环强度下组合体应力沿井眼半径方向的分布曲线

综合 2.3.1 节和 2.3.2 节线弹性与弹塑性分析的结论，可知水泥环的理想性能应为高强度、低刚度。其作用机理是：利用高强度提高组合体的塑性极限载荷，增强其承载能力；利用低刚度降低载荷传递系数，减小套管所受的外挤载荷。Rodriguez 和 Fleckenstein[12]在 2003 年 SPE 年会上也提出了类似的结论[12]。但它是基于有限元软件计算的结果，且没有考虑塑性阶段，更未能给出基础理论依据。本书的分析恰恰填补了这一空白。另外，前面所作分析考虑的都是均匀地应力的情况，对于非均匀地应力的情形将在 2.3.3 节中进行讨论。

2.3.3　非均匀地应力条件下井筒有限元模型

2.3.1 节和 2.3.2 节分别对套管、水泥环及井壁围岩组合体进行了线弹性和弹塑性问题的分析，并且得出了水泥环弹性参数优选的基本规律。以上分析中都是考虑了套管承受均匀外挤载荷即均匀地应力的情况。钻井实践及室内岩石力学试验研究均表明，大多数情况下，两个水平地应力是不相等的。因此，套管在固井后一般都要承受非均匀载荷，而非均匀载荷对于套管应力有着至关重要的影响。前人研究表明，非均匀地应力可使套管的抗挤能力大大降低。本节拟采用有限元法对非均匀地应力条件下的套管、水泥环及井壁围岩组合体进行分析。

按照弹性力学理论，非均匀地应力条件下将形成动态稳定的椭圆形井眼，而均匀地应力条件下将形成圆形井眼。但是钻井过程中复杂情况较多，如地层各向异性、软硬交错、钻柱振动剧烈、冲击载荷大等都可能造成局部或大段井径不规则，因此均匀地应力条件下的井眼往往也不是十分规则的圆形。现场实钻经验表明，井眼的最终稳定形状为类椭圆形[13]，如图 2.16 所示。

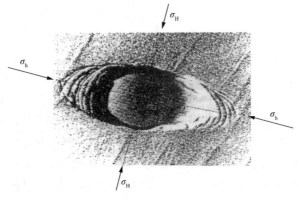

图 2.16　椭圆井眼示意图

　　以往的研究都假定井眼为圆形，这会造成一定误差。另外，井眼形状不规则往往会带来水泥环缺失、套管偏心等问题。鉴于此，本小节将针对非均匀地应力条件下水泥环弹性参数对组合体受力的影响、水泥环的形状对组合体受力的影响、水泥环缺陷对组合体受力的影响等问题展开讨论。

　　1. 非均匀地应力条件下水泥环弹性参数对组合体受力的影响

　　井眼及套管的形状决定了水泥环的形状，因此相应的水泥环亦为椭圆形[14]。此时的组合体模型如图 2.17 所示。由于非均匀地应力及椭圆形水泥环条件下套管－水泥环－地层组合体的应力解析求解比较复杂，本小节采用有限元法，建立相应的有限元模型，研究在非均匀地应力条件下水泥环弹性参数对套管、水泥环及井壁围岩组合体的影响。

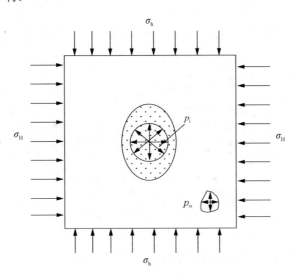

图 2.17　套管－水泥环－地层组合体力学模型

　　根据非均匀地应力条件下井眼的几何特征,充分利用其对称性,建立如图 2.18 所示的有限元模型。根据圣维南原理,应力分布只在离载荷作用处很近的地方发生显著变化,在离载荷较远处只有极小的影响。所以取地层宽度为井眼直径的 10 倍,以消除边界效应。数值计算结果表明,这种做法是合理的[15]。模型中选用精度高的矩形单元,网格划分采用手工分网与自动分网相结合的方式,依据内密外疏的原则进行。采用的地应力数据为 σ_H=62.5MPa、 σ_h=45MPa ,井眼椭圆长短轴之比为 1.3,模型中材料的弹性参数与 2.3.2 节均匀地应力下相同。

　　有限元计算结果如图 2.19 所示,非均匀地应力下套管最大应力随水泥环弹性模量的变化规律与均匀地应力条件下大致相同。在地层弹性模量大时,增加水泥

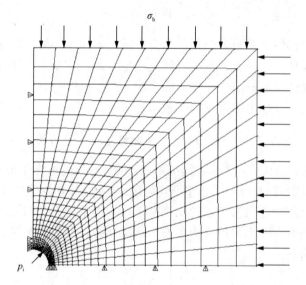

图 2.18　套管－水泥环－地层组合体有限元模型

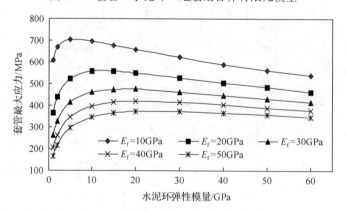

图 2.19　非均匀地应力条件下水泥环弹性模量对套管应力的影响规律

环弹性模量对降低套管应力的作用不大，而在地层弹性模量较小时，这一措施的效果要好一些。但增加水泥环弹性模量的效果显然没有降低弹性模量好。另外，在地层弹性模量较小时，理想的水泥环弹性模量也很小，以现有的技术很难达到。而当地层弹性模量较大时，降低水泥环弹性模量的余地要大得多。综合分析图 2.11 和图 2.19 的计算结果，可以得出：当地层较硬时，可采取降低水泥环弹性模量的方法；而当地层较软时，则可采取增大水泥环弹性模量的方法。

综合前面分析的结论，理想水泥环的性能应该是"高强度、低刚度"，利用高强度抵抗地层载荷，同时利用低弹性模量来降低载荷传递系数，从而达到保护套管的目的。从这一角度出发，应该加强塑性水泥的研究与应用。我国四川油田、胜利油田等已在深井固井或分支水平井中采用了塑性水泥，效果良好，基本达到了提高深井小间隙水泥环抗冲击韧性和抗弯曲强度的目的。但从其力学性能试验结果看，水泥石的抗压强度为 20~30MPa，弹性模量为 17~18GPa，说明其强度还不够强，塑性程度不够高。如果能将水泥的刚度进一步降低，则可大大改善套管受力状况。

从目前国内外混凝土工艺技术的现状看，高强度往往与大刚度相伴而生。如何在强度提高的同时降低其脆性是推广应用高性能水泥的重要研究课题。据报道，阿塞拜疆及苏联已成功研制出了超塑性水泥，将粉末状或颗粒状超塑化剂掺入水泥，可使水泥的需水量减小 40%，其抗压强度可达到 90~100MPa。但其高成本尚不足以促进其大面积推广。我国在修建三峡大坝二期围堰防渗墙时也采用了"高强度、低模量"的柔性材料和塑性混凝土，其初始切线模量最小值达到了 0.5GPa。尽管目前的油井水泥还不能完全满足理想高强度、低刚度性能的要求，但这无疑是一个重要的研究方向。

2. 水泥环的形状对组合体受力的影响

井眼形状决定了水泥环的形状，鉴于类椭圆水泥环的普遍性，对均匀地应力和非均匀地应力的情况均加以讨论。钻井实践表明，椭圆井眼椭圆度（长短轴之比）$r_{oval}=a_{ir}/b_{ir}$ 通常在 1~1.5，在个别的大肚子井段更高。为了使结论更具普遍性，本书以 r_{oval} 为 1.0、1.05、1.1、1.2、1.3、1.4、1.5 时的椭圆水泥环为研究对象。有限元模型如图 2.18 所示。

为了更加清楚地了解套管所受应力情况，在套管内壁上取均匀分布的 16 个点，相近两点与套管中心连线夹角为 22.5°。分别计算出这 16 个点上的应力值，即可得出套管内壁上的应力分布情况。

为了进一步研究套管应力的不均匀程度，定义两个应力不均匀系数 δ_1 和 δ_2：

$$\delta_1 = \frac{\sigma_{imax}}{\sigma_{imin}} \tag{2.95}$$

式中，δ_1 为套管内壁应力不均匀系数；σ_{imax} 为套管内壁上的最大等效应力；σ_{imin} 为套管内壁上的最小等效应力。

$$\delta_2 = \frac{\sigma_{bmax}}{\sigma_{bmin}} \tag{2.96}$$

式中，δ_2 为套管本体应力不均匀系数；σ_{bmax} 为套管本体的最大等效应力；σ_{bmin} 为套管本体的最小等效应力。

为了使有限元模拟结果更接近于现场实际，根据岩石力学试验并结合现场情况确定了如下数据：井深 2000m，井眼直径 31.115cm，套管外径 27.305cm，壁厚 11.43mm，$\sigma_H = \sigma_h = 29.4$MPa（均匀地应力条件），套管内压 24.6MPa，地层孔隙压力 20MPa；套管弹性模量 210GPa，泊松比 0.26；水泥环弹性模量 30GPa，泊松比 0.17；地层弹性模量 15GPa，泊松比 0.25。

1）均匀地应力条件下椭圆水泥环对套管应力的影响

如前所述，在均匀地应力条件下形成的井眼往往也不是十分规则的圆形。所以对 $r_{oval}=1.0\sim1.5$ 的椭圆形分别进行计算，结果如图 2.20～图 2.22 所示。

由图 2.20～图 2.22 可知，随着水泥环椭圆度不断增大，套管所受最大等效应力及应力不均匀系数都随之增大，即最大有效应力增大而最小等效应力减小。但是当水泥环椭圆度为 1.0～1.1 时，套管内壁上的应力近似为均匀分布，不均匀系数小于 1.04。而当水泥环椭圆度超过 1.1 后，套管内壁所受最大有效应力及应力不

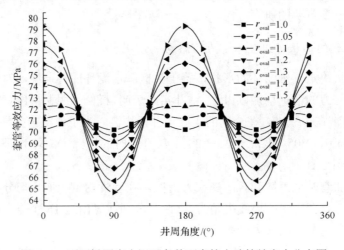

图 2.20　不同椭圆度水泥环条件下套管内壁等效应力分布图

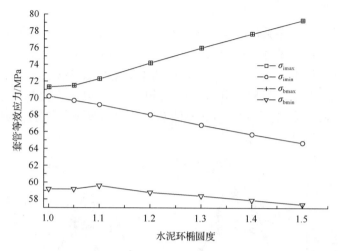

图 2.21　不同水泥环椭圆度条件下套管内壁及本体最大、最小等效应力曲线

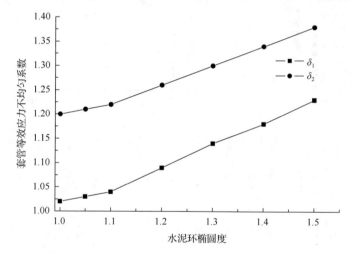

图 2.22　不同水泥环椭圆度条件下套管内壁及本体等效应力不均匀系数变化曲线

均匀系数明显增大。显然，在均匀地应力条件下，水泥环椭圆度越低，套管所受应力越均匀，且其最大等效应力值越小。考虑到实际作业工况，应允许一定程度的井眼失稳，因此，将井眼椭圆度控制在 1.1 以内是比较合理的。另外，由图 2.21和图 2.22 可以看出，套管所受的最大等效应力出现在套管内壁上，而其最小等效应力是在套管本体的某一部位上。随着水泥环椭圆度的增大，套管内壁等效应力不均匀系数和套管本体等效应力不均匀系数变化趋势基本相同，所以在研究套管应力时，可以以套管内壁等效应力分布为基准，使问题进一步简化。

2) 非均匀地应力条件下椭圆水泥环对套管应力的影响

钻井实践表明，多数情况下两个水平地应力不相等，有时甚至差别很大，所以研究非均匀地应力条件下椭圆水泥环对套管应力的影响更有实际意义。为了模拟不同原地应力情况，本小节选择了地应力不均匀系数 $\delta=\sigma_H / \sigma_h$=1.1、1.2、1.4、1.6、2.0 共 5 种情况进行对比分析。除原地应力外，其余模型参数与均匀地应力条件下相同。限于篇幅，仅以 δ=1.2 时的套管内壁等效应力图分布为例加以说明。结果如图 2.23～图 2.25 所示。

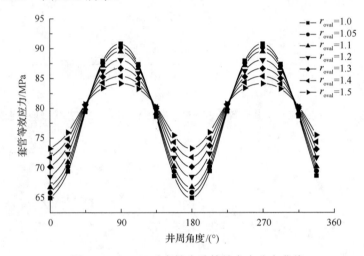

图 2.23　δ=1.2 时套管内壁等效应力分布曲线

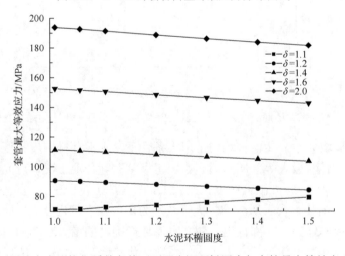

图 2.24　不同地应力不均匀系数条件下不同水泥环椭圆度与套管最大等效应力关系曲线

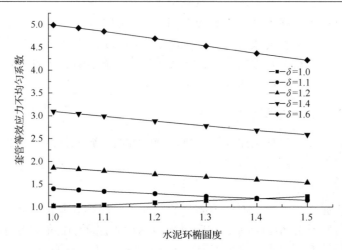

图 2.25　不同地应力不均匀系数条件下水泥环椭圆度与套管等效应力不均匀系数曲线

　　由图 2.23～图 2.25 可知，在均匀地应力和非均匀地应力条件下，套管最大等效应力及等效应力不均匀系数随水泥环椭圆度呈明显不同的规律。如前所述，在均匀地应力条件下，套管所受等效应力及等效应力不均匀系数随水泥环椭圆度的增大而增大，而在非均匀地应力条件下，套管所受等效应力及等效应力不均匀系数随水泥环椭圆度的增大而减小。也就是说，在非均匀地应力条件下，椭圆水泥环是有利的。一定的椭圆度能够在一定程度上改善套管的受力情况。以 $\delta=1.2$ 为例：$r_{oval}=1.3$ 时的套管最大等效应力和等效应力不均匀系数分别比圆形水泥环下降了 4.7%和 13.8%。由此可见，椭圆水泥环的意义不仅在于减小了最大应力，更为重要的是改善了套管受力的不均匀度。

　　3) 进一步讨论

　　由以上分析可知，在非均匀地应力条件下，椭圆水泥环对于减小套管等效应力及等效应力不均匀度是有利的，由此提出了如何利用椭圆水泥环的问题。在实际注水泥作业过程中，要求水泥浆完全充满套管与井壁间的环空，因此，井眼的形状实际上就决定了水泥环的形状。这样问题就转换成如何在钻井过程中促使井眼形成一定的椭圆度以利于井眼稳定和套管的保护。在实际钻井过程中，为了安全起见，在易坍塌地层通常采取加大泥浆比重的方法来平衡地层压力。这样做尽管从钻井角度来讲是有利于安全的，但与此同时也在一定程度上限制了井眼椭圆度的形成，因此也就限制了水泥环椭圆度的形成。用清水将套管内流体替代后，液柱压力下降，地层仍存在形成椭圆形井眼的趋势，相当于给套管加了一定量的预应力，这对于套管保护是不利的。从这个意义上讲，欠平衡钻井技术应该是大力提倡的，它不仅能有效解决钻井过程中的地层污染问题，而且有利于形成稳定的井眼形状，这对于井壁稳定和后续开发过程中的套管保护都是有利的。另外，需要特别指出的是，以上推理都是在假定固井质量完好，环空完全被水泥充填的基础上得出的。在实际作业过程中，如果井眼形状极不规则，特别是在某些大肚子井段，很有可能造成大肚子尖端即椭圆长轴端部水泥环缺失，这对套管保护显然是不利的。井眼形状的改变是一个难度很大的问题，需要综合考虑多种因素才能确定，因此应该将井眼形状控制在一定范围内，在保证固井质量的基础上充分考虑椭圆水泥环的特点，并在设计和施工中予以利用。

3. 水泥环缺陷对组合体受力的影响

水泥环缺陷通常包括水泥环不完整，套管偏心导致水泥环非对称甚至月牙形缺失等情况，下面分别进行讨论。

1) 水泥环不完整

在以往研究中，针对水泥环不完整的情况，一般将其简化为缺失某一角度水泥环的情况，如图2.26(a)所示。实际上形成这种水泥环的可能性很小。更多的可能是在井眼长轴方向缺失一段水泥环，如图2.26(b)所示。

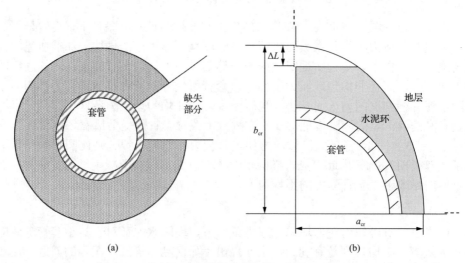

(a) 　　　　　　　　　　　　　　　(b)

图2.26　水泥环缺失示意图

ΔL 为水泥环长轴缺失高度；a_{cr}、b_{cr} 为水泥环短、长轴

为方便对比，定义水泥环长轴缺失度：

$$\xi = \frac{\Delta L}{b_{cr} - a_{cr}} \tag{2.97}$$

式中，ξ 为水泥环长轴缺失度。

以 $r_{oval}=1.3$ 为例，研究井眼尺寸扩大引起的固井质量变差对套管等效应力的影响，除几何尺寸外，模型参数同前。

图2.27给出了水泥环长轴缺失对套管等效应力影响的有限元计算结果。显然，随着水泥环长轴缺失度的增大，套管最大等效应力急剧上升，套管等效应力状态迅速恶化。这对于套管寿命显然是不利的。在实际注水泥作业中，应该尽可能注

满水泥浆,提高固井质量。另外,为了对比圆形水泥环和椭圆缺失水泥环的情况,将圆形水泥环条件下的套管最大等效应力同时绘于图 2.27 中,见图中纵轴上的数据点。对比可知,圆形水泥环注满时的套管最大等效应力比椭圆水泥环注满时的套管最大等效应力大,而与椭圆长轴缺失 15.44%时的套管等效应力大体相当。这说明相对于圆形水泥环而言,椭圆形水泥环对于水泥浆注不满有一定的耐受度。但这显然不是一个合理的工艺,因为此时的套管最大等效应力非但没有下降,而且还增加了钻井作业过程中的风险。

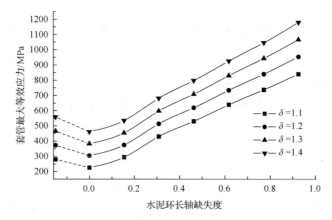

图 2.27　套管最大等效应力随水泥环椭圆长轴缺失度变化规律

图中纵轴上的数据点为水泥环为圆形时的套管最大等效应力值

2) 水泥环非对称

套管偏心即套管在井眼内不居中是一种常见的工程现象,由此导致水泥环为非对称形状。为了研究不同偏心程度对套管应力载荷的影响,定义套管偏心度 ζ 如下[16],如图 2.28 和图 2.29 所示:

$$\zeta = \frac{\Delta l}{(r_{\text{oval}} D_{\text{bit}} - D_{\text{casing}})/2} \tag{2.98}$$

式中,Δl 为套管偏心距;r_{oval} 为井眼椭圆度,对圆形井眼而言,$r_{\text{oval}} = 1$;D_{bit} 为钻头直径;D_{casing} 为套管外径。其余参数同前。

图 2.30 给出了圆形井眼套管偏心度对套管最大等效应力的影响。可见,在均匀地应力和非均匀地应力条件下,套管偏心对套管最大等效应力的影响规律基本相同。随着套管偏心度的增大,套管最大等效应力也随之增大。但是,偏心对均匀地应力条件($\sigma_{\text{H}} = \sigma_{\text{h}}$)下套管应力载荷的影响要比非均匀地应力条件($\sigma_{\text{H}} = 1.3\sigma_{\text{h}}$)下大。例如,当套管偏心度为 95%时,均匀地应力下的套管最大等效应力比套管居中时的最大应力大 11.7%,而非均匀地应力下的相应增量为 3.6%。

对于椭圆井眼的情况,上述规律则更为明显,如图 2.31 所示。当套管偏心度为 90%时,均匀地应力下的套管最大等效应力增加 21.5%,而非均匀地应力下的套管最大等效应力相应增量仅为 2.8%。

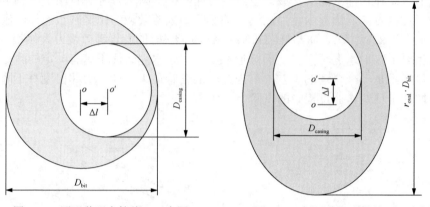

图 2.28　圆形井眼套管偏心示意图　　　　图 2.29　椭圆井眼套管偏心示意图

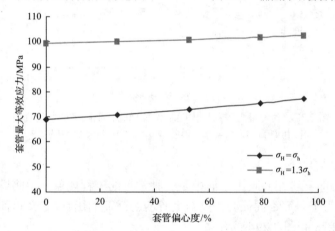

图 2.30　圆形井眼套管偏心度对套管最大等效应力的影响

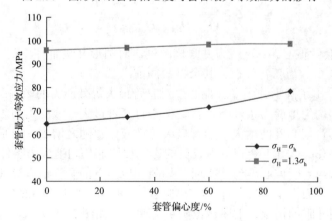

图 2.31　椭圆井眼套管偏心度对套管最大等效应力的影响

由以上分析可知，在均匀地应力条件下，套管偏心会把均匀地应力转换为非均匀载荷，使套管的应力载荷增大。而在非均匀地应力条件下，只要能形成完整的水泥环，套管偏心的影响并不是十分严重。联邦德国克劳塞尔技术大学在进行双层套管模拟试验时，也曾得出过类似的结果[17]。但是，需要特别指出的是，在套管偏心严重时，套管与井壁的间隙很小甚至没有间隙，易造成水泥环缺失或水泥浆流态发生改变，导致局部水泥环与井壁胶结不好，固井质量下降。因此，保持套管尽可能居中仍是十分必要的。

2.4　定向井井筒力学模型

前人对复杂地应力条件下直井的套管损坏问题已进行了大量研究，但对定向井的情况却很少涉及。定向井的特殊性，使钻柱不可避免地与上一级套管内壁发生摩擦，导致套管磨损、强度降低及下套作业困难等。因此，目前开展的定向井套损研究几乎都是从管柱磨损的角度去考虑问题[18-20]。而地应力对套管的作用是不可忽视的。由于问题的复杂性，人们对于复杂地应力条件下定向井套管应力载荷的变化规律研究很少。随着定向钻井的普及及其套损问题的显现，这一研究显得更加重要。

2.4.1　定向井井周围岩应力场空间坐标变换

对于定向井而言，由于上覆岩层压力与井轴不再重合，原水平地应力不再与井轴正交，井周围岩是在法向正应力和切向剪应力的联合作用下处于三维应力状态。井壁围岩在与井轴垂直的平面内不仅受到正应力的作用，而且还存在着剪应力，他们对井壁围岩的破坏形态都有影响[21]。因此，必须先进行坐标变换，以求得斜井坐标系下的地应力场。

深部地层受三向主地应力作用，即垂向地应力 σ_{v}，最大水平地应力 σ_{H} 和最小水平地应力 σ_{h}。选取坐标系 (1,2,3) 分别与主地应力 σ_{H}、σ_{h}、σ_{v} 方向一致，建立直角坐标系 (x, y, z)，其中 Oz 轴对应于井轴，Ox 和 Oy 位于与井轴垂直的平面之中。

为了建立 (x, y, z) 坐标与 (1,2,3) 坐标之间的转换关系，将 (1,2,3) 坐标按 2.2.3 节所述的方式进行旋转，如图 2.32 所示[22]。

主地应力坐标系 (1,2,3) 按图 2.32 所示旋转到坐标系 (x, y, z)，得到如下应力转换关系：

$$\boldsymbol{\sigma}_{ij} = \begin{bmatrix} \sigma_x & \tau_{xy} & \tau_{xz} \\ \tau_{yx} & \sigma_y & \tau_{yz} \\ \tau_{zx} & \tau_{zy} & \sigma_z \end{bmatrix} = \boldsymbol{L} \begin{bmatrix} \sigma_{\mathrm{H}} & & \\ & \sigma_{\mathrm{h}} & \\ & & \sigma_{\mathrm{v}} \end{bmatrix} \boldsymbol{L}^{\mathrm{T}} \tag{2.99}$$

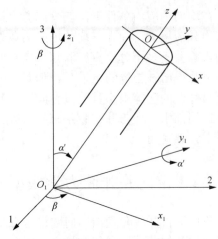

图 2.32　坐标变换示意图

式中，应力张量 $\boldsymbol{\sigma}_{ij}$ 即为倾斜坐标系下的地应力场；

$$
\boldsymbol{L} = \begin{bmatrix} \cos\alpha\cos\beta & \cos\alpha\sin\beta & -\sin\beta \\ -\sin\beta & \cos\beta & 0 \\ \sin\alpha\cos\beta & \sin\alpha\cos\beta & \cos\beta \end{bmatrix} \tag{2.100}
$$

展开即为

$$
\begin{aligned}
\sigma_x &= \sigma_H \cos^2\alpha'\cos^2\beta + \sigma_h \cos^2\alpha'\sin^2\beta + \sigma_v \sin^2\alpha' \\
\sigma_y &= \sigma_H \sin^2\beta + \sigma_h \cos^2\beta \\
\sigma_z &= \sigma_H \sin^2\alpha'\cos^2\beta + \sigma_h \sin^2\alpha'\sin^2\beta + \sigma_v \cos^2\alpha' \\
\tau_{xy} &= -\sigma_H \cos\alpha'\cos\beta\sin\beta + \sigma_h \cos\alpha'\cos\beta\sin\beta \\
\tau_{xz} &= \sigma_H \cos^2\alpha'\cos^2\beta + \sigma_h \cos\alpha'\sin\alpha'\sin^2\beta \\
\tau_{yz} &= -\sigma_H \sin\alpha'\cos\beta\sin\beta + \sigma_h \sin\alpha'\cos\beta\sin\beta
\end{aligned} \tag{2.101}
$$

2.4.2　定向井井周应力计算

式(2.101)所述的 6 个地应力分量同时作用于井周地层，此时直接求解井壁围岩处的应力是比较困难的。岩石可视为无限小变形体，因此叠加原理对其是适用的。可以先求得地应力各分量单独作用时在井周的应力分布，然后经线性叠加得到井周总的应力分布[23]，在柱坐标系中各应力分量 σ_r、σ_θ、σ_z、$\tau_{r\theta}$、$\tau_{\theta z}$、τ_{rz} 可表示为

$$\sigma_r = \frac{R^2}{r^2}p_m + \frac{(\sigma_{xx}+\sigma_{yy})}{2}\left(1-\frac{R^2}{r^2}\right) + \frac{(\sigma_{xx}-\sigma_{yy})}{2}\left(1+\frac{3R^4}{r^4}-\frac{4R^2}{r^2}\right)\cos 2\theta$$
$$+ \tau_{xy}\left(1+\frac{3R^4}{r^4}-\frac{4R^2}{r^2}\right)\sin 2\theta + \delta\left[\frac{\alpha'(1-2\mu)}{2(1-\mu)}\left(1-\frac{R^2}{r^2}\right)-\varphi\right](p_m-p_p) \tag{2.102a}$$

$$\sigma_\theta = -\frac{R^2}{r^2}p_m + \frac{(\sigma_{xx}+\sigma_{yy})}{2}\left(1+\frac{R^2}{r^2}\right) - \frac{(\sigma_{xx}-\sigma_{yy})}{2}\left(1+\frac{3R^4}{r^4}\right)\cos 2\theta$$
$$- \tau_{xy}\left(1+\frac{3R^4}{r^4}-\frac{4R^2}{r^2}\right)\sin 2\theta + \delta\left[\frac{\alpha'(1-2\mu)}{2(1-\mu)}\left(1-\frac{R^2}{r^2}\right)-\varphi\right](p_m-p_p) \tag{2.102b}$$

$$\sigma_z = \sigma_{zz} - \mu\left[2(\sigma_{xx}-\sigma_{yy})\left(\frac{R}{r}\right)^2\cos 2\theta + 4\tau_{xy}\left(\frac{R}{r}\right)^2\sin 2\theta\right]$$
$$+ \delta\left[\frac{\alpha'(1-2\mu)}{1-\mu}-\varphi\right](p_m-p_p) \tag{2.102c}$$

$$\tau_{r\theta} = \tau_{xy}\left(1-\frac{3R^4}{r^4}+\frac{2R^2}{r^2}\right)\cos 2\theta \tag{2.102d}$$

$$\tau_{\theta z} = \tau_{yz}\left(1+\frac{R^2}{r^2}\right)\cos\theta - \tau_{xz}\left(1+\frac{R^2}{r^2}\right)\sin\theta \tag{2.102e}$$

$$\tau_{rz} = \tau_{xz}\left(1-\frac{R^2}{r^2}\right)\cos\theta + \tau_{yz}\left(1-\frac{R^2}{r^2}\right)\sin\theta \tag{2.102f}$$

式中，R 为井眼半径；p_m 为泥浆柱压力；p_p 为地层孔隙压力；μ 为泊松比；φ 为孔隙度。

当 $r=R$ 时，井壁上应力分量可表示为

$$\sigma_r = p_m - \delta'\varphi(p_m-p_p)$$

$$\sigma_\theta = A\sigma_h + B\sigma_H + C\sigma_v + (K_1-1)p_m - K_1 p_p$$

$$\sigma_z = D\sigma_h + I\sigma_H + F\sigma_v + K_1(p_m-p_p) \tag{2.103}$$

$$\tau_{\theta z} = G\sigma_h + H\sigma_H + J\sigma_v$$

$$\tau_{r\theta} = \tau_{rz} = 0$$

式中，δ' 为渗透性系数；

$$A = \cos\alpha'\left[\cos\alpha(1-2\cos2\theta)\sin^2\beta + 2\sin2\beta\sin2\theta\right] + (1+2\cos2\theta)\cos^2\beta$$

$$B' = \cos\alpha'\left[\cos\alpha'(1-2\cos2\theta)\cos^2\beta - 2\sin2\beta\sin2\theta\right] + (1+2\cos2\theta)\sin^2\beta$$

$$C' = (1-2\cos2\theta)\sin^2\alpha'$$

$$D = \sin^2\beta\sin^2\alpha' + 2\mu\sin2\beta\cos\alpha'\sin2\theta + 2\mu\cos2\theta(\cos^2\beta - \sin^2\beta\cos^2\alpha')$$

$$I = \cos^2\beta\sin^2\alpha' - 2\mu\sin2\beta\cos\alpha'\sin2\theta + 2\mu\cos2\theta(\sin^2\beta - \cos^2\beta\cos^2\alpha')$$

$$F = \cos^2\alpha' - 2\mu\sin^2\alpha'\cos2\theta$$

$$G = -(\sin2\beta\sin\alpha'\cos\theta + \sin^2\beta\sin2\alpha'\sin\theta)$$

$$H = \sin2\beta\sin\alpha'\cos\theta - \cos^2\beta\sin2\alpha'\sin\theta$$

$$J = \sin2\alpha'\sin\theta$$

$$K_1 = \delta'\left[\frac{\zeta(1-2\mu)}{1-\mu} - \varphi\right]$$

井壁处的主应力 σ_i、σ_j、σ_k 可表示为

$$\sigma_i = \sigma_r = p_{\mathrm{m}} - \delta'f(p_{\mathrm{m}} - p_{\mathrm{p}})$$

$$\sigma_j = \frac{1}{2}[X - 2K_1 p_{\mathrm{p}} + (2K_1 - 1)p_{\mathrm{m}}] + \frac{1}{2}\sqrt{(Y - p_{\mathrm{m}})^2 + Z} \qquad (2.104)$$

$$\sigma_k = \frac{1}{2}[X - 2K_1 p_{\mathrm{p}} + (2K_1 - 1)p_{\mathrm{m}}] - \frac{1}{2}\sqrt{(Y - p_{\mathrm{m}})^2 + Z}$$

式中，

$$X = (A+D)\sigma_{\mathrm{h}} + (B+E)\sigma_{\mathrm{H}} + (C+F)\sigma_{\mathrm{v}}$$

$$Y = (A-D)\sigma_{\mathrm{h}} + (B-E)\sigma_{\mathrm{H}} + (C-F)\sigma_{\mathrm{v}}$$

$$Z = 4(G\sigma_{\mathrm{h}} + H\sigma_{\mathrm{H}} + J\sigma_{\mathrm{v}})^2$$

根据弹性力学基本理论，井壁岩石处的米泽斯有效应力 σ_{e} 可表示为

$$\sigma_e = \left(\frac{1}{2}\Big[(\sigma_x - \sigma_y)^2 + (\sigma_y - \sigma_z)^2 + (\sigma_z - \sigma_x)^2 + 6(\sigma^2_{xy} + \sigma^2_{yz} + \sigma^2_{zx})\Big]\right)^{1/2} \quad (2.105)$$

或写为

$$\sigma_e = \left(\frac{1}{2}\Big[(\sigma_1 - \sigma_2)^2 + (\sigma_2 - \sigma_3)^2 + (\sigma_3 - \sigma_1)^2\Big]\right)^{1/2} \quad (2.106)$$

式中，σ_1、σ_2、σ_3 为井壁岩石承受的 3 个主应力不变量。

　　因此，只要知道了原地应力场、井眼轨迹及孔隙压力、渗透率、孔隙度等有关参数，就可以求取井壁岩石处的应力大小，从而为有限元模型的建立奠定理论基础。

2.4.3　定向井井壁稳定三维有限元分析模型

　　一般地，在直井井壁稳定三维有限元分析模型中，由于岩石只受三向主地应力的作用，模型的建立相对简单，根据对等原则直接约束三面即可。但是，在定向井井壁稳定三维有限元分析模型中则不宜直接建模，否则模型将具有不确定性，会随着井斜和方位的变化而变化，应该尽量避免。为了建立统一的、适用于任意井眼轨迹的有限元模型，本书提出了如下方法：先利用前述坐标变换理论得到井轴坐标系下岩石所受的地应力场应力分量，然后沿井轴方向取一段井眼建立实体模型。在模型的 6 个面上分别施加计算得出的应力分量并施加相应的约束，便可利用有限元法进行求解。该方法的优点是，模型是固定的，定向井井斜与方位的变化完全体现在地应力场应力分量的变化上，对实体模型及网格的划分不构成任何影响，确保了模型的统一性及计算过程的一致性[24]。

　　由于在有限元模型表面有了切向力的作用，模型的约束成为关键问题。如果仍然按直井模型的方法约束三面，将造成很大的计算误差，这显然是行不通的。根据弹性理论中的剪应力互等定理，相邻两面的剪应力是相等的。所以，应该利用这一点，充分体现模型 6 个面切向力自身平衡的特点，最大限度地减小不合理约束带来的误差。另外，模型 6 个面所受正应力也具有两两相等的特点。综合考虑上述因素，提出了"三点约束"的方法，即约束模型底边的 3 个角点，既能充分保证模型求解的稳定性，也能够最大限度地减小约束所带来的误差。计算结果表明，这样的模型是合理的，与弹性力学解析解的误差在 6% 以内。

　　所建的定向井井壁稳定三维有限元分析模型如图 2.33 所示，图中模型长宽高的比例为 1∶1∶2，具体尺寸如图所示。井眼与边界的距离约为井眼半径的 10 倍。根据岩体力学的观点[10]，距岩体硐室半径 6.5 倍以外的地方几乎不会发生应力重新分布的现象，可以忽略不计。由此可见，本节所取的结构尺寸基本上可以消除边界效应对计算结果的影响，选用的是适应能力强的 10 节点四面体单元，网格划分采用内密外疏的方法进行处理。另外，图中所示各力均为均匀分布的力。

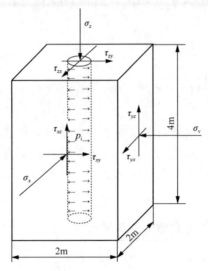

图 2.33　定向井井壁稳定三维有限元分析模型示意图

　　为了全面研究井斜与方位的变化对定向井井壁稳定性的影响，并检验所建模型的合理性，本节对方位角和井斜角分别为 0°、30°、45°、60°、90°的情况进行计算。另外，为了避免不合理岩石力学参数对计算结果可能造成的影响，书中没有将计算结果代入相应的破裂准测来对井壁是否失稳进行判断，而是直接应用有效应力的概念，对各种条件下的井壁稳定性进行比较。

　　表 2.2 给出了相同外载荷条件下，利用本书建立的三维有限元分析模型得出的井周最大应力计算结果与基于 2.4 节推导的弹性力学解析解的对比情况。可见，计算结果的误差在 6%以内，说明模型的建立是合理的，完全可以满足工程需要。

表 2.2　井周最大应力有限元计算结果与弹性力学解析解对比情况

分析项	$\alpha'=0°$ $\beta'=0°$	$\alpha'=90°$ $\beta'=30°$	$\alpha'=45°$ $\beta'=45°$	$\alpha'=60°$ $\beta'=60°$	$\alpha'=45°$ $\beta'=90°$
解析解/MPa	71.6	51.7	64.7	60.4	65.1
有限元解/MPa	71.2	53.7	65.6	63.7	66.3
误差/%	−0.56	3.87	1.39	5.46	1.84

　　图 2.34 给出了各种井眼轨迹条件下，井壁处最大有效应力的变化规律。在本例采用的地应力数据情况下(垂向主应力为中间主应力)，在任意方位平面内钻进，井壁的安全性都随着井斜角的增大而增大。也就是说，只要直井是安全的，斜井也一定安全。这一结论与先前研究得出的结论完全一致，这也进一步验证了所建有限元模型的正确性。另外，在井斜角相同的情况下，存在最优钻井方位。这一

点在井斜角低于 30°时并不十分明显，而当井斜角超过 45°时比较明显。因此，在确定定向井井眼轨迹时应该充分考虑这些特点，以便使设计更加合理。

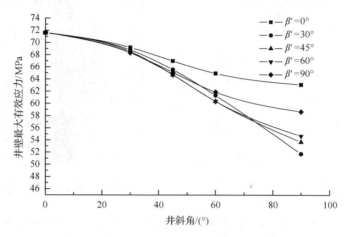

图 2.34　不同方位下井壁处最大有效应力随井斜角的变化规律

建立了合理的有限元模型后，就可以对定向井的井壁稳定性与套管受力问题展开深入研究。深部地层岩石在破坏前都会表现出一定程度的弹塑性性质，而现有的弹性模型无法求解，因此，可借助本书开发的模型，将其推广应用到弹塑性岩层。另外，在复杂地应力条件下的定向井套管受力问题尚没有解析解，借助本书开发的模型，也可以使该问题迎刃而解。

2.4.4　定向井套管受力有限元分析

1. 定向井套管受力三维有限元分析模型

水泥浆凝固后，如果固井质量完好，第一、第二界面胶结良好无滑动，那么套管、水泥环、地层将组成一个组合弹性体。一般认为，正常情况下水泥环对套管起到部分承载保护的加强作用。但在设计中出于安全考虑，大都忽略水泥环的加强保护作用。鉴于此，本书在建模时也作此处理，或者说假定水泥环与地层性质相同。这样既是出于对安全的考虑，也可大大降低网格规模，模型如图 2.35 所示。显然，与前面建立的定向井井壁稳定三维有限元分析模型相比，本模型中只是增加了套管部分。假定套管与地层之间紧密接触，无滑动，模型的可靠性同前。套管外径为 177.8mm，壁厚 10.36mm，地层边界取套管尺寸的 10 倍，以消除边界效应。考虑剪应力的影响，要充分利用系统自身的平衡性，采用底面三点约束的方法。由此带来的误差在 6%以内，完全可以满足工程需要。选用高精度的 20 节点六面体单元，依据内密外疏的原则划分网格，图 2.36 给出了 1/2 模型网格图。

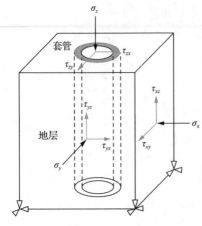

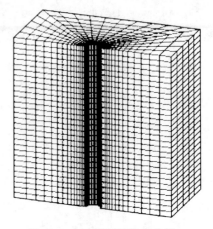

图 2.35　套管-地层组合体示意图　　　　图 2.36　1/2 模型网格剖分图

在组合体受力分析中，必须考虑各部分的力学性能，才能准确确定其应力分布。对于套管而言，其弹性参数基本为常量。而地层参数则变化较大。考虑分析的便利性并结合多年来的室内岩石力学试验结果，把岩石暂分为软、硬两类，其弹性模量分别为 5GPa 和 40GPa。地应力状态可分为 3 种情况[25]：① $\sigma_v > \sigma_H = \sigma_h$；② $\sigma_v > \sigma_H > \sigma_h$；③ $\sigma_H > \sigma_v > \sigma_h$。最大水平主应力、最小水平主应力和垂直方向地应力梯度分别取为 2.3g/cm³、1.8g/cm³、2.1g/cm³、2.5g/cm³、1.8g/cm³，井深 H=3500m。套管考虑为内掏空。为了研究不同井斜角 α'、方位角 β' 对套管应力的影响规律，分别取 α、β =0°、30°、45°、60°、90°。

2. 计算结果与分析

1) $\sigma_v > \sigma_H = \sigma_h$

当上覆岩层压力为最大主应力，且水平主应力均匀时，井轴坐标系下的地应力场与方位角无关，仅仅是井斜角的函数，因此只需考察套管应力载荷随井斜角的变化情况即可。

如图 2.37 所示，在均匀地应力条件下，软、硬地层的套管最大等效应力随井斜角的增大呈现明显不同的变化趋势。在硬地层，套管最大等效应力随井斜角的增大而递增，水平井的套管最大等效应力最大，比直井大 26.8%。而在软地层，变化规律正好相反，套管应力随井斜角的增大而递减，水平井(水平井的井斜角为90°)的套管应力最小，比直井(直角的井斜角为 0°)小 28.3%。可见地层性质和井眼轨迹对套管受力的影响是非常大的。另外，在远场地应力相同的条件下，软地层套管的应力载荷比硬地层的相应值大得多。这是因为套管刚度比地层刚度大很多，所以承担了大部分的载荷。这也是泥岩、盐岩等软岩地层易发生套管损坏的重要原因之一。在套管柱设计中，应该充分考虑这些特点。

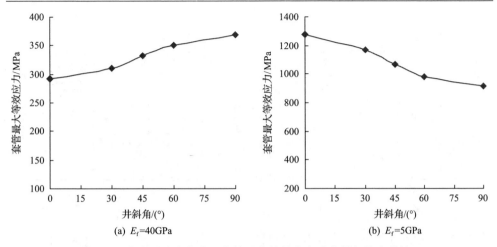

图 2.37   均匀地应力条件下套管最大等效应力随井斜角的变化情况

2) $\sigma_v > \sigma_H > \sigma_h$

当水平两向主应力不相等，且最大水平主应力为中间主应力，即上覆岩层压力为最大主应力时，软、硬岩层对套管的应力随井眼轨迹的变化规律也有不同的影响，如图 2.38 所示。

如图 2.38(a) 和(b) 所示，当地层弹性模量为 40GPa 时，套管最大等效应力随井斜角的增大总体呈上升趋势，随方位角的变化总体呈下降趋势，但不同方位下的变化规律不同。当方位角小于 45°时，套管最大等效应力随井斜角的增大呈线性增加态势。0°方位时增幅最大，为 10.4%。而当方位角超过 45°后，套管最大等效应力随井斜角的增大呈先降后升的趋势，90°方位时的套管最大等效应力值最小。综合两图可以看出，此时的最佳井眼轨迹应为 90°方位、45°井斜。

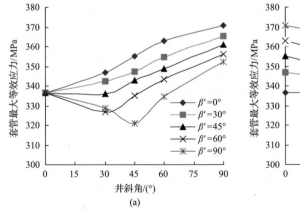

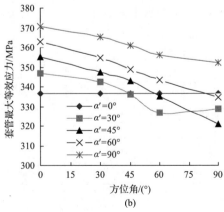

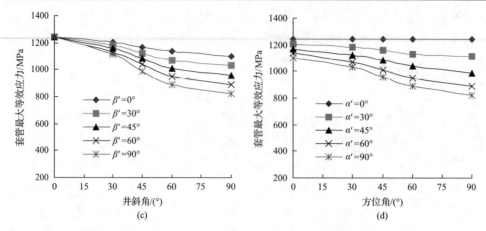

图 2.38　最大水平主应力为中间主应力时套管最大等效应力随井斜角、方位角的变化规律

(a)、(b) 的 E_f=40GPa；(c)、(d) 的 E_f=5GPa

对于地层弹性模量为 5GPa 的情况，套管最大应力随方位角的变化趋势与硬地层基本相同，而随井斜角的变化趋势则恰好相反。如图 2.38(c) 所示，套管最大等效应力随井斜角的增大而减小。90°方位的水平井的最大等效应力最小，比直井的相应值下降 34.1%。显然，此种地应力条件下的优选井眼轨迹应为 90°方位的水平井。

3) $\sigma_H > \sigma_v > \sigma_h$

当垂向地应力为中间主应力时，计算结果如图 2.39 所示。很显然，当地层弹性模量为 40GPa 时，套管最大等效应力随井斜角的增大而减小，随方位角的变化则呈先降后升的趋势，以 45°方位为极小值点。45°方位、90°井斜时，水平井套管的最大等效应力比直井相应的最大应力下降 13.9%。可见，此时井眼轨迹应优选为 45°方位的水平井。

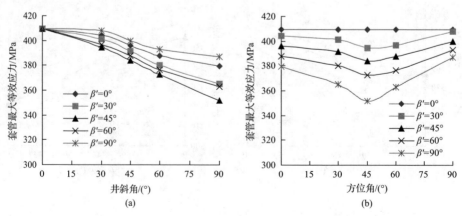

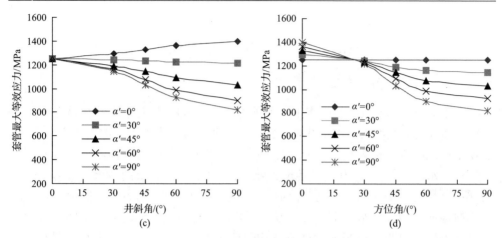

图 2.39　上覆岩层压力为中间主应力时套管最大等效应力随井斜角、方位角的变化规律

(a)、(b)的 $E_f = 40\text{GPa}$；(c)、(d)的 $E_f = 5\text{GPa}$

当地层弹性模量为 5GPa 时，套管最大等效应力受方位角的影响很大。当方位角小于 30°时，套管最大等效应力随井斜角的增大而增大。井斜角为 90°时，水平井套管最大等效应力比直井增大 12%。而当方位角大于 30°时，套管最大等效应力却随井斜角的增大而减小。当井斜角为 90°时，套管最大等效应力下降最大幅度达 34%。显然此种地应力状态下的井眼轨迹应优选为 90°方位的水平井。

上述计算结果的简要汇总见表 2.3。

表 2.3　不同地层性质与地应力条件下的最佳井眼轨迹

地层	$\sigma_v > \sigma_H = \sigma_h$	$\sigma_v > \sigma_H > \sigma_h$	$\sigma_H > \sigma_v > \sigma_h$
软地层（$E_f = 5\text{GPa}$）	$\alpha' = 90°$	$\alpha' = 90°$、$\beta' = 90°$	$\alpha' = 90°$、$\beta' = 90°$
硬地层（$E_f = 40\text{GPa}$）	$\alpha' = 0°$	$\alpha' = 45°$、$\beta' = 90°$	$\alpha' = 90°$、$\beta' = 45°$

综合以上分析，复杂的地应力条件、地层性质及井眼轨迹的选择对套管所受的最大应力有着极重要的影响。由于定向井的钻进过程中套管磨损问题十分直接，人们往往更重视钻井过程，以顺利完成钻井完井作业为目标，相反对其后面的开发过程考虑较少。由本节计算结果可以看出，在某些情况下必须加强套管强度以抵抗井眼轨迹导致的套管应力载荷的增加。而在某些情况下则可以充分利用井眼轨迹的特点，适当降低套管强度，达到降低成本的目的。由于不同地应力条件、地层性质及井眼轨迹组合情况下的套管应力变化规律有很大差异，必须根据当地的实际情况进行认真比对计算，才能确定其最优值。另外，由于钻井设备及定向工具、地面条件、建井周期及成本等方面的限制，套管受力最小的井眼轨迹不一定总是最合理的设计。因此，必须综合考虑各种因素，才能确定工艺合理且成本经济的井身结构设计。

2.5　水平井井筒力学模型

2.5.1　水平井井筒力学模型

水平井可以看作定向井的特例，因此前面所建的模型对水平井都是适用的。目前，页岩气基本都采用水平井进行开发，钻进方向一般为最小水平地应力方向，以便于压裂裂缝沿最大水平主应力方向扩展。可见，水平段井筒承载的地应力可以用最大水平主应力 σ_H 和垂直地应力 σ_v 表示。根据 2.1 节的分析，该力学问题同样可以简化为平面应变问题。前面已经给出了均匀地应力条件下的解析解，由于垂向地应力和最大水平主应力一般并不相同，这里主要针对非均匀地应力的情况进行求解。如图 2.40 所示，建立非均匀地应力作用下的水平井井筒力学模型。

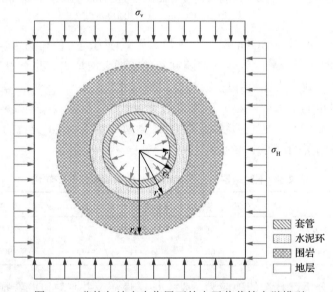

图 2.40　非均匀地应力作用下的水平井井筒力学模型

根据圣维南原理，当 $d \gg c$ 时，围岩圆周上任意点在直角坐标系中的应力状态等于地应力。利用坐标变换公式，求得在极坐标系中围岩外边缘的应力状态：

$$\begin{cases} \sigma_r = -\sigma - s\cos 2\theta_{pa} \\ \sigma_\theta = -\sigma + s\cos 2\theta_{pa} \\ \tau_{r\theta} = \bar{\sigma}\sin 2\theta_{pa} \end{cases} \tag{2.107}$$

式中，σ_r、σ_θ、$\tau_{r\theta}$ 分别为径向应力、环向应力和切应力，MPa；θ_{pa} 为相位角，(°)；$\bar{\sigma}$ 为最大水平主应力与垂直地应力均值。由此可知，在围岩外边缘上载荷包

括外挤压力 q 和切应力 τ：

$$\begin{cases} q = -\sigma - s\cos 2\theta_{pa} \\ \tau = s\sin 2\theta_{pa} \end{cases} \tag{2.108}$$

这样就把原始的地应力边界条件转化为围岩外边缘上的载荷边界条件，经过边界条件转化后的力学模型如图 2.41 所示。

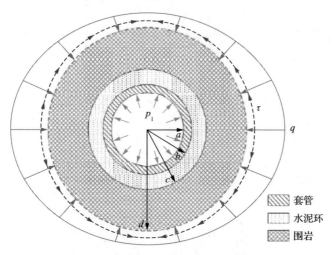

图 2.41　边界条件转化后的力学模型

式 (2.108) 中载荷又可以分解为均匀地应力载荷和偏斜地应力载荷：

$$\begin{cases} q = -\sigma \\ \tau = 0 \end{cases} \tag{2.109}$$

$$\begin{cases} q = -s\cos 2\theta_{pa} \\ \tau = s\sin 2\theta_{pa} \end{cases} \tag{2.110}$$

于是，非均匀地应力作用下水平井井筒的力学分析可以分解为两个较简单的力学问题。这两个较简单的力学问题分为以下 2 个。

（1）力学问题 I——围岩与井筒受到地层均匀外挤压力和套管内压的联合作用；

（2）力学问题 II——围岩与井筒受到地层余弦分布的外挤压力和正弦分布的切应力的联合作用。

求解思路：首先采用弹性力学方法分别求解两个分解的力学问题，其次对两个力学问题的解进行相应叠加，这样就获得了原力学问题的解。

2.5.2　水平井井筒力学模型求解

对于弹性力学的平面应变问题，在极坐标系中的平衡微分方程为

$$\begin{cases} \dfrac{\partial \sigma_r}{\partial r} + \dfrac{1}{r}\dfrac{\partial \tau_{r\theta}}{\partial \theta} + \dfrac{\sigma_r - \sigma_\theta}{r} = 0 \\[3mm] \dfrac{\partial \tau_{r\theta}}{\partial r} + \dfrac{1}{r}\dfrac{\partial \sigma_\theta}{\partial \theta} + \dfrac{2\tau_{r\theta}}{r} = 0 \end{cases}$$

几何方程为

$$\begin{cases} \varepsilon_r = \dfrac{\partial u_r}{\partial r} \\[3mm] \varepsilon_\theta = \dfrac{1}{r}\dfrac{\partial u_\theta}{\partial \theta} + \dfrac{u_r}{r} \\[3mm] \gamma_{r\theta} = \dfrac{1}{r}\dfrac{\partial u_r}{\partial \theta} + \dfrac{\partial u_\theta}{\partial r} - \dfrac{u_\theta}{r} \end{cases} \tag{2.111}$$

式中，$\gamma_{r\theta}$ 为切应变。

本构方程为

$$\begin{cases} \varepsilon_r = \dfrac{1-\mu^2}{E}\left(\sigma_r - \dfrac{\mu}{1-\mu}\sigma_\theta\right) \\[3mm] \varepsilon_\theta = \dfrac{1-\mu^2}{E}\left(\sigma_\theta - \dfrac{\mu}{1-\mu}\sigma_r\right) \\[3mm] \gamma_{r\theta} = \dfrac{2(1+\mu)}{E}\tau_{r\theta} \end{cases} \tag{2.112}$$

采用应力函数法进行求解，设应力函数为 $\varPhi$，应满足极坐标中的相容方程：

$$\left(\dfrac{\partial^2}{\partial r^2} + \dfrac{1}{r}\dfrac{\partial}{\partial r} + \dfrac{1}{r^2}\dfrac{\partial^2}{\partial \theta^2}\right)^2 \varPhi = 0 \tag{2.113}$$

应力分量与应力函数的关系为

$$\begin{cases} \sigma_r = \dfrac{1}{r}\dfrac{\partial \varPhi}{\partial r} + \dfrac{1}{r^2}\dfrac{\partial \varPhi^2}{\partial \theta^2} \\[3mm] \sigma_\theta = \dfrac{\partial \varPhi^2}{\partial r^2} \\[3mm] \tau_{r\theta} = -\dfrac{\partial}{\partial r}\left(\dfrac{1}{r}\dfrac{\partial \varPhi}{\partial \theta}\right) \end{cases}$$

因此，首先将求解平面应变问题转化为求解满足相容方程的应力函数，从而求得应力分量；其次根据本构方程求得应变分量；最后根据几何方程求得位移分量。

1. 力学问题 I

力学问题 I 是围岩与井筒受到地层均匀外挤压力和套管内压的联合作用的力学问题。应用弹性力学理论，可以求解围岩与井筒的力学状态。套管、水泥环和围岩均属于圆筒结构，在分析整个组合圆筒结构之前，先分析单一圆筒结构在均匀外压和内压作用下力学状态。

对相容方程式(2.112)进行积分，得到应力函数的通解：

$$\Phi = A'' \ln r + B'' r^2 \ln r + C'' r^2 + D'' \tag{2.114}$$

式中，A''、B''、C''、D'' 为待定系数。

将式(2.114)代入应力分量和应力函数关系式中，可得应力分量表达式为

$$\begin{cases} \sigma_r = \dfrac{A''}{r^2} + B''(1 + 2\ln r) + 2C'' \\[3mm] \sigma_\theta = -\dfrac{A''}{r^2} + B''(3 + 2\ln r) + 2C'' \\[3mm] \tau_{r\theta} = 0 \end{cases} \tag{2.115}$$

圆筒内外壁受到内外压作用，则边界条件为

$$\begin{cases} (\sigma_r)_{\text{i}} = -p_{\text{in}} \\ (\sigma_r)_{\text{o}} = -p_{\text{out}} \end{cases} \tag{2.116}$$

式中，$(\sigma_r)_{\text{i}}$、$(\sigma_r)_{\text{o}}$ 分别为圆筒的内、外壁面径向应力，MPa；p_{in}、p_{out} 分别为圆筒的内壁和外壁上压力大小，MPa。

两个方程不能求解 3 个常数，又由于研究对象是多连体，应该满足位移单值条件，可知必然有 $B'' = 0$。

把 $B'' = 0$ 代入边界条件，求得 A'' 和 $2C''$ 表达式：

$$\begin{cases} A'' = \dfrac{a^2 b^2 (p_{\text{out}} - p_{\text{in}})}{b^2 - a^2} \\[4mm] 2C'' = \dfrac{p_{\text{in}} a^2 - p_{\text{out}} b^2}{b^2 - a^2} \end{cases} \tag{2.117}$$

把式(2.117)代入式(2.115)，则圆筒的应力分量为

$$
\begin{cases}
\sigma_r = \dfrac{p_{\mathrm{in}}a^2 - p_{\mathrm{out}}b^2}{b^2 - a^2} + \dfrac{a^2 b^2 (p_{\mathrm{out}} - p_{\mathrm{in}})}{(b^2 - a^2) r^2} \\[3mm]
\sigma_\theta = \dfrac{p_{\mathrm{in}}a^2 - p_{\mathrm{out}}b^2}{b^2 - a^2} - \dfrac{a^2 b^2 (p_{\mathrm{out}} - p_{\mathrm{in}})}{(b^2 - a^2) r^2}
\end{cases}
\tag{2.118}
$$

把式(2.118)代入本构方程式(2.112)求得应变分量,再把应变分量代入几何方程式(2.111)求得位移分量,则圆筒的径向位移表达式为

$$
u_r = \frac{1+\mu}{E}\left[\frac{a^2 b^2 + (1-2\mu)a^2 r^2}{(b^2 - a^2)r}p_{\mathrm{in}} - \frac{a^2 b^2 + (1-2\mu)b^2 r^2}{(b^2 - a^2)r}p_{\mathrm{out}}\right]
\tag{2.119}
$$

式中, u_r 为圆筒的径向位移,m。

下面对套管、水泥环和围岩整个组合圆筒结构进行力学分析。已知套管内压为 p_1 ,围岩外挤压力为 q 。根据固井界面上应力连续条件,设套管与水泥环之间界面(第一界面)上压力为 p_2 ,设水泥环与围岩之间界面(第二界面)上压力为 p_3 。使用上标 c、m、s 分别代表套管、水泥环和围岩。把相关参数代入式(2.119),可得套管外壁、水泥环内壁、水泥环外壁和围岩的径向位移:

$$
\begin{cases}
(u_r^c)_{\mathrm o} = \dfrac{1+\mu_c}{E_c}\left[\dfrac{2(1-\mu^c)r_1^2 r_2}{(r_2^2 - r_1^2)}p_1 - \dfrac{r_1^2 r_2 + (1-2\mu^c)r_2^3}{(r_2^2 - r_1^2)}p_2\right] \\[3mm]
(u_r^m)_{\mathrm i} = \dfrac{1+\mu_m}{E_m}\left[\dfrac{r_2 r_3^2 + (1-2\mu^m)r_2^3}{(r_3^2 - r_2^2)}p_2 - \dfrac{2(1-\mu^m)r_2 r_3^2}{(r_3^2 - r_2^2)}p_3\right] \\[3mm]
(u_r^m)_{\mathrm o} = \dfrac{1+\mu_m}{E_m}\left[\dfrac{2(1-\mu^m)r_2^2 r_3}{(r_3^2 - r_2^2)}p_2 - \dfrac{r_2^2 r_3 + (1-2\mu^m)r_3^3}{(r_3^2 - r_2^2)}p_3\right] \\[3mm]
(u_r^s)_{\mathrm i} = \dfrac{1+\mu_s}{E_s}\left[\dfrac{r_3 r_4^2 + (1-2\mu^s)r_3^3}{(r_4^2 - r_3^2)}p_3 - \dfrac{2(1-\mu^s)r_3 r_4^2}{(r_4^2 - r_3^2)}q\right]
\end{cases}
\tag{2.120}
$$

式中, $(u_r^c)_{\mathrm o}$ 、 $(u_r^m)_{\mathrm i}$ 、 $(u_r^m)_{\mathrm o}$ 、 $(u_r^s)_{\mathrm i}$ 分别为套管外壁、水泥环内壁、水泥环外壁和围岩的径向位移,m; p_1 、 p_2 、 p_3 、 q 分别为套管内压、第一界面压力、第二界面压力和围岩外挤压力,MPa; r_1 、 r_2 、 r_3 、 r_4 分别为套管内半径、套管外半径(水泥环内半径)、水泥环外半径(井壁半径)和围岩外半径,m; E_c 、 E_m 、 E_s 分别为套管、水泥环和围岩的弹性模量,MPa; μ_c 、 μ_m 、 μ_s 分别为套管、水泥环和围岩的泊松比,无量纲。

令

$$
\begin{cases}
k_1 = \dfrac{1+\mu^c}{E^c}\dfrac{2(1-\mu^c)r_1^2 r_2}{(r_2^2 - r_1^2)} \\[3mm]
k_2 = \dfrac{1+\mu^c}{E^c}\dfrac{r_1^2 r_2 + (1-2\mu^c)r_2^3}{(r_2^2 - r_1^2)} \\[3mm]
k_3 = \dfrac{1+\mu^m}{E^m}\dfrac{r_2 r_3^2 + (1-2\mu^m)r_2^3}{(r_3^2 - r_2^2)} \\[3mm]
k_4 = \dfrac{1+\mu^m}{E^m}\dfrac{2(1-\mu^m)r_2 r_3^2}{(r_3^2 - r_2^2)} \\[3mm]
k_5 = \dfrac{1+\mu^m}{E^m}\dfrac{2(1-\mu^m)r_2^2 r_3}{(r_3^2 - r_2^2)} \\[3mm]
k_6 = \dfrac{1+\mu^m}{E^m}\dfrac{r_2^2 r_3 + (1-2\mu^m)r_3^3}{(r_3^2 - r_2^2)} \\[3mm]
k_7 = \dfrac{1+\mu^s}{E^s}\dfrac{r_3 r_4^2 + (1-2\mu^s)r_3^3}{(r_4^2 - r_3^2)} \\[3mm]
k_8 = \dfrac{1+\mu^s}{E^s}\dfrac{2(1-\mu^s)r_3 r_4^2}{(r_4^2 - r_3^2)}
\end{cases}
\tag{2.121}
$$

则式 (2.120) 可以简写为

$$
\begin{cases}
(u_r^c)_o = k_1 p_1 - k_2 p_2 \\
(u_r^m)_i = k_3 p_2 - k_4 p_3 \\
(u_r^m)_o = k_5 p_2 - k_6 p_3 \\
(u_r^s)_i = k_7 p_3 - k_8 \sigma
\end{cases}
\tag{2.122}
$$

根据固井界面上位移连续条件，可知：

$$
\begin{cases}
(u_r^c)_o = (u_r^m)_i \\
(u_r^m)_o = (u_r^s)_i
\end{cases}
\tag{2.123}
$$

把式 (2.122) 代入式 (2.123)，可以求解固井第一、第二界面上的压力 p_2、p_3：

$$
\begin{cases}
p_2 = \dfrac{k_1(k_6 + k_7)p_1 + k_4 k_8 q}{(k_2 + k_3)(k_6 + k_7) - k_4 k_5} \\[4mm]
p_3 = \dfrac{k_1 k_5 p_1 + k_8(k_2 + k_3)q}{(k_2 + k_3)(k_6 + k_7) - k_4 k_5}
\end{cases}
\tag{2.124}
$$

确定了套管、水泥环和围岩所有结构的内压和外压。把相应的内压、外压、几何参数和弹性力学参数代入应力分量式(2.118)和位移表达式(2.119)，即可求解井筒任意位置的应力和位移。

2. 力学问题 II

力学问题 II 是围岩与井筒受到地层余弦分布的外挤压力和正弦分布的切应力的联合作用的力学问题。理论分析表明，在这种载荷作用下，结构具有余弦形式的径向应力和正弦形式的切应力。而且，在固井界面上满足应力连续条件。则井筒与围岩的应力边界条件可表示为

$$\begin{cases} (\sigma_r^c)_i = 0 \\ (\tau_{r\theta}^c)_i = 0 \\ (\sigma_r^c)_o = (\sigma_r^m)_o = -s_1 \cos 2\theta \\ (\tau_{r\theta}^c)_o = (\tau_{r\theta}^m)_o = s_2 \sin 2\theta \\ (\sigma_r^m)_i = (\sigma_r^s)_i = -s_3 \cos 2\theta \\ (\tau_{r\theta}^m)_i = (\tau_{r\theta}^s)_i = s_4 \sin 2\theta \\ (\sigma_r^s)_o = -s \cos 2\theta \\ (\tau_{r\theta}^s)_o = s \sin 2\theta \end{cases} \tag{2.125}$$

式中，$(\sigma_r^c)_i$、$(\tau_{r\theta}^c)_i$ 分别为套管内壁的径向应力、切应力，MPa；$(\sigma_r^c)_o$、$(\tau_{r\theta}^c)_o$ 分别为套管外壁的径向应力、切应力，MPa；$(\sigma_r^m)_i$、$(\tau_{r\theta}^m)_i$ 分别为水泥环内壁的径向应力、切应力，MPa；$(\sigma_r^m)_o$、$(\tau_{r\theta}^m)_o$ 分别为水泥环外壁的径向应力、切应力，MPa；$(\sigma_r^s)_i$、$(\tau_{r\theta}^s)_i$ 分别为围岩内壁(井壁)的径向应力、切应力，MPa；$(\sigma_r^s)_o$、$(\tau_{r\theta}^s)_o$ 分别为围岩外壁的径向应力、切应力，MPa；s_1、s_2、s_3、s_4 为应力待定系数。

于是，井筒与围岩组合结构的力学问题可分解为单一圆筒受余弦形式的外挤压力和正弦形式的切应力联合作用的力学问题。单一圆筒的应力边界条件可表示为

$$\begin{cases} (\sigma_r)_i = -q_1 \cos 2\theta \\ (\tau_{r\theta})_i = q_2 \sin 2\theta \\ (\sigma_r)_o = -q_3 \cos 2\theta \\ (\tau_{r\theta})_o = q_4 \sin 2\theta \end{cases} \tag{2.126}$$

式中，$(\sigma_r)_i$、$(\tau_{r\theta})_i$、$(\sigma_r)_o$、$(\tau_{r\theta})_o$ 分别为圆筒的内壁径向应力、内壁切应力、

外壁径向应力、外壁切应力，MPa；q_1、q_2、q_3、q_4 为载荷参数。

设应力函数为

$$\Phi = f(r)\cos 2\theta \tag{2.127}$$

它应满足相容方程，求解可得

$$f(r) = Ar^4 + Br^2 + C + D/r^2 \tag{2.128}$$

式中，A、B、C、D 为待定系数。

代入应力分量与应力函数的关系式(2.113)，可得应力分量表达式：

$$\begin{cases} \sigma_r = -(2B + 4C/r^2 + 6D/r^2)\cos 2\theta \\ \sigma_\theta = (12Ar^2 + 2B + 6D/r^4)\cos 2\theta \\ \tau_{r\theta} = (6Ar^2 + 2B - 2C/r^2 - 6D/r^4)\sin 2\theta \end{cases} \tag{2.129}$$

把式(2.129)代入应力边界条件，用矩阵表示为

$$\begin{bmatrix} 0 & 2 & \dfrac{4}{r_i^2} & \dfrac{6}{r_i^4} \\ 6r_i^2 & 2 & -\dfrac{2}{r_i^2} & -\dfrac{6}{r_i^4} \\ 0 & 2 & \dfrac{4}{r_o^2} & \dfrac{6}{r_o^4} \\ 6r_o^2 & 2 & -\dfrac{2}{r_o^2} & -\dfrac{6}{r_o^4} \end{bmatrix} \begin{bmatrix} A \\ B \\ C \\ D \end{bmatrix} = \begin{bmatrix} q_1 \\ q_2 \\ q_3 \\ q_4 \end{bmatrix} \tag{2.130}$$

求解方程组，可得 A、B、C、D 为

$$\begin{cases} A = \dfrac{(1+3n'^2)q_1 - (1-3n'^2)q_2 - (n'^4 + 3n'^2)q_3 + (n'^4 - 3n'^2)q_4}{6(n^2-1)^3 r_i^2} \\[3mm] B = \dfrac{(1+n'^2 + 2n'^4)q_1 + 2n'^4 q_2 - (2n'^2 + n'^4 + n'^6)q_3 - 2n'^2 q_4}{2(1-n^2)^3} \\[3mm] C = \dfrac{(2+n'^2 + n'^4)q_1 + (n'^2 + n'^4)q_2 - (1+n'^2 + 2n'^4)q_3 - (1+n'^2)q_4}{2(n^2-1)^3/r_o^2} \\[3mm] D = \dfrac{(3+n'^2)q_1 + 2n'^2 q_2 - (1+3n'^2)q_3 - 2q_4}{6(1-n'^2)^3/r_o^4} \end{cases} \tag{2.131}$$

式中，

$$n' = r_{\text{o}} / r_{\text{i}} \tag{2.132}$$

把 A、B、C、D 代入式 (2.129)，可得圆筒的应力分量。再把应力分量代入本构方程，可以求解应变分量：

$$
\begin{cases}
\varepsilon_r = -\dfrac{1+\mu}{E}\left[12\mu Ar^2 + 2B + 4(1-\mu)C/r^2 + 6D/r^4\right]\cos 2\theta \\[2mm]
\varepsilon_\theta = \dfrac{1+\mu}{E}\left[12(1-\mu)Ar^2 + 2B + 4\mu C/r^2 + 6D/r^4\right]\cos 2\theta \\[2mm]
\gamma_{r\theta} = 2\dfrac{1+\mu}{E}(6Ar^2 + 2B - 2C/r^2 - 6D/r^4)\sin 2\theta
\end{cases} \tag{2.133}
$$

最后，把应变分量代入几何方程，可以求解位移分量：

$$
\begin{cases}
u_r = -2\dfrac{1+\mu}{E}\left[2\mu Ar^3 + Br - 2(1-\mu)C/r - D/r^3\right]\cos 2\theta \\[2mm]
u_\theta = 2\dfrac{1+\mu}{E}\left[(3-2\mu)Ar^3 + Br + (2\mu-1)C/r + D/r^3\right]\sin 2\theta
\end{cases} \tag{2.134}
$$

至此，推导了在余弦形式的外挤压力和正弦形式的剪应力联合作用下圆筒的应力、应变和位移表达式。把上述求解应用于套管上，应作如下替换：

$$r_{\text{i}} = a, r_{\text{o}} = b, n' = n_1' = b/a, q_1 = 0, q_2 = 0, q_3 = s_1, q_4 = s_2 \tag{2.135}$$

把上述求解应用于水泥环上，应作如下替换：

$$r_{\text{i}} = b, r_{\text{o}} = c, n' = n_2' = c/b, q_1 = s_1, q_2 = s_2, q_3 = s_3, q_4 = s_4 \tag{2.136}$$

把上述求解应用于围岩上，应作如下替换：

$$r_{\text{i}} = c, r_{\text{o}} = d, n' = n_3' = d/c, q_1 = s_3, q_2 = s_4, q_3 = s_1, q_4 = s_2 \tag{2.137}$$

通过以上参数替换，可以获得套管外壁、水泥环内壁、水泥环外壁和围岩的位移，再代入固井界面上 4 个位移连续条件：

$$
\begin{cases}
(u_r^{\text{c}})_{\text{o}} = (u_r^{\text{m}})_{\text{i}} \\[1mm]
(u_\theta^{\text{c}})_{\text{o}} = (u_\theta^{\text{m}})_{\text{i}} \\[1mm]
(u_r^{\text{m}})_{\text{o}} = (u_r^{\text{s}})_{\text{i}} \\[1mm]
(u_\theta^{\text{m}})_{\text{o}} = (u_\theta^{\text{s}})_{\text{i}}
\end{cases} \tag{2.138}
$$

式中，$(u_r^{\text{c}})_{\text{o}}$、$(u_r^{\text{m}})_{\text{i}}$、$(u_r^{\text{m}})_{\text{o}}$、$(u_r^{\text{s}})_{\text{i}}$ 分别为套管外壁、水泥环内壁、水泥环外壁

和围岩的径向位移，m；$(u_\theta^c)_o$、$(u_\theta^m)_i$、$(u_\theta^m)_o$、$(u_\theta^s)_i$ 分别为套管外壁、水泥环内壁、水泥环外壁和井壁的环向位移，m。

式 (2.138) 中 4 个方程可以求解 4 个未知量 s_1、s_2、s_3、s_4，代入式 (2.131) 可获得 A、B、C、D 的数值，再依次代入圆筒的应力分量式 (2.129)、应变分量式 (2.133) 和位移分量式 (2.134) 中，即可获得力学问题 II 中套管、水泥环和围岩的力学状态解析解。

3. 整个力学问题的解

根据叠加原理，对力学问题 I 和力学问题 II 中井筒的力学状态进行相应叠加，即可获得原来整个力学问题的解。

综上，已经完整地求解了地应力作用下水平井井筒的应力、应变和位移。进而，可以分析水平井井筒力学状态和评价井筒完整性。

需要说明的是，前面进行了非均匀地应力条件下的套管应力计算模型分析，但由于公式较复杂，需要编程求解，且要求井筒几何形状规则，与实际情况往往有一定差别，使用起来并不是很方便。而利用有限元软件分析套管受力时，具有加载方便、显示直观、条件灵活、适用性强等特点，因而得到了广泛的应用。对于规则的井筒条件，可以利用解析模型求出精确的解析解。对于不规则的井筒条件，可以采用有限元模型进行计算，得到满足工程需要的解。本章所建模型为后续井筒完整性失效机理和控制方法的研究奠定了力学基础。

参 考 文 献

[1] 李志明, 殷有泉. 油水井套管外挤力计算及其力学基础[M]. 北京: 石油工业出版社, 2006.

[2] 肖佳林. 地质条件变化对涪陵页岩气井压裂的影响及对策[J]. 断块油气田, 2016, 23(5): 668-672.

[3] 孙瑞泽. 涪陵页岩气田储层改造体积计算方法研究[D]. 成都: 西南石油大学, 2016.

[4] 罗兵. 涪陵页岩气田一期产建区地应力场预测研究[J]. 江汉石油科技, 2017, 27(4): 20-26.

[5] 杨火海. 页岩气藏井壁稳定性研究[D]. 成都: 西南石油大学, 2012.

[6] 贾成业, 贾爱林, 何东博, 等. 页岩气水平井产量影响因素分析[J]. 天然气工业, 2017, 37(4): 80-88.

[7] 蒋可. 长宁威远区块页岩气水平井固井质量对套管损坏的影响研究[D]. 成都: 西南石油大学, 2016.

[8] 陈朝伟, 石林, 项德贵. 长宁—威远页岩气示范区套管变形机理及对策[J]. 天然气工业, 2016, 36(11): 70-75.

[9] 张行. 高等弹性理论[M]. 北京: 北京航空航天大学出版社, 1994.

[10] 肖树芳, 杨淑碧. 岩体力学[M]. 北京: 地质出版社, 1987.

[11] 尹洪锦. 实用岩石可钻性[M]. 东营: 石油大学出版社, 1989.

[12] Rodriguez W J, Fleckenstein W W, Eustes A W. Simulation of collapse loads on cemented casing using finite element analysis[J]. Journal of Petroleum Technology, 2004, 56(8): 59-60.

[13] 余雄鹰, 廖兴松. 椭圆形井眼及其稳定性的研究[J]. 江汉石油学院学报, 1991, 13(3): 45-51, 56.

[14] 李军, 陈勉, 张广清, 等. 易坍塌地层椭圆井眼内套管应力的有限元分析[J]. 石油大学学报, 2004, 28(2): 45-48.

[15] 张广清, 陈勉. 钻井液密度与井壁围岩破坏的关系[J]. 石油钻采工艺, 2002, 24(3): 13-15.

[16] 李军, 陈勉, 张辉, 等. 不同地应力条件下水泥环形状对套管应力的影响[J]. 天然气工业, 2004, 24(8): 50-52.

[17] 龚伟安. 超高压挤毁与双层组合套管结构的应用[J]. 石油钻采工艺, 1983, 5(3): 1-7.

[18] 覃成锦, 高德利, 徐秉业. 含磨损缺陷套管抗挤强度的数值分析[J]. 工程力学, 2001, 18(2): 9-13.

[19] 高连新, 张风锐. 套管内壁磨损对其抗挤毁性能影响的有限元分析[J]. 石油矿场机械, 2000, 29(3): 39-41.

[20] 覃成锦, 高德利. 套管磨损后剩余抗挤强度的数值分析[J]. 石油钻采工艺, 2000, 22(1): 6-8.

[21] 高德利, 王家祥. 谈谈定向井井壁稳定问题[J]. 石油钻采工艺, 1997, 19(1): 1-4.

[22] 陈勉, 陈治喜. 用斜井岩心的声发射效应确定深层地应力[J]. 岩石力学与工程学报, 1998, 17(3): 311-314.

[23] 金衍, 陈勉. 大位移井的井壁稳定力学分析[J]. 地质力学学报, 1999, 5(1): 4-11.

[24] 李军, 陈勉, 金衍, 等. 定向井井壁稳定性三维有限元分析模型[J]. 石油钻探技术, 2003, 31(5): 33-35.

[25] 李军, 陈勉, 张辉. 定向井套管应力随地应力条件的变化规律研究[J]. 石油学报, 2005, 26(1): 112-115.

第3章　页岩力学各向异性条件下井周力学分析

各向异性是指岩石在沉积过程中，不断受到复杂的地质作用，产生层理、节理、空隙、孔洞等内部构造及岩石颗粒的排列方式不同，造成不同方向上岩石力学性质和变形特征不同的性质。各向异性作为大多数天然岩石材料的基本性质，受到国内外专家学者的广泛关注。而页岩作为一种层状岩体，层理面对其力学性质影响较大，各向异性更加明显[1-6]。简而言之，在平行层理面方向上力学性质相近，而在垂直层理面方向上力学性质差异较大。因此，在研究页岩时，通常将页岩作为一种正交各向异性、横观各向同性体。

为深入研究页岩力学各向异性对井周应力分布的影响，选取了地表露头页岩，沿与页岩原生层理面呈不同夹角的方向取心，进行声波、硬度、单轴强度、三轴强度等多项试验，研究页岩力学参数的各向异性。同时基于页岩力学各向异性的理论，计算页岩力学各向异性条件下的井周应力，分析弹性模量、泊松比等力学参数各向异性对井周应力的影响。

3.1　页岩岩石力学各向异性实验研究

页岩是一种成分复杂的沉积岩，具有层状节理，主要是由黏土沉积，经地下压力和温度不断作用而形成的岩石，但其中混杂有石英、长石及其他物质。由于其特殊的节理结构，在力学方面具有明显的各向异性[7-16]。对页岩进行室内岩石力学试验，确定其各向异性程度，对于井周应力分析及后续套管应力的计算具有重要意义。

3.1.1　页岩岩石力学各向异性实验

实验中所采用的页岩试样取自重庆市石柱土家族自治县山区，为黑色寒武系页岩，如图 3.1 所示。本书主要针对该页岩的声波速度、单轴及三轴抗压强度、抗拉强度、硬度、内摩擦角、黏聚力等参数开展室内实验研究。

1. 室内页岩岩样制备

取自现场的岩心需要通过重新加工处理后，才能符合试验要求。利用金刚石取心钻头钻取出圆柱状(Φ25mm)岩心，保证岩样的长径比为 1.8~2.0，并将岩心的两端面车削磨平。为了研究岩心的各向异性，岩样取心共分为 7 个不同方向，即与层理面法线方向分别呈 0°、15°、30°、45°、60°、75°、90°。岩样取心示意图如图 3.2 所示。

图 3.1　具有层状节理的页岩

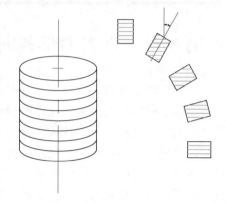

图 3.2　岩样取心示意图

　　根据《煤和岩石物理力学性质测定方法　第 9 部分：煤和岩石三轴强度及变形参数测定方法》(GB/T 23561.9—2009)、《煤和岩石物理力学性质测定方法　第 10 部分：煤和岩石抗拉强度测定方法》(GB/T 23561.10—2010)、《煤和岩石物理力学性质测定方法　第 11 部分：煤和岩石抗剪强度测定方法》(GB/T 23561.11—2010)及《煤和岩石物理力学性质测定方法　第 15 部分：岩石膨胀应力测定方法》(GB/T 23561.15—2010)试验标准，使用 ZS-100 型岩石钻孔机进行岩心钻取和制备，如图 3.3 所示。

图 3.3　ZS-100 型岩石钻孔机

岩样的制备包括取心、切割、打磨 3 个过程，具体步骤如下。

(1)用金刚石取心钻头在页岩上套取一个直径为 25mm 的圆柱形岩样,长径比为 1.8~2.0。

(2)使用切割机将圆柱形岩样加工至所需长度。

需要注意的是,岩样的整个制备过程都会与水接触,因此,岩样在制备完成后,必须使用吸水纸将其处理干,以防止页岩与水长时间接触,进而影响页岩的基础物性参数及力学特征参数。

(3)使用打磨机将岩样两端车削磨平。

2. 声学参数测量实验

声波测井是钻井工程中最常用的一种测井方式,声波时差的大小反映岩石的密度、弹性系数等参数的变化,通过测定声波的传播速度可以识别和研究岩石的特性,如图 3.4 所示。声学参数测量实验通过声波测试试验设备获取岩石的声波时差,进而利用页岩声波时差与动态力学参数之间的转换关系式求取出页岩的动态力学参数。

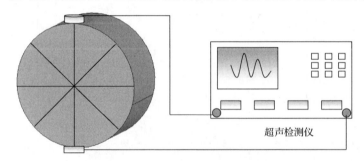

超声检测仪

图 3.4　声波法测量各向异性示意图

除了波速的差异,弹性模量、泊松比等弹性参数的各向异性对力学分析结果的影响更为直观。根据弹性波理论,弹性参数与纵横波速之间有如下关系:

$$E_{\mathrm{d}} = \frac{\rho V_{\mathrm{s}}^2 (3V_{\mathrm{p}}^2 - 4V_{\mathrm{s}}^2)}{V_{\mathrm{p}}^2 - 2V_{\mathrm{s}}^2}, \mu_{\mathrm{d}} = \frac{V_{\mathrm{p}}^2 - 2V_{\mathrm{s}}^2}{2(V_{\mathrm{p}}^2 - V_{\mathrm{s}}^2)} \tag{3.1}$$

式中,E_{d} 为动态弹性模量;μ_{d} 为动态泊松比;ρ 为密度;V_{p} 为纵波速度;V_{s} 为横波速度。

通常情况下,页岩都可以描述为具有旋转对称轴的横向各向同性介质。Thomsen[17]提出了一种方便的弹性常数表达式,可以直观表示岩石纵横波各向异性,即

$$\varepsilon = \frac{V_{\mathrm{p}}^2(90°) - V_{\mathrm{p}}^2(0°)}{2V_{\mathrm{p}}^2(90°)}, \gamma = \frac{V_{\mathrm{s}}^2(90°) - V_{\mathrm{s}}^2(0°)}{2V_{\mathrm{p}}^2(90°)} \tag{3.2}$$

式中，ε 为纵波各向异性参数；γ 为横波各向异性参数。

相关研究表明，沉积岩的 ε 及 γ 之间存在一定程度的线性相关性。由这种线性相关性回归拟合得到的经验公式对 ε 及 γ 之间的相互预测具有实用价值，特别是对于页岩，横波速度较难测量，导致 γ 较难获取。假设在不同条件下 ε 及 γ 之间也存在类似的线性相关性，由该相关性得到相应的经验公式，进而在已知 ε 时预测对应的 γ，这将大大减小工作量。基于此，从 Johnston[18]、Vernik 等[19]发表的页岩 ε 和 γ 的实验测量数据中，分析和探讨在干燥、盐水饱和及不同围压条件下 ε 和 γ 之间的相关性。

由图 3.5 可见，无论是干燥还是盐水饱和条件下，ε 和 γ 都有很好的线性相关性，且在各种不同条件下都可以通过线性回归方法得到相应的经验公式，从而为页岩纵波各向异性参数和横波各向异性参数之间的推导或预测提供一种简单而实用的方法。

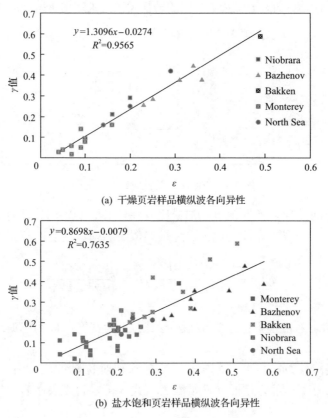

(a) 干燥页岩样品横纵波各向异性

(b) 盐水饱和页岩样品横纵波各向异性

图 3.5　页岩岩样纵横波速各向异性

声学参数测量试验采用美国生产的泰克声波仪，如图 3.6 所示，采用 1MHz

的声波探头，利用蜂蜜作为耦合剂进行测量。测量数据为示波器显示仪所显示的探头两侧声波时差，该数值为声波在岩样中传播所用时间，需要将其折合成声波波速。

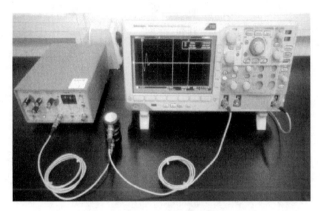

图 3.6　泰克声波仪

试验基本操作方法如下。

(1)测前准备。摆好仪器，准备好待测岩心与胶结物。

(2)准备并连接好有关测量仪器和装置。

(3)打开系统电源，设置初始数据，调整好声波发生器初始值，调整示波器的触发类型。

(4)准备好实验岩心，按一定顺序排列好，对于同一组岩心，一般从高到低来测量，在测量横波时差时便于确定首波位置。

(5)在岩心两端涂上耦合材料。因为纵波可以在空气中传播，所以耦合材料相对简单，可以采用凡士林及蜂蜜等。横波为剪切波，不能在空气或一般液体中传播，一般常采用锡箔等固体材料。对于页岩声波测试试验，选用蜂蜜作为耦合材料。蜂蜜耦合材料便于清洗，并且对试验结果影响不大。

(6)达到稳定波形后进行读数。一般情况下声波穿透岩石后会有很大程度的衰减，因此必须对信号进行放大。

(7)重复前面的工作，进行下一组实验。

进行声波测量时，根据测量的声波时差 T 和岩心长度 L，计算出声波波速，即

$$V = \frac{L}{T} \qquad\qquad (3.3)$$

该研究所测得的各试验岩样的声波速度见表 3.1。

表 3.1　岩样声波波速测试结果

序号	岩心编号	长度/mm	横波波速/(m/s)	纵波波速/(m/s)
1	15-1	49.20	2299	4354
2	15-2	49.30	2272	4363
3	15-3	51.70	2278	4345
4	15-4	41.40	2214	4362
5	30-1	44.50	2270	4406
6	30-2	42.00	2258	4303
7	30-3	46.10	2238	4390
8	30-4	51.60	2234	4264
9	45-1	40.50	2563	4715
10	45-2	43.30	2279	4587
11	45-3	42.30	2337	4695
12	45-4	41.60	2391	4669
13	60-1	43.80	2190	4695
14	60-2	47.10	2222	4826
15	60-3	50.60	2649	4774
16	75-1	45.10	2325	4972
17	75-2	41.10	2461	4757
18	75-3	38.10	2337	4733
19	75-4	46.40	2332	4833
20	1-1	53.00	2255	4274
21	1-2	44.80	2251	4187
22	1-3	48.30	2128	4200
23	1-4	37.30	2049	4140
24	2-1	48.80	2392	4880
25	2-3	51.30	2397	4540
26	2-4	46.50	2153	4650
27	3-1	49.60	2244	4168
28	3-2	45.20	2194	4147
29	3-3	47.40	2236	4195
30	3-4	47.60	2194	4139
31	4-1	47.56	2490	5215
32	4-2	46.20	2419	5066
33	4-3	52.50	2476	4861
34	4-4	45.85	2248	4751

3. 页岩岩石硬度试验

岩石硬度是指岩石抵抗其他外物侵入或压入其表面的能力，硬度对钻头的磨损有较大影响。岩石硬度可以用莫氏硬度和史氏硬度来表示，石油工业中多采用史氏硬度。本试验采用 WYY-1 型全自动岩石硬度测定仪，如图 3.7 所示。具体试验结果见表 3.2。

图 3.7　WYY-1 型全自动岩石硬度测定仪

表 3.2　岩样硬度测试结果

岩心轴线与层理法线夹角/(°)	0	15	30	45	60	75	90
硬度/MPa	1567.83	1378.83	1108.29	1054.63	980.15	1000.16	1081.26

4. 单轴抗压强度试验

岩石抗压强度是指岩石在压力作用下抵抗破坏的能力。抗压强度试验同样在 WYY-1 型全自动岩石硬度测定仪上进行，更换压头即可测试岩石的单轴抗压强度。

试验时，将岩样置于托盘，加压过程由电脑自动控制轴向载荷匀速加载，采集周期为 6 个/s。当岩心断裂时，停止试验，由电脑处理直接得出单轴抗压强度。

单轴抗压强度测试过程如下。

(1)检查电源线、信号线、压力管线是否就位。

(2)打开计算机和设备电源，检查设备传感器指示灯是否正常。

(3)装载试样，然后将应变仪置于岩心外，拧紧螺丝，固定好应变仪的位置和方向，使其水平居中。

(4)编辑和调整设备控制方式及相应的保护模式。

(5)编辑试验加载方式，使试验过程按实验方案进行。

具体试验结果见表 3.3。

表 3.3　岩样单轴抗压强度测试结果

岩心轴线与层理法线夹角/(°)	0	15	30	45	60	75	90
单轴抗压强度/MPa	155.530	137.330	122.030	117.660	98.900	160.340	196.942

5. 单轴抗拉强度试验

岩石抗拉强度是岩样在单向拉力作用下抵抗破坏的极限能力，该极限能力在数值上等于破坏时的最大拉应力。具体试验结果见表 3.4。

表 3.4　岩样抗拉强度测试结果

岩心轴线与层理法线夹角/(°)	0	15	30	45	60	75	90
单轴抗拉强度/MPa	12.47	11.09	10.47	8.00	6.17	11.09	14.81

6. 三轴抗压强度试验

为保证研究中获得试验数据的准确性，本试验采用目前国际上先进的 MTS 力学测试实验系统完成，该套试验系统如图 3.8 所示。

图 3.8　MTS816 岩石力学实验机

全套装置由高温高压三轴室、围压加压系统、轴向加压系统、加温恒温系统及数据采集控制系统 5 个主要部分组成。高温高压三轴室的设计指标为：围压 200MPa，可容纳岩样的最大直径为 50mm。高压釜的内部设计在加载过程中对系统围压有补偿功能，可以自行抵消围压所产生的柱塞上推力，从而使三轴试验时压力机加在岩样上的纵向压强等于岩样的差应力，操作使用方便。高温高压三轴室的围压及轴压全部由电液伺服控制加压，试验中岩样的轴向、横向应变及轴向载荷由装在高压釜内的传感器来测量，数据信号传输到 TEST STAR 自动采集控制系统，其能实现数据的自动采集、储存、处理并绘出应力-应变曲线。试验过程如下。

(1)将加工好的岩样放入高压釜内。

(2)打开 TEST STAR 自动采集控制系统，调好程序，进入准备状态。

(3)三轴试验时，通过高压泵施加围压到一定值，然后开启液压机给试样施加轴向载荷，由数据采集系统采集记录加载过程中岩样的应力和应变，直至岩样产生破坏，停止加载。

(4)试验结束，用计算机数据采集系统绘出应力-应变曲线，保存文件或由打印机打印输出。

采集的试验数据经计算机处理后，可得到应力-应变曲线，通过下列公式可计算弹性模量：

$$E = \frac{\Delta \sigma_a}{\Delta \varepsilon_a} \tag{3.4}$$

式中，E 为弹性模量，MPa；$\Delta \sigma_a$ 为轴向应力增量；$\Delta \varepsilon_a$ 为轴向应变增量。

岩石泊松比的计算公式：

$$\mu = \frac{\Delta \varepsilon_r}{\Delta \varepsilon_a} \tag{3.5}$$

式中，$\Delta \varepsilon_a$ 为轴向应变增量；$\Delta \varepsilon_r$ 为径向应变增量。

具体试验结果见表 3.5。

表 3.5　岩样三轴抗压强度测试结果

序号	岩心编号	长度/mm	直径/mm	质量/g	密度/(g/cm³)	围压/MPa	抗压强度/MPa
1	15-1	49.20	25.00	65.47	2.71	0	122
2	15-2	49.30	25.00	65.70	2.72	5	237
3	15-3	51.70	25.10	68.70	2.69	10	243
4	15-4	41.40	25.10	55.22	2.70	20	282
5	30-1	44.50	25.00	58.42	2.60	0	138
6	30-2	42.00	25.10	55.27	2.66	5	219
7	30-3	46.10	24.90	60.46	2.69	10	236
8	30-4	51.60	25.00	67.14	2.65	20	249
9	45-1	40.50	24.92	54.08	2.74	0	155
10	45-2	43.30	25.10	57.66	2.69	5	246
11	45-3	42.30	25.10	56.63	2.71	10	219
12	45-4	41.60	25.00	55.43	2.72	20	256
13	60-1	43.80	25.10	57.43	2.65	0	60
14	60-2	47.10	25.10	62.99	2.70	10	194
15	60-3	50.60	25.00	67.98	2.74	20	255
16	75-1	45.10	24.80	59.62	2.74	0	137
17	75-2	41.10	25.30	54.66	2.65	5	197

续表

序号	岩心编号	长度/mm	直径/mm	质量/g	密度/(g/cm³)	围压/MPa	抗压强度/MPa
18	75-3	38.10	25.20	50.80	2.67	10	219
19	75-4	46.40	25.20	61.91	2.68	20	277
20	1-1	53.00	25.20	70.57	2.67	0	117
21	1-2	44.80	25.30	59.70	2.65	5	191
22	1-3	48.30	25.20	64.62	2.68	10	221
23	1-4	37.30	25.30	49.55	2.64	20	247
24	2-1	48.80	25.20	65.94	2.71	0	176
25	2-3	51.30	25.20	64.15	2.51	10	183
26	2-4	46.50	25.10	58.60	2.55	20	237
27	3-1	49.60	25.10	65.77	2.68	0	145
28	3-2	45.20	25.20	60.12	2.67	5	180
29	3-3	47.40	25.10	62.67	2.67		193
30	3-4	47.60	25.20	62.48	2.63	20	209
31	4-1	47.56	25.17	60.72	2.57	5	196
32	4-2	46.20	25.10	62.35	2.73	0	196
33	4-3	52.50	25.16	70.64	2.71	10	272
34	4-4	45.85	25.17	60.06	2.63	20	256

　　根据莫尔-库仑准则和岩样的三轴抗压强度试验结果,可计算得到岩样的内摩擦角和黏聚力,见表 3.6。

表 3.6　岩样的内摩擦角与黏聚力计算结果

岩心轴线与层理面法线夹角/(°)	0	15	30	45	60	75	90
内摩擦角/(°)	50.83	49.20	45.17	40.36	37.97	45.17	48.60
黏聚力/MPa	28.83	32.74	35.51	37.82	38.96	28.08	26.83

3.1.2　页岩岩石力学各向异性模型

　　通过上述试验结果可以得出:页岩在不同方向的力学性质具有明显的各向异性。本节对所得到的页岩力学参数的各向异性进行分析,建立了各自对应的力学性质各向异性模型。

1. 声波各向异性模型

　　将页岩不同方向的声波时差与其对应的方向角度进行分析,结果如图 3.9 所示。

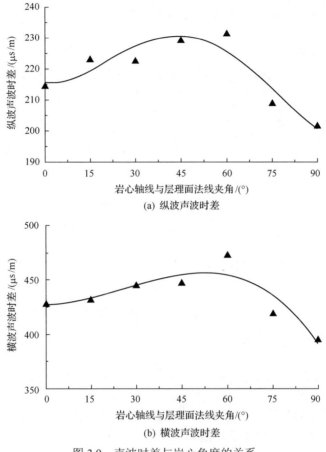

(a) 纵波声波时差

(b) 横波声波时差

图 3.9　声波时差与岩心角度的关系

声波时差回归公式为

$$\Delta t_{\mathrm{p}} = 4 \times 10^{-6} \varphi^4 - 0.0008 \varphi^3 + 0.0377 \varphi^2 - 0.1528 \varphi + 215.74 (R^2 = 0.8694) \quad (3.6)$$

$$\Delta t_{\mathrm{s}} = 9 \times 10^{-6} \varphi^4 - 0.0019 \varphi^3 + 0.1165 \varphi^2 - 1.45 \varphi + 429.94 (R^2 = 0.8261) \quad (3.7)$$

式中，Δt_{p} 为纵波时差；Δt_{s} 为横波时差；φ 为岩心轴线与层理面法线夹角。

由图 3.9(a) 可以看出，垂直层理面方向的纵波时差高于平行层理面方向的纵波时差，纵波时差最高值出现在岩心轴线与层理面法线夹角为 40°~60°处，纵波时差随岩心轴线与层理面法线夹角成四次函数关系，该结果表明岩心声波特性存在各向异性。

由图 3.9(b) 可以看出，垂直层理面的横波时差高于平行层理面的横波时差，横波时差最高值出现在岩心轴线与层理面法线夹角为 60°处，横波时差随岩心轴线与层理面法线夹角成四次函数关系，见式(3.7)。

2. 硬度各向异性模型

将页岩不同方向的硬度与其对应的方向角度进行分析，结果如图 3.10 所示。

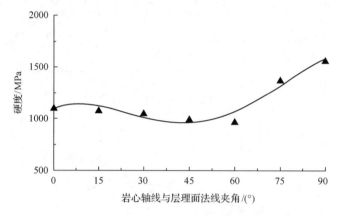

图 3.10　硬度与岩心角度的关系

硬度 RH 的回归公式为

$$RH = -9\times10^{-5}\varphi^4 + 0.0175\varphi^3 - 0.9544\varphi^2 + 12.451\varphi + 1096.9\,(R^2 = 0.9412) \quad (3.8)$$

为方便评价岩石不同方向的硬度，将岩石不同方向的硬度与垂直层理面方向的硬度进行比较，归一化处理后的结果如图 3.11 所示。

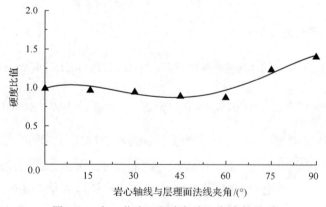

图 3.11　归一化岩石硬度与岩心角度的关系

归一化岩石硬度 $RH_{\varphi/\perp}$ 的回归公式为

$$RH_{\varphi/\perp} = -8\times10^{-8}\varphi^4 + 2\times10^{-5}\varphi^3 - 0.0009\varphi^2 + 0.0112\varphi + 0.9897\,(R^2 = 0.9412) \quad (3.9)$$

由图 3.10 及图 3.11 可见，任意夹角硬度与垂直层理面的硬度进行比较，垂直层理面的硬度低于平行层理面的硬度，硬度最低值出现在岩心轴线与层理面法线夹角为 60°处，硬度随岩心轴线与层理面法线夹角成四次函数关系变化，结果表明岩心的硬度具有各向异性。

3. 单轴抗压强度各向异性模型

将页岩不同方向的单轴抗压强度与其对应的方向角度进行分析，结果如图 3.12 所示。

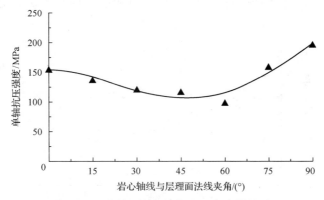

图 3.12　单轴抗压强度与岩心角度的关系

单轴抗压强度 σ_c 的回归公式为

$$\sigma_c = -7 \times 10^{-6} \varphi^4 + 0.0017\varphi^3 - 0.0872\varphi^2 + 0.1628\varphi + 154.06 (R^2 = 0.9108) \quad (3.10)$$

为评价岩石不同方向的单轴抗压强度，将岩石不同方向的单轴抗压强度与垂直层理面方向的单轴抗压强度进行比较，结果如图 3.13 所示。

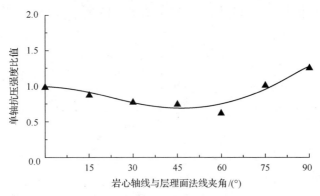

图 3.13　归一化单轴抗压强度与岩心角度的关系

归一化单轴抗压强度 $\sigma_{c,\varphi/\perp}$ 的回归公式为

$$\sigma_{c,\varphi/\perp} = -5 \times 10^{-8} \varphi^4 + 1 \times 10^{-5} \varphi^3 - 0.0006 \varphi^2 + 0.001\varphi + 0.9906 (R^2 = 0.9108) \quad (3.11)$$

由图 3.12 及图 3.13 可见，垂直层理面方向的单轴抗压强度小于平行层理面方向的单轴抗压强度，单轴抗压强度最低值出现在岩心轴线与层理面法线夹角为 60°处，单轴抗压强度随岩心轴线与层理面法线夹角成四次函数关系，表明岩心的单轴抗压强度具有各向异性。

4. 单轴抗拉强度各向异性模型

将页岩不同方向的单轴抗拉强度与其对应的方向角度进行分析，结果如图 3.14 所示。

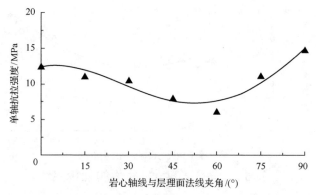

图 3.14　单轴抗拉强度与岩心角度的关系

单轴抗拉强度 S_t 的回归公式为

$$S_t = -7 \times 10^{-7} \varphi^4 + 0.0002 \varphi^3 - 0.0111 \varphi^2 + 0.1051\varphi + 12.259 (R^2 = 0.9032) \quad (3.12)$$

为方便评价不同方向的单轴抗拉强度，将不同方向的单轴抗拉强度与垂直层理面方向的单轴抗拉强度进行比较，结果如图 3.15 所示。

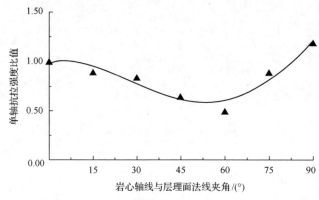

图 3.15　归一化单轴抗拉强度与岩心角度的关系

归一化单轴抗拉强度 $S_{t,\varphi/\perp}$ 的回归公式为

$$S_{t,\varphi/\perp} = -5\times10^{-8}\varphi^4 + 10^{-5}\varphi^3 - 0.0009\varphi^2 + 0.0084\varphi + 0.9831(R^2 = 0.9032) \quad (3.13)$$

由图 3.14 及图 3.15 可见，垂直层理面的单轴抗拉强度小于平行层理面的单轴抗拉强度，单轴抗拉强度最低值出现在岩心轴线与层理面法线夹角为 60°处。单轴抗拉强度随岩心轴线与层理面法线夹角成四次函数关系，表明岩心的单轴抗拉强度存在各向异性。

5. 内摩擦角各向异性模型

将不同方向的内摩擦角与其所对应的方向角度进行拟合分析，结果如图 3.16 所示。

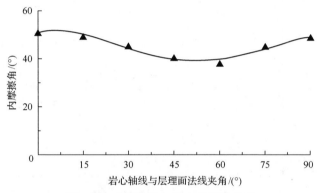

图 3.16　内摩擦角与岩心角度的关系

内摩擦角 IAF 的回归公式为

$$IAF = -3\times10^{-6}\varphi^4 + 0.0006\varphi^3 - 0.0331\varphi^2 + 0.3434\varphi + 50.596(R^2 = 0.9511) \quad (3.14)$$

为方便评价不同方向的内摩擦角，将不同方向的内摩擦角与垂直层理面方向的内摩擦角进行比较，结果如图 3.17 所示。

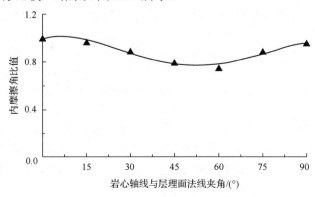

图 3.17　归一化内摩擦角与岩心角度的关系

归一化内摩擦角 $\mathrm{IAF}_{\varphi/\perp}$ 的回归公式为

$$\mathrm{IAF}_{\varphi/\perp} = -5\times10^{-8}\varphi^4 + 1\times10^{-5}\varphi^3 - 0.0007\varphi^2 + 0.0068\varphi + 0.9954(R^2 = 0.9511) \quad (3.15)$$

由图 3.16 及图 3.17 可见，垂直层理面方向的内摩擦角与平行层理面方向的内摩擦角相差不大，内摩擦角最低值出现在岩心轴线与层理面法线夹角为 60°处。内摩擦角随岩心轴线与层理面法线夹角成四次函数关系，表明岩心的内摩擦角存在各向异性。

6. 黏聚力各向异性模型

将页岩不同方向的黏聚力与其所对应的方向角度进行拟合分析，结果如图 3.18 所示。

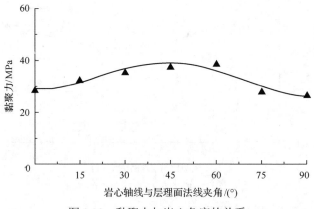

图 3.18　黏聚力与岩心角度的关系

黏聚力 C 的回归公式为

$$C = 3\times10^{-6}\varphi^4 - 0.0006\varphi^3 + 0.0276\varphi^2 - 0.1424\varphi + 29.185(R^2 = 0.8852) \quad (3.16)$$

将不同方向的黏聚力与垂直层理面方向的黏聚力进行分析比较，结果如图 3.19 所示。

归一化黏聚力 $C_{\varphi/\perp}$ 的回归公式为

$$C_{\varphi/\perp} = 1\times10^{-7}\varphi^4 - 2\times10^{-5}\varphi^3 + 0.001\varphi^2 - 0.0049\varphi + 1.0121(R^2 = 0.8852) \quad (3.17)$$

由图 3.18 及图 3.19 可见，垂直层理面方向的黏聚力与平行层理面方向的黏聚力相差不大，黏聚力最高值出现在岩心轴线与层理面法线夹角为 60°处。黏聚力随岩心轴线与层理面法线夹角成四次函数关系，表明岩心的黏聚力存在各向异性。

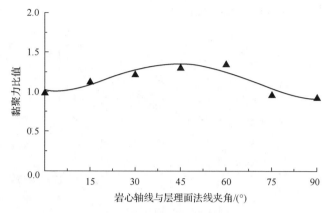

图 3.19　归一化黏聚力与岩心角度的关系

3.2　页岩各向异性本构关系和井周应力分布

岩石的各向异性强度特征和各向异性本构关系的研究，是分析各向异性岩体工程问题的基础，对于解决实际的岩石力学问题具有重要的意义。许多学者对岩石各向异性本构关系展开了研究，并取得了丰富的研究成果[20-30]。由于各向异性的特殊性、随机性和不确定性，一般假设岩石材料中存在对称面，即假定在岩石内部存在一个平面，平面两端的岩石性质相似或者相同，这个假定的平面称为对称面，以对称面的数量为出发点对各向异性进行研究和探讨，使问题变得简单且实用。

3.2.1　各向异性地层井周应力基本方程

由于几何关系与平衡条件都与物性无关，连续介质力学的几何方程和平衡方程对各向异性弹性体仍然适用。在线性各向异性弹性力学中，一般采取下列基本假设。

(1)研究对象是连续的弹性固体介质。

(2)位移与应变是微小的，其几何关系是呈线性的。

(3)材料是理想的，不存在初始应力。

(4)应力-应变关系是线性的，服从广义胡克定律。

广义胡克定律反映了各向异性弹性体中应力与应变的线性关系，构成了各向异性弹性力学的本构方程。它取代了各向同性的胡克定律，这是其与各向同性弹性力学基本方程的唯一不同之处。

建立如图 3.20 所示的层理页岩示意图。定义坐标原点为 O，其中 XOZ 为页岩储层层理面，XOY 和 YOZ 为层理面的垂向面。

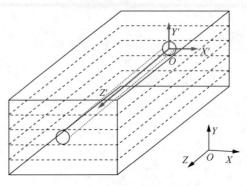

图 3.20　层理页岩示意图

在小变形情况下，对于均匀弹性体，在任意正交坐标系中，广义胡克定律可写成如下形式：

$$\begin{bmatrix} \varepsilon_x \\ \varepsilon_y \\ \varepsilon_z \\ \gamma_{yz} \\ \gamma_{xz} \\ \gamma_{xy} \end{bmatrix} = \begin{bmatrix} s_{11} & s_{12} & s_{13} & s_{14} & s_{15} & s_{16} \\ s_{21} & s_{22} & s_{23} & s_{24} & s_{25} & s_{26} \\ s_{31} & s_{32} & s_{33} & s_{34} & s_{35} & s_{36} \\ s_{41} & s_{42} & s_{43} & s_{44} & s_{45} & s_{46} \\ s_{51} & s_{52} & s_{53} & s_{54} & s_{55} & s_{56} \\ s_{61} & s_{62} & s_{63} & s_{64} & s_{65} & s_{66} \end{bmatrix} \begin{bmatrix} \sigma_x \\ \sigma_y \\ \sigma_z \\ \tau_{yz} \\ \tau_{xz} \\ \tau_{xy} \end{bmatrix} \tag{3.18}$$

式中，ε_x、ε_y、ε_z 为 x、y、z 方向的正应变；γ_{yz}、γ_{xz}、γ_{xy} 为剪应变；σ_x、σ_y、σ_z 为 x、y、z 方向的正应力；τ_{yz}、τ_{xz}、τ_{xy} 为剪应力；s_{ij} 为表征弹性特性的柔度系数。

式(3.18)或简写为

$$\boldsymbol{\varepsilon} = \boldsymbol{s\sigma} \tag{3.19}$$

式中，$\boldsymbol{s}$ 为柔度矩阵；s_{ij} 为表征弹性特性的柔度系数。上式还可写成另一种形式：

$$\boldsymbol{\sigma} = \boldsymbol{s}^{-1}\boldsymbol{\varepsilon} = \boldsymbol{c\varepsilon} \tag{3.20}$$

式中，$\boldsymbol{\varepsilon}$ 为应变张量；$\boldsymbol{\sigma}$ 为应力张量，GPa；$\boldsymbol{c}$ 为刚度矩阵。对均匀各向异性体，s_{ij} 和 c_{ij} 均为常数；对非均匀各向异性体，其则为坐标的函数。

此外，广义胡克定律还经常用工程参数表达。三维情况下，线弹性材料的广义胡克定律的一般形式为

$$\begin{bmatrix} \sigma_x \\ \sigma_y \\ \sigma_z \\ \tau_{xy} \\ \tau_{yz} \\ \tau_{zx} \end{bmatrix} = \begin{bmatrix} C_{11} & C_{12} & C_{13} & C_{14} & C_{15} & C_{16} \\ C_{21} & C_{22} & C_{23} & C_{24} & C_{25} & C_{26} \\ C_{31} & C_{32} & C_{33} & C_{34} & C_{35} & C_{36} \\ C_{41} & C_{42} & C_{43} & C_{44} & C_{45} & C_{46} \\ C_{51} & C_{52} & C_{53} & C_{54} & C_{55} & C_{56} \\ C_{61} & C_{62} & C_{63} & C_{64} & C_{65} & C_{66} \end{bmatrix} \begin{bmatrix} \varepsilon_x \\ \varepsilon_y \\ \varepsilon_z \\ \gamma_{xy} \\ \gamma_{yz} \\ \gamma_{zx} \end{bmatrix} \qquad (3.21)$$

式 (3.21) 有 36 个弹性常数，即 $C_{ij}(i,j=1,2,\cdots,6)$。如果材料是均匀的，则 $C_{ij}=C_{ji}$，因此，广义胡克定律的一般形式中，独立的弹性常数有 21 个。

写成张量形式：

$$\sigma_{kl} = C_{ij} \cdot \varepsilon_{ij} \quad (i,j=1,2,\cdots,6) \qquad (3.22)$$

式中，ε_{ij} 为应变张量；σ_{kl} 为应力张量；C_{ij} 为刚度系数。

由于柔度矩阵和刚度矩阵都为对称矩阵，独立的柔度系数和刚度系数都为 21 个。而苏联的诺沃日洛夫已证明，在实际材料中其独立的弹性常数最多只有 18 个。

对于正交各向异性体，材料的弹性常数减少为 9 个，其本构关系为

$$\begin{bmatrix} \varepsilon_1 \\ \varepsilon_2 \\ \varepsilon_3 \\ \gamma_{23} \\ \gamma_{13} \\ \gamma_{12} \end{bmatrix} = \begin{bmatrix} \dfrac{1}{E_1} & -\dfrac{\mu_{21}}{E_2} & -\dfrac{\mu_{31}}{E_3} & 0 & 0 & 0 \\ -\dfrac{\mu_{12}}{E_1} & \dfrac{1}{E_2} & -\dfrac{\mu_{32}}{E_3} & 0 & 0 & 0 \\ -\dfrac{\mu_{13}}{E_1} & -\dfrac{\mu_{23}}{E_2} & \dfrac{1}{E_3} & 0 & 0 & 0 \\ 0 & 0 & 0 & \dfrac{1}{G_{23}} & 0 & 0 \\ 0 & 0 & 0 & 0 & \dfrac{1}{G_{13}} & 0 \\ 0 & 0 & 0 & 0 & 0 & \dfrac{1}{G_{12}} \end{bmatrix} \begin{bmatrix} \sigma_1 \\ \sigma_2 \\ \sigma_3 \\ \tau_{23} \\ \tau_{13} \\ \tau_{12} \end{bmatrix} \qquad (3.23)$$

式中，E_1、E_3 为平行于各向同性面的弹性模量，GPa；E_2 为垂直于各向同性面的弹性模量，GPa；μ_{31} 为平行于各向同性面的泊松比；μ_{21}、μ_{32} 为垂直于各向同性面的泊松比；μ_{12} 为 xy 平面上的泊松比；μ_{23} 为 yz 平面上的泊松比；G_{23} 为 yz 平面上的剪切模量；G_{13} 为 xz 平面上的剪切模量；G_{12} 为 xy 平面上的剪切模量。当 XZ 平面为横观各向同性平面时，$E_1 = E_3 = E_b$、$E_2 = E_v$、$\mu_{12} = \mu_{21} = \mu_{23} = \mu_{32} = \mu_v$、

$\mu_{13} = \mu_{31} = \mu_h$，$E_b$、$E_v$ 为横观各向同性面和垂直于横观各向同性面的弹性模量，GPa，μ_v、μ_h 为横观各向同性面和垂直于横观各向同性面的泊松比。

对于平面正交各向异性的特殊情况，独立的弹性参数可进一步减少到 4 个，Batugin 和 Nirenburg 基于实验研究，提出了 *XOY* 和 *YOZ* 平面上剪切模量的计算方法[31]，即

$$G_1 = \frac{E_1}{2(1+\mu_1)}, \quad G_2 = \frac{E_1 E_2}{E_1 + E_2 + 2\mu_{12}E_2}$$

$$s_{11} = \frac{1}{E_1}, \quad s_{22} = \frac{1}{E_2}, \quad s_{12} = -\frac{\mu_{12}}{E_1} = -\frac{\mu_{21}}{E_2}, \quad s_{66} = \frac{1}{G_{12}} \tag{3.24}$$

对于平面应变问题，其位移场为

$$\begin{cases} u = u(x, y) \\ v = v(x, y) \\ w = 0 \end{cases} \tag{3.25}$$

其应变场为

$$\begin{cases} \varepsilon_x = \dfrac{\partial u}{\partial x} \\[2mm] \varepsilon_y = \dfrac{\partial v}{\partial y} \\[2mm] \gamma_{xy} = \dfrac{\partial u}{\partial y} + \dfrac{\partial v}{\partial x} \\[2mm] \varepsilon_z = \gamma_{yz} = \gamma_{xz} = 0 \end{cases} \tag{3.26}$$

根据广义胡克定律和应变场公式，可以求得平面应变问题的本构方程：

$$\begin{bmatrix} \varepsilon_x \\ \varepsilon_y \\ \gamma_{xy} \end{bmatrix} = \begin{bmatrix} \beta_{11} & \beta_{12} & \beta_{16} \\ & \beta_{22} & \beta_{26} \\ & & \beta_{66} \end{bmatrix} \begin{bmatrix} \sigma_x \\ \sigma_y \\ \tau_{xy} \end{bmatrix} \tag{3.27}$$

式 (3.28) 中引入柔度折减系数 β_{ij}：

$$\beta_{ij} = s_{ij} - \frac{s_{i3}s_{j3}}{s_{33}} \tag{3.28}$$

若不计体力，则平面应力问题的平衡方程为

$$\begin{cases} \dfrac{\partial \sigma_x}{\partial x} + \dfrac{\partial \tau_{xy}}{\partial y} = 0 \\[3mm] \dfrac{\partial \tau_{xy}}{\partial x} + \dfrac{\partial \sigma_y}{\partial y} = 0 \\[3mm] \dfrac{\partial \tau_{xz}}{\partial x} + \dfrac{\partial \tau_{yz}}{\partial y} = 0 \end{cases} \tag{3.29}$$

对于平面问题而言，弹性体的应变分量还应满足应变协调方程：

$$\frac{\partial^2 \varepsilon_x}{\partial y^2} + \frac{\partial^2 \varepsilon_y}{\partial x^2} = \frac{\partial^2 \gamma_{xy}}{\partial x \partial y} \tag{3.30}$$

引入应力函数 $F(x, y)$，使

$$\begin{cases} \sigma_x = \dfrac{\partial^2 F}{\partial y^2} \\[3mm] \sigma_y = \dfrac{\partial^2 F}{\partial x^2} \\[3mm] \tau_{xy} = -\dfrac{\partial^2 F}{\partial x \partial y} \end{cases} \tag{3.31}$$

于是，应变协调方程将恒成立。将 $F(x,y)$ 代入平衡方程，再代入应变协调方程，得

$$L_4 F = 0 \tag{3.32}$$

式 (3.33) 中引入微分算子：

$$L_4 \equiv \beta_{22} \frac{\partial^4}{\partial x^4} - 2\beta_{26} \frac{\partial^4}{\partial x^3 \partial y} + (2\beta_{12} + \beta_{66}) \frac{\partial^4}{\partial x^2 \partial y^2} - 2\beta_{16} \frac{\partial^4}{\partial x \partial y^3} + \beta_{11} \frac{\partial^4}{\partial y^4} \tag{3.33}$$

取任意通解为 $F_1 = F_1(x + \mu y)$，则由 $L_4 F = 0$ 得特征方程为

$$L_4(\mu) = \beta_{11} \mu^4 - 2\beta_{16} \mu^3 + (2\beta_{12} + \beta_{66}) \mu^2 - 2\beta_{26} \mu + \beta_{22} \tag{3.34}$$

对于理想弹性体，特征方程不存在实根，只有复根。假设不是重根的 4 个特征根为 $\mu_k (k = 1,2,3,4)$，即

$$\begin{cases} \mu_k = \alpha_k + \mathrm{i}\beta_k \\ \mu_k = \alpha_k - \mathrm{i}\beta_k, k = 1,2 \end{cases} \tag{3.35}$$

式中，α_k 为实部；β_k 为虚部。

则齐次方程通解可写成

$$F_1 = \sum_{k=1}^{4} F_{1k}(x + \mu_k y) \tag{3.36}$$

式中，F_{1k} 为齐次方程的解向量。

引入 $z_k = x + \mu_k y, \bar{z}_k = x + \bar{\mu}_k y$，则齐次解可写成：

$$F_1 = \sum_{k=1}^{4} F_{1k}(z_k) \text{或} F_1 = 2\text{Re}[F_{11}(z_1) + F_{12}(z_2)] \tag{3.37}$$

引入复势函数 $\phi_k(z_k) = F'_{1k}(z_k), k = 1,2$：

$$\begin{cases} \dfrac{\partial F}{\partial x} = 2\text{Re}[\phi_1(z_1) + \phi_2(z_2)] \\ \dfrac{\partial F}{\partial y} = 2\text{Re}[\mu_1 \phi_1(z_1) + \mu_2 \phi_2(z_2)] \end{cases} \tag{3.38}$$

则应力分量表示为

$$\begin{cases} \sigma_x = \dfrac{\partial^2 F}{\partial y^2} = 2\text{Re}[\mu_1^2 \phi'_1(z_1) + \mu_2^2 \phi'_2(z_2)] \\ \sigma_y = \dfrac{\partial^2 F}{\partial x^2} = 2\text{Re}[\phi'_1(z_1) + \phi'_2(z_2)] \\ \tau_{xy} = -\dfrac{\partial^2 F}{\partial x \partial y} = -2\text{Re}[\mu_1 \phi'_1(z_1) + \mu_2 \phi'_2(z_2)] \end{cases} \tag{3.39}$$

代入本构方程和应变公式并积分，得

$$\begin{cases} u = 2\text{Re}[a_1 \phi_1(z_1) + a_2 \phi_2(z_2)] - \omega_3 y + u_0 \\ v = 2\text{Re}[b_1 \phi_1(z_1) + b_2 \phi_2(z_2)] + \omega_3 x + v_0 \end{cases} \tag{3.40}$$

式中，ω_3 为物体绕 z 轴的转动分量；u_0、v_0 分别为沿 x、y 轴方向的平移；u、v 分别为 x、y 方向的位移；a、b 为常数。

对于平面应变问题有

$$\begin{cases} a_k = \beta_{11} \mu_k^2 + \beta_{12} - \beta_{16} \mu_k \\ b_k = \beta_{12} \mu_k + \dfrac{\beta_{22}}{\mu_k} - \beta_{26}, k = 1,2 \end{cases} \tag{3.41}$$

为了确定具体的弹性问题的解，还需满足给定的表面边界条件。若柱体侧表面 S 上给定外力 τ_n：$\tau_n = X_n i + Y_n j$，其中 X_n、Y_n 分别为 x、y 方向的外力。

设外边界和内边界方向余弦分别为

$$\begin{cases} l = \cos(\boldsymbol{n}, x) = \mathrm{d}y / \mathrm{d}s \\ m = \cos(\boldsymbol{n}, y) = -\mathrm{d}x / \mathrm{d}s \end{cases} \tag{3.42}$$

$$\begin{cases} l = \cos(\boldsymbol{n}, x) = -\mathrm{d}y / \mathrm{d}s \\ m = \cos(\boldsymbol{n}, y) = \mathrm{d}x / \mathrm{d}s \end{cases} \tag{3.43}$$

则有

$$\begin{cases} \sigma_x \cos(\boldsymbol{n}, x) + \tau_{xy} \cos(\boldsymbol{n}, y) = X_n \\ \tau_{xy} \cos(\boldsymbol{n}, x) + m\sigma_y \cos(\boldsymbol{n}, y) = Y_n \end{cases} \tag{3.44}$$

继而平衡方程可变为

$$\begin{cases} \dfrac{\partial F}{\partial x} = \displaystyle\int_0^s (mY_n)\mathrm{d}s + c_1 \\ \dfrac{\partial F}{\partial y} = \displaystyle\int_0^s (\pm X_n)\mathrm{d}s + c_2 \end{cases} \tag{3.45}$$

式中，c_1、c_2 为常数；$\mathrm{d}s$ 为长度微元；$\boldsymbol{n}$ 为法向量。

继而有

$$\begin{cases} 2\mathrm{Re}[\phi_1(z_1) + \phi_2(z_2)] = \displaystyle\int_0^s (\pm Y_n)\mathrm{d}s + c_1 \\ 2\mathrm{Re}[\mu_1\phi_1(z_1) + \mu_2\phi_2(z_2)] = \displaystyle\int_0^s (\pm X_n)\mathrm{d}s + c_2 \end{cases} \tag{3.46}$$

若给定位移边界，则有

$$\begin{cases} 2\mathrm{Re}[a_1\phi_1(z_1) + a_2\phi_2(z_2)] = u^* + \omega_3 y - u_0 \\ 2\mathrm{Re}[b_1\phi_1(z_1) + b_2\phi_2(z_2)] = v^* - \omega_3 x - v_0 \end{cases} \tag{3.47}$$

式中，a_1、b_1、a_2、b_2 为常数；u^* 为 x 方向位移偏微分方程；v^* 为 y 方向位移偏微分方程。

上述常数可由井周和边界处应力位移条件获得，从而推导出井周应力分布。

3.2.2　页岩力学各向异性条件下井周应力分布

在页岩力学性质各向异性条件下，井周围岩受力如图 3.21 所示。其与经典井壁稳定力学分析中的井周围岩受力相比，主要的区别就在于岩石力学参数的不同。图中 E_1、E_2 表示主方向上的弹性模量。

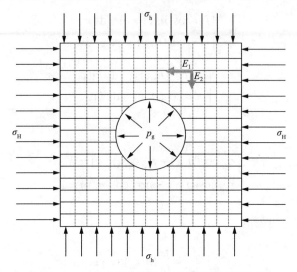

图 3.21　正交各向异性条件下井周围岩受力图

　　显然，对此种受力状态直接求解是比较困难的。岩石可视为无限小的变形体，因此叠加原理对于其是适用的。可以将其分解成多个简单的受力状态，分别求取各应力后，再进行叠加，从而解决问题。根据其受力特点，将原受力状态分解成泥浆液柱压力 p_g、最大水平主应力 σ_H 和最小水平主应力 σ_h 3 种简单情况分别进行讨论。对于孔边应力求解问题，一般情况下周向应力远大于径向应力。为简单起见，此处仅考虑周向应力的分布情况。

1. 泥浆液柱压力单独作用时的井周应力分布

　　泥浆液柱压力 p_g 作用下的井壁围岩受力如图 3.22 所示。

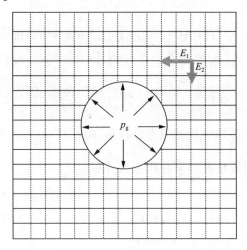

图 3.22　泥浆液柱压力单独作用时的井壁围岩受力图

根据特殊正交各向异性的本构方程，假定 s_{ij} 为已知的弹性常数，则根据下面的特征方程，可确定其复参数 μ_1、μ_2。

$$L_4(\mu)=0 \ , \ \text{或} \ L_4'(\mu)=0 \tag{3.48}$$

此处 $L_4(\mu)$ 同式 (3.34)，$L_4'(\mu)$ 如下：

$$L_4'(\mu)=s_{11}\mu^4-2s_{16}\mu^3+(2s_{12}+s_{66})\mu^2-2s_{26}\mu+s_{22} \tag{3.49}$$

为了求解其应力场，首先根据边界条件确定复势函数 $\phi_k(z_k)$，得

$$\begin{cases} \int_0^s Y_n \mathrm{d}s=\int_0^s p_g\sin\theta\mathrm{d}s=\int_R^{R-x} p_g\mathrm{d}x=-p_gx=-p_gR\cos\theta=-\dfrac{p_gR}{2}(\mathrm{e}^{\mathrm{i}\theta}+\mathrm{e}^{-\mathrm{i}\theta}) \\ \int_0^s -X_n\mathrm{d}s=\int_0^s p_g\cos\theta\mathrm{d}s=\int_0^y p_g\mathrm{d}y=p_gy=p_gR\sin\theta=-\mathrm{i}\dfrac{p_gR}{2}(\mathrm{e}^{\mathrm{i}\theta}-\mathrm{e}^{-\mathrm{i}\theta}) \end{cases} \tag{3.50}$$

式中，R 为半径；i 为复数的虚部；θ 为复数的复角。

作用于孔表面的力系为自平衡力系，其展开成傅里叶级数后代入平衡方程可得

$$\begin{cases} \mathrm{Re}[\phi_1(z_1)+\phi_2(z_2)]=\dfrac{1}{2}\sum_{m=1}^{\infty}(a_m\mathrm{e}^{m\theta\mathrm{i}}+\overline{a}_m\mathrm{e}^{-m\theta\mathrm{i}}) \\ \mathrm{Re}[\mu_1\phi_1(z_1)+\mu_2\phi_2(z_2)]=\dfrac{1}{2}\sum_{m=1}^{\infty}(b_m\mathrm{e}^{m\theta\mathrm{i}}+\overline{b}_m\mathrm{e}^{-m\theta\mathrm{i}}) \end{cases} \tag{3.51}$$

式中，a_m、$\overline{a}_m$、b_m、$\overline{b}_m$ 均为傅里叶展开项参数。

比较可知：

$$\text{当 } m=1: \quad a_1=\overline{a}_1=-\frac{p_gR}{2},b_1=\overline{b}_1=-\mathrm{i}\frac{p_gR}{2} \tag{3.52}$$

$$\text{当 } m\geqslant2: \quad a_m=\overline{a}_m=0,b_m=\overline{b}_m=0 \tag{3.53}$$

取保角映射函数为

$$\begin{cases} z=R\zeta \\ z_k=\dfrac{R}{2}(1-\mathrm{i}\mu_k)\zeta_k+\dfrac{R}{2}(1+\mathrm{i}\mu_k)\dfrac{1}{\zeta_k} \end{cases} \tag{3.54}$$

或

$$
\begin{cases}
\zeta = \dfrac{z}{R} \\[3mm]
\zeta_k = \dfrac{\dfrac{z_k}{R} + \sqrt{\left(\dfrac{z_k}{R}\right)^2 - 1 - \mu_k^2}}{(1 - \mathrm{i}\mu_k)}
\end{cases}
\tag{3.55}
$$

式中，$k = 1,2$。(x, y) 沿内边界周线变化时，有 $\zeta = \zeta_1 = \zeta_2 = \mathrm{e}^{\mathrm{i}\theta}$。

取复势函数 $\phi_k(z_k) = \sum\limits_{m=1}^{\infty} A_{km} \zeta_k^{-m} = \sum\limits_{m=1}^{\infty} A_{km} \mathrm{e}^{-m\theta\mathrm{i}}$，可保证 $\phi_k'(\infty) = 0$。

代入可得

$$
\begin{cases}
\mathrm{Re}[\mu_2\phi_1(z_1) + \mu_2\phi_2(z_2)] = \dfrac{1}{2}\sum\limits_{m=1}^{\infty}(\mu_2 a_m \mathrm{e}^{m\theta\mathrm{i}} + \mu_2 \bar{a}_m \mathrm{e}^{-m\theta\mathrm{i}}) \\[3mm]
\mathrm{Re}[\mu_1\phi_1(z_1) + \mu_2\phi_2(z_2)] = \dfrac{1}{2}\sum\limits_{m=1}^{\infty}(b_m \mathrm{e}^{m\theta\mathrm{i}} + \bar{b}_m \mathrm{e}^{-m\theta\mathrm{i}})
\end{cases}
\tag{3.56}
$$

式中，m 为自然数。

即

$$
\mathrm{Re}[(\mu_1 - \mu_2)\phi_1(z_1)] = \dfrac{1}{2}\sum\limits_{m=1}^{\infty}[(b_m - \mu_2 a_m)\mathrm{e}^{m\theta\mathrm{i}} + (\bar{b}_m - \mu_2\bar{a}_m)\mathrm{e}^{-m\theta\mathrm{i}}]
\tag{3.57}
$$

继而有

$$
\begin{cases}
\phi_1(z_1) = \dfrac{1}{\mu_1 - \mu_2}\sum\limits_{m=1}^{\infty}(\bar{b}_m - \mu_2\bar{a}_m)\zeta_1^{-m} = \dfrac{1}{\mu_1 - \mu_2}(\bar{b}_1 - \mu_2\bar{a}_1)\zeta_1^{-1} \\[3mm]
\phi_2(z_2) = \dfrac{1}{\mu_2 - \mu_1}\sum\limits_{m=1}^{\infty}(\bar{b}_m - \mu_1\bar{a}_m)\zeta_2^{-m} = \dfrac{1}{\mu_2 - \mu_1}(\bar{b}_1 - \mu_1\bar{a}_1)\zeta_2^{-1}
\end{cases}
\tag{3.58}
$$

得复势函数的导数为

$$
\begin{cases}
\phi_1'(z_1) = \dfrac{1}{R(\mu_2 - \mu_1)\sqrt{\left(\dfrac{z_1}{R}\right)^2 - 1 - \mu_1^2}}\sum\limits_{m=1}^{\infty} m(\bar{b}_m - \mu_2\bar{a}_m)\zeta_1^{-m} \\[5mm]
\phi_2'(z_2) = \dfrac{1}{R(\mu_1 - \mu_2)\sqrt{\left(\dfrac{z_2}{R}\right)^2 - 1 - \mu_2^2}}\sum\limits_{m=1}^{\infty} m(\bar{b}_m - \mu_1\bar{a}_m)\zeta_2^{-m}
\end{cases}
\tag{3.59}
$$

即

$$\begin{cases} \phi_1'(z_1) = \dfrac{1}{R(\mu_2-\mu_1)\sqrt{\left(\dfrac{z_1}{R}\right)^2-1-\mu_1^2}}(\overline{b}_1-\mu_2\overline{a}_1)\zeta_1^{-1} = \dfrac{1}{K_{10}\zeta_1}(\overline{b}_1-\mu_2\overline{a}_1) \\[6mm] \phi_2'(z_2) = \dfrac{1}{R(\mu_1-\mu_2)\sqrt{\left(\dfrac{z_2}{R}\right)^2-1-\mu_2^2}}(\overline{b}_1-\mu_1\overline{a}_1)\zeta_2^{-1} = \dfrac{1}{K_{20}\zeta_2}(\overline{b}_1-\mu_1\overline{a}_1) \end{cases} \tag{3.60}$$

式中，自定义系数 $K_{k0}=(\mu_2-\mu_1)\sqrt{z_k^2-R^2(1+\mu_k^2)}$，$k=1,2$。

将 $a_1=\overline{a}_1=-\dfrac{p_0R}{2}$，$b_1=\overline{b}_1=-\mathrm{i}\dfrac{p_0R}{2}$ 代入式 (3.60) 可得

$$\phi'(z_1)=\frac{p_0R(\mu_2-\mathrm{i})}{2K_{10}\zeta_1},\quad \phi_2'(z_2)=\frac{p_0R(\mu_1-\mathrm{i})}{2K_{20}\zeta_2} \tag{3.61}$$

式中，p_0 为压力。

于是，得到圆孔边缘应力分量分别为

$$\begin{cases} \sigma_x = Rp_0\mathrm{Re}\left[\dfrac{\mu_1^2(\mu_2-\mathrm{i})}{K_{10}\zeta_1}+\dfrac{\mu_2^2(\mu_1-\mathrm{i})}{K_{20}\zeta_2}\right] \\[4mm] \sigma_y = Rp_0\mathrm{Re}\left(\dfrac{\mu_2-\mathrm{i}}{K_{10}\zeta_1}+\dfrac{\mu_1-\mathrm{i}}{K_{20}\zeta_2}\right) \\[4mm] \tau_{xy} = -Rp_0\mathrm{Re}\left[\dfrac{\mu_1(\mu_2-\mathrm{i})}{K_{10}\zeta_1}+\dfrac{\mu_2(\mu_1-\mathrm{i})}{K_{20}\zeta_2}\right] \end{cases} \tag{3.62}$$

在圆孔边缘，有

$$\begin{cases} z_k = R(\cos\theta'+\mu_k\sin\theta') \\ K_k = \mathrm{i}R(\mu_k\cos\theta'+\sin\theta')(\mu_2-\mu_1) \end{cases} \tag{3.63}$$

式中，θ' 为井壁上一点与井眼圆心连线及最大水平主应力的夹角。

再利用任意方向的应力转换公式：

$$\begin{cases} \sigma_{\theta'} = \dfrac{\sigma_x-\sigma_y}{2}+\dfrac{\sigma_x-\sigma_y}{2}\cos2\theta'-\tau_{xy}\sin2\theta' \\[4mm] \tau_{\theta'} = \dfrac{\sigma_x-\sigma_y}{2}\sin2\theta'+\tau_{xy}\cos2\theta' \end{cases} \tag{3.64}$$

由任意方向的应力转换公式：

$$\sigma_\theta = 2\mathrm{Re}[(\mu_1 \sin\theta' - \cos\theta')^2 \phi_1'(z_1) + (\mu_2 \sin\theta' - \cos\theta')^2 \phi_2'(z_2)] \tag{3.65}$$

得到井壁处的周向应力分布为

$$\sigma_\theta^1 = -p_0 \mathrm{Re} \left\{ \begin{array}{l} \dfrac{\mathrm{i}e^{-\mathrm{i}\theta} R}{(\sin\theta' - \mu_1 \cos\theta')(\sin\theta' - \mu_2 \cos\theta')} \\[4mm] \left[\begin{array}{l} (\mu_1 \mu_2 - \mathrm{i}\mu_1 - \mu_2) \sin^3\theta' + \mathrm{i}(\mu_1 \mu_2 - 2) \sin^2\theta' \cos\theta' + \cos^3\theta' \\[2mm] + (2\mu_1 \mu_2 - 1) \sin\theta' \cos^2\theta' + (\mu_1 + \mu_2 - \mathrm{i}) \cos^3\theta' \end{array} \right] \end{array} \right\} \tag{3.66}$$

简化后得

$$\sigma_\theta^1 = -\dfrac{p_0 E_\theta}{E_1} [\mu_1 \mu_2 - \mathrm{i}(\mu_1 + \mu_2)(\sin^2\theta' - \mu_1 \mu_2 \cos^2\theta') + (1 + \mu_1^2)(1 + \mu_2^2) \sin^2\theta' \cos^2\theta'] \tag{3.67}$$

式中,

$$\dfrac{1}{E_\theta} = \dfrac{\sin^4\theta}{E_1} + \left(\dfrac{1}{G_{12}} - \dfrac{2\mu_{12}}{E_1} \right) \sin^2\theta \cos^2\theta + \dfrac{\cos^4\theta}{E_2} \tag{3.68}$$

式中,E_θ 为杨氏弹性模量。

由于上式中有复函数,不便于直接求解应用,可考虑利用特殊正交各向异性的某些特征作适当简化。对于特殊正交各向异性平面,如果在主方向的工程弹性常数为 E_1、E_2、μ_{12}、G_{12},则特征方程可写为

$$\mu^4 + p\mu^2 + q^2 = 0 \tag{3.69}$$

式中,p、q 为表示各向异性状态的参数。

对于广义平面应力问题,有

$$\begin{cases} p = \dfrac{E_1}{G_{12}} - 2\mu_{12} \\[4mm] q^2 = \dfrac{E_1}{E_2} \end{cases} \tag{3.70}$$

对于平面应变问题,有

$$\begin{cases} p = \dfrac{2\beta_{12} + \beta_{66}}{\beta_{11}} \\[4mm] q^2 = \dfrac{\beta_{22}}{\beta_{11}} \end{cases} \tag{3.71}$$

由特征方程可推出

$$\begin{cases} \mu_1^2 + \mu_2^2 = -p \\ \mu_1^2 \mu_2^2 = q^2 \end{cases} \text{或写为} \quad \begin{cases} \mu_1 + \mu_2 = \pm i\sqrt{p+2q} \\ \mu_1 \mu_2 = -q \end{cases} \tag{3.72}$$

代入周向应力表达式，可得

$$\sigma_\theta^1 = -\frac{p_0 E_\theta}{E_1}[\mu_1\mu_2 - i(\mu_1+\mu_2)(\sin^2\theta' - \mu_1\mu_2\cos^2\theta') + (1+\mu_1^2)(1+\mu_2^2)\sin^2\theta'\cos^2\theta']$$

$$= -\frac{p_0 E_\theta}{E_1}\left[-q + \sqrt{p+2q}(\sin^2\theta' + q\cos^2\theta') + (1-p+q^2)\sin^2\theta'\cos^2\theta'\right]$$

$$\tag{3.73}$$

2. 最大水平主应力单独作用时的井周应力分布

最大水平主应力单独作用时，井周岩石受到单向压缩作用，如图 3.23 所示。

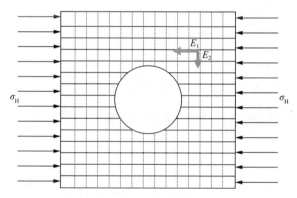

图 3.23　最大水平主应力单独作用时的井壁围岩受力图

上述受力状态可以分解为挖孔前和挖孔后两种状态应力的叠加，如图 3.24 所示。

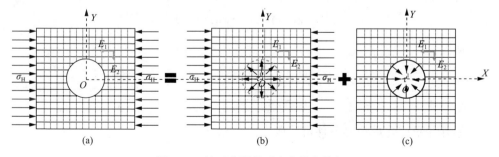

图 3.24　钻开井眼前后应力状态叠加

假设地应力作用在地层边缘处，则地应力加载到模型中时，钻开井眼前应力状态为

$$\begin{cases} \sigma_x = -\sigma_H \sin^2\theta' \\ \sigma_y = -\sigma_H \cos^2\theta' \\ \tau_{xy} = -\sigma_H \sin\theta\cos\theta' \end{cases} \tag{3.74}$$

即

$$\begin{cases} \sigma_x^0 = -\sigma_H \sin^2\theta' \\ \sigma_y^0 = -\sigma_H \cos^2\theta' \\ \tau_{xy}^0 = -\sigma_H \sin\theta\cos\theta' \end{cases} \tag{3.75}$$

实际上由于地应力在长期地质作用下已经达到较为均匀的状态，实际状态下钻开井眼前的应力状态为

$$\begin{cases} \sigma_x^0 = -\sigma_H \\ \sigma_y^0 = 0 \\ \tau_{xy}^0 = 0 \end{cases} \tag{3.76}$$

钻开井眼前孔周处于自由状态，有 $\tau^0=\tau^1$，即

$$\begin{cases} \tau_x^0 = -\tau_x^1 \\ \tau_y^0 = -\tau_y^1 \end{cases} \tag{3.77}$$

式中，τ^0 为未挖孔前的界面载荷；τ^1 为挖孔后的界面载荷。

则

$$\begin{cases} \tau_x^0 = \sigma_x^0 \cos(\boldsymbol{n},x) + \tau_{xy}^0 \cos(\boldsymbol{n},y) = \sigma_H \cos\theta' \\ \tau_y^0 = \tau_{xy}^0 \cos(\boldsymbol{n},x) + \sigma_y^0 \cos(\boldsymbol{n},y) = 0 \end{cases} \tag{3.78}$$

所以

$$\begin{cases} \tau_x^1 = -\tau_x^0 = -\sigma_H \cos\theta' \\ \tau_x^1 = -\tau_y^0 = 0 \end{cases} \tag{3.79}$$

钻开井眼后孔周边界条件可写成

$$\begin{cases} \int_0^s Y_n \mathrm{d}s = \int_0^s \tau_y^1 \mathrm{d}s = 0 \\ \int_0^s -X_n \mathrm{d}s = \int_0^s -\tau_x^1 \mathrm{d}s = \int_0^s \sigma_H \cos\theta' \mathrm{d}s = \sigma_H y \end{cases} \tag{3.80}$$

式中，Y_n 为 y 方向外力。

另外有

$$\begin{cases} \int_0^s Y_n \mathrm{d}s = \alpha_{11}\theta'^{\theta i} + \alpha_{12}\theta'^{-\theta i} = 0 \\ \int_0^s -X_n \mathrm{d}s = \alpha_{21}\theta'^{\theta i} + \alpha_{22}\theta'^{-\theta i} = \mathrm{i}\dfrac{\sigma_H R}{2}(-\theta'^{\theta i} + \theta'^{-\theta i}) \end{cases} \tag{3.81}$$

式中，$\alpha_{11} = 0$; $\alpha_{12} = \bar{\alpha}_{11} = 0$; $\alpha_{21} = -\mathrm{i}\dfrac{\sigma_H}{2}R$; $\alpha_{22} = \bar{\alpha}_{21} = \mathrm{i}\dfrac{\sigma_H}{2}R$。

$$\begin{cases} \mathrm{Re}[\phi_1(z_1) + \phi_2(z_2)] = \dfrac{1}{2}\sum_{m=1}^{\infty}(a_m \mathrm{e}^{m\theta i} + \bar{a}_m \mathrm{e}^{-m\theta i}) \\ \mathrm{Re}[\mu_1\phi_1(z_1) + \mu_2\phi_2(z_2)] = \dfrac{1}{2}\sum_{m=1}^{\infty}(b_m \mathrm{e}^{m\theta i} + \bar{b}_m \mathrm{e}^{-m\theta i}) \end{cases} \tag{3.82}$$

式(3.81)与式(3.82)比较可得出：

当 $m=1$ 时，有

$$\begin{cases} a_1 = 0 \\ \bar{a}_1 = 0 \\ b_1 = -\mathrm{i}\dfrac{\sigma_H}{2}R \\ \bar{b}_1 = \mathrm{i}\dfrac{\sigma_H}{2}R \end{cases} \tag{3.83}$$

当 m 大于等于 2 时，有

$$\begin{cases} a_m = \bar{a}_m = 0 \\ b_m = \bar{b}_m = 0 \end{cases} \tag{3.84}$$

代入得到复势函数的导数为

$$\begin{cases} \phi_1'(z_1) = \mathrm{i}\dfrac{\sigma_H R}{2(\mu_2 - \mu_1)\sqrt{z_1^2 - R^2 - \mu_1^2 R^2}\,\zeta_1} = \mathrm{i}\dfrac{\sigma_H R}{2K_{10}\cdot\zeta_1} \\ \phi_2'(z_2) = \mathrm{i}\dfrac{\sigma_H R}{2(\mu_1 - \mu_2)\sqrt{z_2^2 - R^2 - \mu_2^2 R^2}\,\zeta_2} = -\mathrm{i}\dfrac{\sigma_H R}{2K_{20}\cdot\zeta_2} \end{cases} \tag{3.85}$$

式中，$K_{k0} = (\mu_2 - \mu_1)\sqrt{z_k^2 - R^2(1 + \mu_k^2)}$，$k = 1, 2$。

于是得到井周围岩的应力场为

$$
\begin{cases}
\sigma_x = \sigma_x^0 + \sigma_x^1 = -\sigma_H + 2\text{Re}[\mu_1^2 \phi_1'(z_1) + \mu_2^2 \phi_2'(z_1)] \\
\sigma_y = \sigma_y^0 + \sigma_y^1 = 2\text{Re}[\phi_1'(z_1) + \phi_2'(z_1)] \\
\tau_{xy} = \tau_{xy}^0 + \tau_{xy}^1 = -2\text{Re}[\mu_1 \phi_1'(z_1) + \mu_2 \phi_2'(z_1)]
\end{cases}
\tag{3.86}
$$

将式(3.86)代入应力转换公式，即可得到井壁处的周向应力：

$$
\begin{aligned}
\sigma_\theta^2 &= -\sigma_H \sin^2 \theta' + 2\text{Re}[(\mu_1 \sin \theta' - \cos \theta')^2 \phi_1'(z_1) + (\mu_2 \sin \theta' - \cos \theta')^2 \phi_2'(z_2)] \\
&= -\sigma_H \sin^2 \theta' - \sigma_H \text{Re}\left\{ \dfrac{\text{e}^{-\text{i}\theta}}{(\sin \theta' - \mu_1 \cos \theta')(\sin \theta' - \mu_2 \cos \theta')} \\ [(\mu_1 + \mu_2)\sin^3 \theta' + (2 - \mu_1\mu_2)\sin^2 \theta' \cos \theta' + \cos^3 \theta'] \right\} \\
&= -\dfrac{\sigma_H E_\theta}{E_1}[\mu_1 \mu_2 \cos^2 \theta' + (1 + \boldsymbol{n})\sin^2 \theta']
\end{aligned}
\tag{3.87}
$$

式中，

$$
\boldsymbol{n} = -\text{i}(\mu_1 + \mu_2) = \sqrt{p + 2q}
\tag{3.88}
$$

$$
\begin{aligned}
\dfrac{E_1}{E_\theta} &= \sin^4 \theta' + \left(\dfrac{1}{G_{12}} - \dfrac{2\mu_{12}}{E_1} \right)\sin^2 \theta' \cos^2 \theta' + \dfrac{E_1}{E_2}\cos^4 \theta' \\
&= \sin^4 \theta' + p \sin^2 \theta' \cos^2 \theta' + q^2 \cos^4 \theta'
\end{aligned}
\tag{3.89}
$$

考虑 μ_1、μ_2 与 p、q 的关系：

$$
\begin{cases}
\mu_1 + \mu_2 = \pm \text{i}\sqrt{p + 2q} \\
\mu_1 \mu_2 = -q
\end{cases}
\tag{3.90}
$$

假定最大水平主应力方向与 E_1 方向相同，则周向应力表达式可写为

$$
\begin{aligned}
\sigma_\theta^2 &= -\dfrac{\sigma_H E_\theta}{E_1}\left\{ [-\cos^2 \varphi + (q + \boldsymbol{n})\sin^2 \varphi]q\cos^2 \theta' + [(1 + \boldsymbol{n})\cos^2 \varphi - q\sin^2 \varphi]\sin^2 \theta' \\ -n(1 + \boldsymbol{n} + q)\sin \varphi \cos \varphi \sin \theta' \cos \theta' \right\} \\
&= -\dfrac{\sigma_H E_\theta}{E_1}[(1 + \boldsymbol{n})\sin^2 \theta' - q\cos^2 \theta]
\end{aligned}
\tag{3.91}
$$

3. 最小水平主应力单独作用时的井周应力分布

最小水平主应力单独作用时的井周向应力推导与最大水平主应力的情况相类似，如图 3.25 所示。

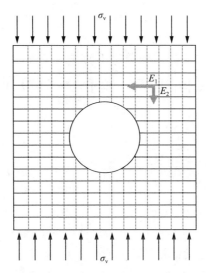

图 3.25　最小水平主应力单独作用时的井壁围岩受图

如前所述，上述受力状态可以分解为挖孔前和挖孔后两种应力状态的叠加，如图 3.26 所示。

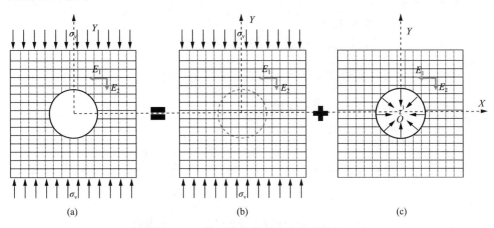

图 3.26　钻开井眼前后应力状态叠加

将坐标轴逆时针旋转 90°，则与上节一致，此时 $\theta''=\theta'+90°$，则由垂直应力引起的周向应力为

$$\sigma_{\theta''}^3 = -\frac{\sigma_v E_\theta}{E_1}\left\{\begin{array}{l}[-\cos^2\varphi+(q+n)\sin^2\varphi]q\cos^2\theta'+[(1+n)\cos^2\varphi-q\sin^2\varphi]\sin^2\theta' \\ -n(1+n+q)\sin\varphi\cos\varphi\cdot\sin\theta'\cos\theta'\end{array}\right\}$$

$$= -\frac{\sigma_v E_\theta}{E_1}[(q+n)q\cos^2\theta'-q\sin^2\theta']$$

$$(3.92)$$

4. 液柱压力、水平主应力共同作用下的井周应力分布

泥浆液柱压力、最大水平主应力、最小水平主应力 3 项叠加，可得井壁围岩所受周向应力为

$$\sigma_\theta = \sigma_\theta^1 + \sigma_\theta^2 + \sigma_\theta^3$$

$$= -\frac{p_g E_\theta}{E_1}\left[-q+\sqrt{p+2q}(\sin^2\theta'+q\cos^2\theta')+(1-p+q^2)\sin^2\theta'\cos^2\theta'\right] \quad (3.93)$$

$$-\frac{\sigma_H E_\theta}{E_1}[(1+n)\sin^2\theta'-q\cos^2\theta']-\frac{\sigma_h E_\theta}{E_1}[(q+n)q\cos^2\theta'-q\sin^2\theta']$$

若将岩石考虑为各向同性材料，则有

$$G = \frac{E}{2(1+\mu)}, \quad p=2, \quad q=1, \quad n=2 \quad (3.94)$$

于是有

$$\sigma_\theta = \sigma_\theta^1 + \sigma_\theta^2 + \sigma_\theta^3$$

$$= -p_g - \sigma_H(1-2\cos 2\theta)-\sigma_h(1+2\cos 2\theta) \quad (3.95)$$

可见，与经典井壁稳定力学分析中的结果完全一致。

3.2.3 各向异性条件下井周应力案例分析

1. 威 201-H1 水平井

威 201-H1 井套管几何尺寸和力学参数见表 3.7，威 201-H1 井井身结构如图 3.27 所示。

表 3.7　威 201-H1 井套管几何尺寸和力学参数

套管程序	井段/m	外径/mm	钢级	壁厚/mm	抗外挤强度/MPa	抗内压强度/MPa	抗拉强度/kN
表层套管	0~47.79	339.7	J55	10.23	20.18	58	11775
技术套管	0~502.79	244.5	J55	10.03	54.1	74.9	4750
油层套管	0~2750.03	139.7	TP95S	9.17	69.0	75.3	2464

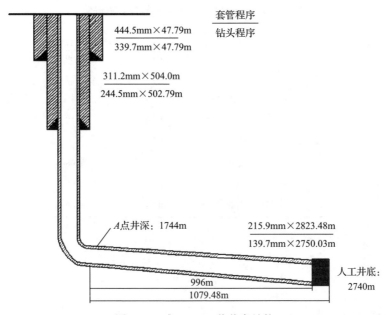

图 3.27　威 201-H1 井井身结构

根据威 201-H1 井实际情况，建立力学各向异性条件下的井周应力模型，如图 3.28 所示。水平井段最大水平主应力为 48MPa，最小水平主应力为 29MPa，垂向地应力为 35MPa。

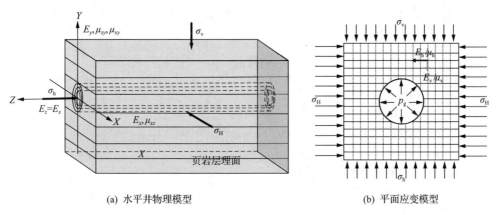

(a) 水平井物理模型　　　　　　　　　　　(b) 平面应变模型

图 3.28　威 201-H1 井页岩力学各向异性条件下的井周应力模型建立

为了研究地层各向异性对井周应力的影响，分别取不同的水平方向和垂直方向的弹性模量和泊松比，设水平层理面弹性模量和泊松比为 E_h/μ_h，垂直层理面弹性模量和泊松比为 E_v/μ_v。根据测井资料确定的具体参数见表 3.8。

表 3.8　威 201-H1 井地层各向异性参数设置

E_h/GPa	E_v/GPa	δ_E	μ_v	μ_h	δ_μ
20	40	0.5	0.23	0.46	0.5
20	20	1.0	0.23	0.23	1.0
20	13	1.5	0.23	0.15	1.5
20	10	2.0	0.23	0.12	2.0
20	8	2.5	0.23	0.09	2.5
20	7	3.0	0.23	0.08	3.0
20	6	3.5	0.23	0.07	3.5
20	5	4.0	0.23	0.06	4.0

弹性模量差异系数 δ_E 为

$$\delta_E = \frac{E_h}{E_v} \tag{3.96}$$

泊松比差异系数 δ_μ 为

$$\delta_\mu = \frac{\mu_h}{\mu_v} \tag{3.97}$$

在不同弹性模量各向异性条件下，井周周向应力计算结果如图 3.29 所示。

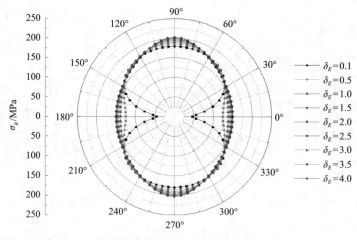

图 3.29　威 201-H1 井弹性模量各向异性对井周应力的影响(文后附彩图)

不同泊松比各向异性条件下，井周周向应力计算结果如图 3.30 所示。

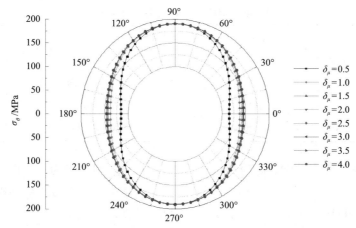

图 3.30　威 201-H1 井泊松比各向异性对井周应力影响(文后附彩图)

由图 3.29、图 3.30 可知，各向异性对井周应力会产生一定的影响，随着弹性模量和泊松比各向异性差异的增加，井周应力会随之增加，井周应力的不均匀程度会加剧，对钻井过程中井壁稳定和固井后的套管受力会产生一定的影响。

2. 焦页 2HF 水平井

焦页 2HF 页岩气井套管几何尺寸和力学参数见表 3.9。

表 3.9　焦页 2HF 页岩气井套管几何尺寸和力学参数

套管程序	井段/m	外径/mm	钢级	壁厚/mm	抗外挤强度/MPa	抗内压强度/MPa	抗拉强度/kN
表层套管	0～1154	339.72	P110	11.99			
技术套管	0～2550	244.48	P110	11.99	36.54	65.10	6643
油层套管	0～4289	139.7	TP110T	12.34	128.00	117.30	3332

焦页 2HF 页岩气井井身结构设计如图 3.31 所示，具体数据见表 3.10。

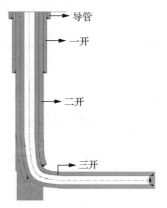

图 3.31　焦页 2HF 页岩气井井身结构

表 3.10　焦页 2HF 页岩气井井身结构设计数据

开次	钻头直径/mm	所钻深度/m	套管外径/mm	套管下深/m	水泥返高	备注
导管	660.4	63	476.3	62.63	地面	已下
一开	444.5	1156	339.7	1153.89	地面	已下
二开	311.2	2547	245.7	2545.00	地面	未下
三开	215.9	4320	139.7	4310.00	地面	未下

　　焦页 2HF 井自井深 2767.86m 进入水平段。水平段岩性为灰黑色碳质泥岩、深灰色含灰泥岩及灰色泥质灰岩。水平井段最大水平主应力为 54.2MPa，最小水平主应力为 49MPa，垂向地应力为 51.7MPa。该井页岩力学各向异性条件下井周应力模型与威 201-H1 井类似，如图 3.28 所示。

　　为了研究地层各向异性对井周应力的影响，分别取不同的水平方向和垂直方向的弹性模量和泊松比，假设井眼为平面应变模型，水平层理面弹性模量和泊松比为 E_h/μ_h，垂直层理面弹性模量和泊松比为 E_v/μ_v，E_h=45GPa，μ_h=0.23。根据测井资料，确定的各向异性参数设置见表 3.11。

表 3.11　焦页 2HF 井地层各向异性参数设置

E_h/GPa	E_v/GPa	δ_E	μ_v	μ_h	δ_μ
45	90	0.5	0.23	0.46	0.5
45	45	1.0	0.23	0.23	1.0
45	30	1.5	0.23	0.15	1.5
45	23	2.0	0.23	0.12	2.0
45	18	2.5	0.23	0.09	2.5
45	15	3.0	0.23	0.08	3.0
45	13	3.5	0.23	0.07	3.5
45	11	4.0	0.23	0.06	4.0

　　在不同弹性模量各向异性条件下，井周周向应力计算结果如图 3.32 所示。在不同泊松比各向异性条件下，井周周向应力计算结果如图 3.33 所示。

　　由图 3.32 和图 3.33 可知，各向异性对井周应力会产生一定的影响，随着弹性模量和泊松比各向异性差异的增加，井周应力会随之增加，井周应力的不均匀程度加剧，对钻井过程中井壁稳定和固井后套管受力会产生一定影响。

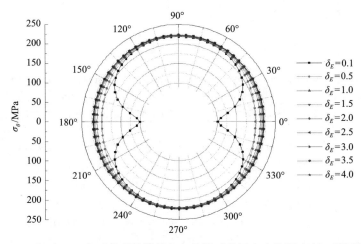

图 3.32　焦页 2HF 水平井弹性模量各向异性对井周应力的影响（文后附彩图）

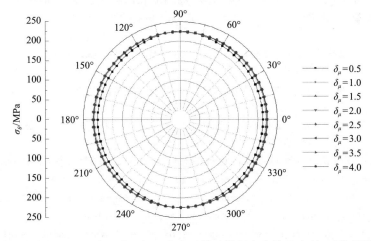

图 3.33　焦页 2HF 水平井泊松比各向异性对井周应力的影响（文后附彩图）

　　本章针对页岩的声波速度、单轴及三轴抗压强度、抗拉强度、硬度、内摩擦角、黏聚力等参数开展试验研究，对所得到的页岩力学参数的各向异性进行了分析，建立了各自对应的力学性质各向异性模型，证明了页岩中以上参数存在各向异性。同时对岩石的各向异性强度特征和各向异性本构关系进行了研究，分析了页岩力学各向异性条件下井周应力分布情况。并结合现场工程案例，得到了弹性模量和泊松比各向异性差异对井周应力产生的影响规律，为后续套管受力分析奠定了理论与实验基础。

　　总体而言，各向异性对套管应力的影响并不大，不会导致套管发生变形。然而，由于页岩各向异性突出，其层理面为典型的弱面。压裂过程中，压裂液有可能沿着层理面窜流，导致压裂相邻段的近井应力场发生显著变化，进而引起套管变形，该方面问题将在后续部分详细讨论。

参 考 文 献

[1] Lekhnitskii S G. Theory of Elasticity of An Anisotropic Elastic Body[M]. Moscow: Government Publishing House for Technical Works, 1963.

[2] 赵平劳, 姚增. 层状岩石动静态力学参数相关性的各向异性[J]. 兰州大学学报（自然科学版）, 1993, (4): 225-229.

[3] 徐敬宾, 杨春和, 吴文, 等. 页岩力学各向异性及其变形特征的实验研究[J]. 矿业研究与开发, 2013, 33(4): 16-19.

[4] 王倩, 王鹏, 项德贵, 等. 页岩力学参数各向异性研究[J]. 天然气工业, 2012, 32(12): 62-65.

[5] 贾长贵, 陈军海, 郭印同, 等. 层状页岩力学特性及其破坏模式研究[J]. 岩土力学, 2013, 34(2): 57-61.

[6] 曹文科, 邓金根, 蔚宝华, 等. 弹性参数各向异性对页岩井周应力的影响[J]. 西安石油大学学报（自然科学版）, 2016, 31(5): 27-35.

[7] 衡帅, 杨春和, 张保平, 等. 页岩各向异性特征的实验研究[J]. 岩土力学, 2015, 36(3): 609-616.

[8] 侯振坤, 杨春和, 郭印同, 等. 单轴压缩下龙马溪组页岩各向异性特征研究[J]. 岩土力学, 2015, 36(9): 2541-2550.

[9] 邓智, 程礼军, 潘林华, 等. 层理倾角对页岩三轴应力应变测试和纵横波速度的影响[J]. 东北石油大学学报, 2016, 40(1): 33-39, 88.

[10] 丁巍, 王蕉, 姜清辉, 等. 横观各向同性页岩的基本性质及破坏准则研究[J]. 中国水运（下半月）, 2016, 16(3): 207-212.

[11] 黄春, 左双英, 王嵩, 等. 层状各向异性岩体的室内单轴压缩实验分析[J]. 长江科学院院报, 2016, 33(5): 58-62.

[12] Gao C, Xie L Z, Xie H P, et al. Estimation of the equivalent elastic modulus in shale formation: Theoretical model and experiment[J]. Journal of Petroleum Science and Engineering, 2017, 151(2): 468-479.

[13] Niandou H, Shao J F, Henry J P, et al. Laboratory investigation of the mechanical behaviour of Tournemire shale[J]. International Journal of Rock Mechanics and Mining Sciences, 1997, 34(1): 3-16.

[14] Al-Harthi A A. Effect of planar structures on the anisotropy of Ranyah sandstone, Saudi Arabia[J]. Engineering Geology, 1998, 50(1): 49-57.

[15] Zhang J, Al-Bazali T, Chenevert M, et al. Compressive Strength and Acoustic Properties Changes in Shale with Exposure to Water-Based Fluids[M]. Golden: American Rock Mechanics Association, 2006.

[16] Kuila U, Dewhurst D N, Siggins A F, et al. Stress anisotropy and velocity anisotropy in low porosity shale[J]. Tectonophysics, 2011, 503(1): 34-44.

[17] Thomsen L. On the use of isotropic parameters λ, E, v, K to understand anisotropic shale behavior[C]. The SEG Annual Meeting, Houston, 2013.

[18] Johnston D H. Physical properties of shale at temperature and pressure[J]. SEG Technical Program Expanded Abstracts, 1999, 4(1): 1391-1399.

[19] Vernik L, Chi S, Khadeeva J. Rock physics of organic shale and its applications[J]. SEG Technical Program Expanded Abstracts, 2012, 5(1): 4609-4617.

[20] 李军. 复杂地应力对套管损坏的影响与套损实时监测试验研究[D]. 北京: 中国石油大学（北京）, 2005.

[21] 尤明庆, 苏承东. 平台巴西圆盘劈裂和岩石抗拉强度的实验研究[J]. 岩石力学与工程学报, 2004, 23(18): 3106-3112.

[22] 张少华, 缪协兴. 实验方法对岩石抗拉强度测定的影响[J]. 中国矿业大学学报, 1999, 28(3): 243-246.

[23] 叶明亮, 续建科, 牟宏, 等. 岩石抗拉强度实验方法的探讨[J]. 贵州工业大学学报(自然科学版), 2001, 30(6): 19-25.

[24] 李军, 陈勉, 张辉. 定向井套管应力随地应力条件的变化规律研究[J]. 石油学报, 2005, 26(1): 109-112.

[25] 李军, 陈勉, 张辉, 等. 不同地应力条件下水泥环形状对套管应力的影响[J]. 天然气工业, 2004, 24(8): 50-52.

[26] 房军, 赵怀文, 岳伯谦, 等. 非均匀地应力作用下套管与水泥环的受力分析[J]. 石油大学学报(自然科学版), 1995, 19(6): 52-57.

[27] 贾善坡, 罗金泽, 吴渤, 等. 层状岩体单轴压缩破损特征与数值模拟研究[J]. 郑州大学学报(工学版), 2014, 35(5): 69-73.

[28] 周贤海. 涪陵焦石坝区块页岩气水平井钻井完井技术[J]. 石油钻探技术, 2013, 41(5): 26-30.

[29] 殷有泉, 陈朝伟, 李平恩. 套管-水泥环-地层应力分布的理论解[J]. 力学学报, 2006, 38(6): 835-842.

[30] 李军, 柳贡慧. 非均匀地应力条件下磨损位置对套管应力的影响研究[J]. 天然气工业, 2006, 26(7): 77-78.

[31] Batugin S A, Nirenburg R K. Approximate relation between the elastic constants of anisotropic rocks and the anisotropy parameters[J]. Journal of Mining Science, 1972, 8: 5-9.

第4章　工程因素对套管应力影响研究

页岩气井压裂过程中影响套管应力的因素可以分为两大类：一是工程因素，包括射孔参数、压裂压力和排量、井筒温度变化、固井质量等；二是地质因素，包括地层各向异性、非均质性、岩性界面、天然裂缝、断层滑移等。实际压裂过程中，当套管应力超过其屈服极限时，套管会发生不可恢复的变形，从而使桥塞或者磨鞋等无法顺利下入，因此有必要分析不同工程条件下套管应力的变化规律。

国内部分学者对可能引起套管变形的工程因素进行了较深入的研究。唐波等[1]对射孔后套管的抗外挤强度和抗内压强度进行了分析。孙军[2]对射孔后套管承受的等效应力进行了分析，认为射孔孔密、相位角对套管应力影响不大，孔径对套管应力的影响较为显著，但其研究的对象为常规油气井中的生产套管。刘奎等[3]研究了页岩气压裂过程中固井质量对套管应力的影响，但是仅限于水泥环缺失方面，水泥浆在凝固后形态较为复杂，尤其是多级压裂后水泥环和套管内壁之间可能形成微环隙，微环隙的存在也会影响套管应力。郭雪利等[4]、席岩等[5]先后研究了页岩气压裂过程中井筒温度变化及温度-压力耦合条件下套管应力的变化规律。综上可见，现有的研究主要集中在单一因素对套管应力的影响，并非将各种因素进行耦合分析。因此，本章以实际页岩气井为例，分析不同工程因素耦合作用下套管应力的变化情况。

4.1　射孔对套管应力的影响

4.1.1　页岩气井常用射孔参数

中石化涪陵页岩气区块、威荣页岩气区块及中石油长宁—威远区块等均采用螺旋射孔[6]的方式进行射孔。常用的射孔相位角为60°，射孔密度的变化范围为8～14孔/m，孔径一般为8～9.5mm。

4.1.2　不同射孔参数作用下套管应力计算

为方便起见，本节基于威页11-1HF井的射孔参数和固井参数，建立套管-水泥环-地层组合体有限元模型，分析单一射孔参数改变时套管应力的变化规律。由于研究的重点为压裂过程中射孔位置处套管的应力分布情况，需要对射孔后的套管进行结构剖分，细化射孔位置处的网格。套管-水泥环-地层组合体有限元模型如图4.1所示，射孔段套管网格划分如图4.2所示。

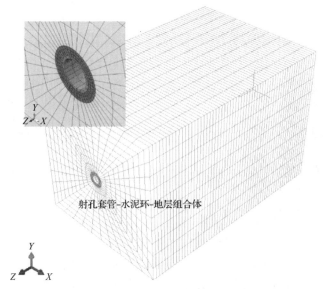

图 4.1　套管-水泥环-地层组合体有限元模型

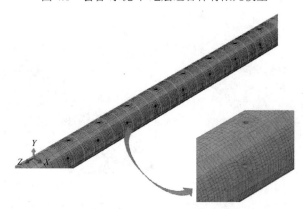

图 4.2　射孔段套管网格划分

在材料参数设置方面，将地层、水泥环及套管视为线弹性材料，依据实际井身结构设置其几何尺寸和力学参数。为了准确提取射孔段套管孔眼处的等效应力，将射孔段长度设置为 1m，两端未射孔段长度分别设置为 1m，可以避免跟端效应对孔眼处应力的影响。

1. 射孔密度对套管应力影响分析

根据现场射孔参数的范围，固定射孔相位角为 60°，孔眼直径为 9.5mm，分析射孔密度对套管应力的影响，分别建立射孔密度为 10 孔/m、12 孔/m、14 孔/m、16 孔/m、20 孔/m、26 孔/m 的射孔段套管有限元模型，计算不同内压、不同射孔密度条件下套管最大等效应力，计算结果如图 4.3 和图 4.4 所示。

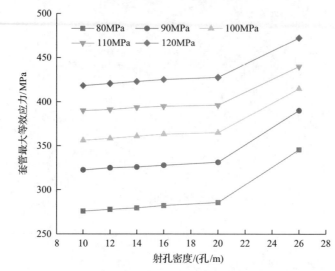

图4.3　不同射孔密度条件下套管最大等效应力

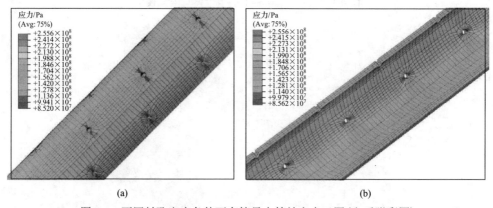

(a)　　　　　　　　　　　　　(b)

图4.4　不同射孔密度条件下套管最大等效应力云图(文后附彩图)

　　从图 4.3 中可以看出，随着射孔密度和套管内压的增加，套管最大等效应力有所增加，但增加幅度不大。当射孔密度大于 20 孔/m 时，套管最大等效应力显著增加。因此将射孔密度控制在 20 孔/m 内较为合理。另外，由图 4.4 可知，套管最大等效应力一般出现在内壁孔眼处。

2. 孔径对套管应力影响分析

　　固定射孔密度为20孔/m，孔眼相位角为60°，分别设置射孔孔径为8mm、10mm、12mm、14mm、16mm。分析不同套管内压、不同孔眼直径对套管最大等效应力的影响，计算结果如图 4.5 所示，可见随着射孔孔径的增大，套管最大等效应力逐渐增大；随着套管内压的增大，套管最大等效应力逐渐增大，但增幅逐渐减小。

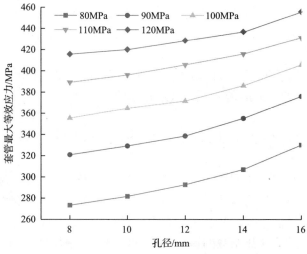

图 4.5　射孔孔径对套管最大等效应力影响

3. 相位角对套管应力影响分析

固定射孔密度为 16 孔/m，孔眼直径为 9.5mm，分析不同套管内压、不同射孔相位角对套管最大等效应力的影响，计算结果如图 4.6 所示。

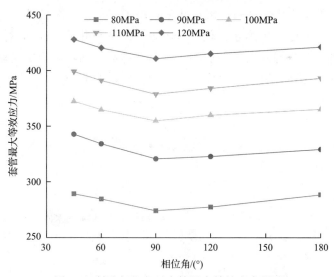

图 4.6　射孔相位角对套管最大等效应力影响

由图可见，套管孔眼处的最大等效应力随着相位角的增加先降低后趋于恒定，射孔相位角为 90°时套管最大等效应力达到最小值。

综合以上计算结果可知：射孔密度大于 20 孔/m 时，套管最大等效应力显著增加，因此射孔密度应该控制在 20 孔/m 以内；射孔相位角为 90°时孔眼最大等效应力达到最小值，因此射孔相位角为 90°的射孔方式较合适；随着孔径的增加，套管最大等效应力增幅较大，增大了套管损坏的风险，在满足工程需求的前提下推荐射孔孔眼为 8mm。

结合页岩气射孔所用参数的范围，推荐使用高射孔密度(20 孔/m)、中等相位角(90°)、小孔径的(8mm)的射孔方式进行作业。

4.2　压裂过程中热-流-固耦合作用对套管应力的影响

页岩气水平井水力压裂压力高、排量大、时间长[7]，流体的注入导致套管、水泥环、地层均发生较为剧烈的温度变化，热-流-固耦合作用会对套管应力产生一定影响。但是目前研究均是基于稳态方法进行计算，模型有待完善。因此本节首先考虑排量对对流换热系数的影响，以及压裂过程中压裂液的摩擦生热，建立套管-水泥环-地层组合体瞬态传热数值模型；其次考虑套管内壁瞬态温度变化为动态温度边界条件，建立热-流-固耦合作用下套管瞬态应力计算模型；最后分析压裂过程中套管瞬态应力变化规律。

4.2.1　压裂过程中井筒温度场

尹虎和张韵洋[8]结合页岩气水平井压裂施工工艺及工况条件，建立了套管压裂温度场模型，如图 4.7 所示。但其未考虑压裂液与井壁之间的摩擦生热因素，以及压裂液排量对井筒温度场的影响。本节在考虑这两项因素的基础上，建立了套管压裂过程中井筒温度场计算模型。模型的假设如下[9]：

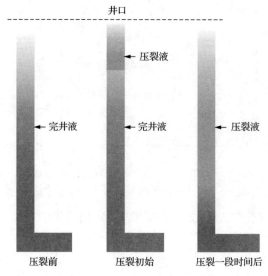

图 4.7　压裂液温度沿井筒分布示意图(文后附彩图)

(1)忽略地层间的纵向传热。

(2)井筒内流体径向温度相同,只沿轴向产生变化。

(3)水平段远离井筒的边界温度为地层中部的温度。

(4)地层温度与深度呈线性关系,即 $T_z = T_b + \alpha(z-b)$ 。其中 T_z 表示地层某一点的温度,℃; T_b 表示基准深度的温度,℃; α 表示地层温度梯度,℃/m; z 表示地层某一点的深度,m; b 表示基准深度,m。

1. 压裂液排量对对流换热系数的影响

建立压裂液排量与壁面换热系数的函数关系。根据压裂液排量等相关参数计算雷诺数,由此判定套管压裂时井筒内压裂液流态。换热系数计算公式为

$$U = \frac{StK_0}{D} \tag{4.1}$$

式中,U 为流体与套管表面对流换热系数,$W/(m^2 \cdot ℃)$;St 为斯坦顿数,无量纲;K_0 为压裂液导热系数,$W/(m \cdot ℃)$。

紊流状态下 St 的计算公式为

$$St = 0.0107 Re^{0.67} Pr^{0.33} \tag{4.2}$$

$$Pr = \frac{\gamma C_0}{K_0} \tag{4.3}$$

式中,Re 为雷诺数,无量纲;Pr 为普朗特数,无量纲;γ 为压裂液表观黏度,$Pa \cdot s$;C_0 为压裂液比热容,$J/(kg \cdot ℃)$。

套管-水泥环-地层几何参数及热力学参数见表 4.1。

表 4.1　套管-水泥环-地层几何参数及热力学参数

	外径/mm	弹性模量/GPa	泊松比	导热系数/[W/(m·℃)]	比热容/[J/(kg·℃)]	密度/(kg/m³)	热膨胀系数/(10⁻⁶/℃)
套管	139.7	210	0.30	45.00	461	7800	13.0
水泥环	215.9	8	0.17	0.98	837	3100	11.0
地层		22	0.23	1.59	1256	2600	10.5

压裂液排量与对流换热系数的关系如图 4.8 所示,可见随着压裂液排量的增加,对流换热系数不断增加。

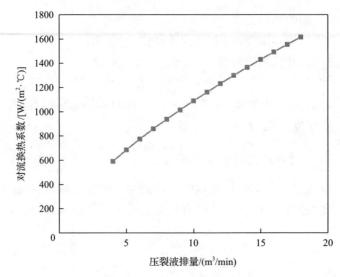

图 4.8　压裂液排量与对流换热系数的关系

2. 套管-水泥环-地层组合体传热模型

基于能量守恒方程建立井筒温度场模型：沿井筒轴向将井筒 j 等分，沿井壁到地层无限远处划分 i 个区域，如图 4.9 所示。

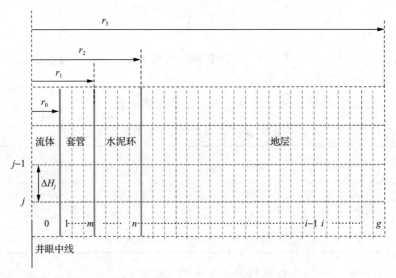

图 4.9　套管-水泥环-地层传热网格划分

r_0 为套管内径；r_1 为套管外径；r_2 为井眼内径；r_3 为计算中取的地层尺寸，取 $10r_2$

在轴向上，将整个井筒分为若干段，段数与井深和段长有关，每段的段长为 ΔH_j。

在径向上，流体半径(即套管内径)为 r_0，设为第 0 个网格，因为计算过程中不考虑流体径向上的温度变化，所以网格数为 1；套管被分为 m 个网格，每个网格的宽度为 $(r_1-r_0)/m$；水泥环被分为 $(n-m)$ 个网格，每个网格的宽度为 $(r_2-r_1)/(n-m)$；地层被分为 $(g-n)$ 个网格，每个网格的宽度为 $(r_3-r_2)/(g-n)$。

压裂过程中，压裂液从井口注入井底的过程中，先与直井段的套管内壁接触，依次经过斜井段及水平段。在井口时，压裂液的温度接近地面温度。压裂液下行过程中，由于套管温度高于压裂液温度，套管向压裂液传热，压裂液温度升高。不同井段由于井斜角不同，压裂液-套管-水泥环-地层之间的热传导方程有所不同。

1)直井段温度场模型

(1)压裂液注入时。对于流体微元来说：套管压裂过程中 $t+1$ 时刻压裂液流入带进的热量为

$$Q\rho_0 C_0 T_{0,j-1}^{t+1}$$

式中，Q 为压裂液排量，m^3/s；ρ_0 为压裂液密度，kg/m^3；C_0 为压裂液比热容，$J/(kg\cdot℃)$；$T_{0,j-1}^{t+1}$ 为 $t+1$ 时刻所取流体单元体底端温度，℃；$T_{0,j}^{t+1}$ 为 $t+1$ 时刻所取流体单元体底端温度。

套管压裂过程中 $t+1$ 时刻压裂液流出带走的热量为

$$Q\rho_0 C_0 T_{0,j}^{t+1}$$

$t+1$ 时刻由套管壁流入的热量为

$$2\pi r_0 \Delta H_j U\left(T_{1,j}^{t+1}-T_{0,j-\frac{1}{2}}^{t+1}\right)$$

式中，r_0 为套管内径，m；ΔH_j 为单元体高度，m；U 为流体与套管表面对流换热系数，$W/(m^2\cdot℃)$；$T_{1,j}^{t+1}$ 为 $t+1$ 时刻套管单元体的温度，℃；$T_{0,j-\frac{1}{2}}^{t+1}$ 为 $t+1$ 时刻所取流体单元体中心点温度，℃。

$t+1$ 时刻由摩擦产生的热量为

$$W_j=\lambda_{fj}\frac{\Delta H_j}{r_0}\frac{\rho_0 v_0^2}{2}Q\times 10^{-3}$$

式中，λ_{fj} 为该井段的摩阻系数，与流体雷诺数有关，无量纲；v_0 为计算井段内流

体的流速，$v_0 = \dfrac{4Q}{\pi d^2}$，m/s。

流态为紊流时

$$\lambda_{fj} = \frac{0.079}{Re}$$

式中，Re 为雷诺数。

单位时间内套管单元体内热量的变化为

$$\pi r_0^2 \Delta H_j \rho_0 C_0 \frac{T_{0,\,j-\frac{1}{2}}^{t+1} - T_{0,\,j-\frac{1}{2}}^{t}}{\Delta t}$$

基于能量守恒方程可以得

$$Q\rho_0 C_0 T_{0,j-1}^{t+1} - Q\rho_0 C_0 T_{0,j}^{t+1} + 2\pi r_0 \Delta H_j U \left(T_{1,j}^{t+1} - T_{0,\,j-\frac{1}{2}}^{t+1} \right) + W_j = \pi r_0^{\,2} \Delta H_j \rho_0 C_0 \frac{T_{0,j-\frac{1}{2}}^{t+1} - T_{0,j-\frac{1}{2}}^{t}}{\Delta t}$$

$$(4.4)$$

式中，$T_{0,j-\frac{1}{2}}^{t}$ 为 t 时刻所取流体单元体中心点温度，℃。其中，

$$\frac{T_{0,\,j}^{t+1} - T_{0,\,j-1}^{t+1}}{2} = T_{0,\,j-\frac{1}{2}}^{t+1}$$

$$\left(-2\pi r_0 \Delta H_j U - 2Q\rho_0 C_0 - \frac{\pi r_0^2 \Delta H_j \rho_0 C_0}{\Delta t} \right) T_{0,\,j-\frac{1}{2}}^{t+1} + 2\pi r_0 \Delta H_j U T_{1,\,j}^{t+1} + 2Q\rho_0 C_0 T_{0,j-1}^{t+1}$$

$$+ \frac{\pi r_0^2 \Delta H_j \rho_0 C_0}{\Delta t} T_{0,\,j-\frac{1}{2}}^{t} + W_j = 0$$

令

$$A_{12} = \left(-2\pi r_0 \Delta H_j U - 2Q\rho_0 C_0 - \frac{\pi r_0^2 \Delta H_j \rho_0 C_0}{\Delta t} \right)$$

$$A_{13} = 2\pi r_0 \Delta H_j U$$

$$A_{11} = 2Q\rho_0 C_0$$

$$D_1 = -\frac{\pi r_0^2 \Delta H_j \rho_0 C_0}{\Delta t}$$

则式 (4.4) 可整理为

$$A_{11} T_{0, j-1}^{t+1} + A_{12} T_{0,\, j-\frac{1}{2}}^{t+1} + A_{13} T_{1,\, j}^{t+1} + W_j = D_1 T_{0,\, j-\frac{1}{2}}^{t} \tag{4.5}$$

(2) 压裂液注入时。对于套管单元 $\pi(r_1^2 - r_0^2)\Delta H_j$ 来说，$t+1$ 时刻单位时间内套管单元体内侧面流入热量为

$$-2\pi r_0 \Delta H_j U\left(T_{1,\, j}^{t+1} - T_{0,\, j-\frac{1}{2}}^{t+1}\right)$$

$t+1$ 时刻单位时间内套管单元体外侧面热传导导入热量为

$$2\pi r_1 \Delta H_j K_1 \frac{T_{2,\, j}^{t+1} - T_{1,\, j}^{t+1}}{\dfrac{r_2 - r_0}{2}}$$

$t+1$ 时刻单位时间内套管单元体内热量变化为

$$\pi(r_1^2 - r_0^2)\Delta H_j \rho_1 C_1 \frac{T_{1,\, j}^{t+1} - T_{1,\, j}^{t}}{\Delta t}$$

基于能量守恒方程可以得

$$-2\pi r_0 \Delta H_j U\left(T_{1,\, j}^{t+1} - T_{0,\, j-\frac{1}{2}}^{t+1}\right) + 2\pi r_1 \Delta H_j K_1 \frac{T_{2,\, j}^{t+1} - T_{1,\, j}^{t+1}}{\dfrac{r_2 - r_0}{2}} = \pi(r_1^2 - r_0^2)\Delta H_j \rho_1 C_1 \frac{T_{1,\, j}^{t+1} - T_{1,\, j}^{t}}{\Delta t}$$

$$\tag{4.6}$$

式中，K_1 为套管导热系数；ρ_1 为套管密度，kg/m^3；C_1 为套管比热容，$J/(kg\cdot ℃)$；$T_{2,\, j}^{t+1}$ 为 $t+1$ 时刻水泥环单元体的温度；$T_{1,\, j}^{t}$ 为 t 时刻套管单元体的温度。

整理得

$$2\pi r_0 \Delta H_j U T_{0,\, j-\frac{1}{2}}^{t+1} + \left[-2\pi r_0 \Delta H_j U - \frac{4\pi r_1 \Delta H_j K_1}{r_2 - r_0} - \frac{\pi(r_1^2 - r_0^2)\Delta H_j \rho_1 C_1}{\Delta t}\right] T_{1,\, j}^{t+1}$$

$$+ \frac{4\pi r_1 \Delta H_j K_1}{r_2 - r_0} T_{2,\, j}^{t+1} + \frac{\pi(r_1^2 - r_0^2)\Delta H_j \rho_1 C_1}{\Delta t} T_{1,\, j}^{t} = 0$$

令

$$A_{22} = 2\pi r_0 \Delta H_j U$$

$$A_{23} = -2\pi r_0 \Delta H_j U - \frac{4\pi r_1 \Delta H_j K_1}{r_2 - r_0} - \frac{\pi(r_1^2 - r_0^2)\Delta H_j \rho_1 C_1}{\Delta t}$$

$$A_{24} = \frac{4\pi r_1 \Delta H_j K_1}{r_2 - r_0}$$

$$D_2 = -\frac{\pi(r_1^2 - r_0^2)\Delta H_j \rho_1 C_1}{\Delta t}$$

则式(4.6)可整理为

$$A_{22}T_{0,\,j-\frac{1}{2}}^{t+1} + A_{23}T_{1,\,j}^{t+1} + A_{24}T_{2,\,j}^{t+1} = D_2 T_{1,\,j}^{t} \tag{4.7}$$

(3)压裂液注入时。对于水泥环单元 $\pi(r_2^2 - r_1^2)\Delta H_j$，$t$+1 时刻单位时间内水泥环单元体内侧面流入热量为

$$-2\pi r_1 \Delta H_j K_1 \frac{T_{2,\,j}^{t+1} - T_{1,\,j}^{t+1}}{\dfrac{r_2 - r_0}{2}}$$

t+1 时刻单位时间内水泥环单元体外侧面流入热量为

$$2\pi r_2 \Delta H_j K_2 \frac{T_{3,j}^{t+1} - T_{2,\,j}^{t+1}}{\dfrac{r_3 - r_1}{2}}$$

t+1 时刻单位时间内水泥环单元体内热量变化为

$$\pi(r_2^2 - r_1^2)\Delta H_j \rho_2 C_2 \frac{T_{2,\,j}^{t+1} - T_{2,\,j}^{t}}{\Delta t}$$

式中，K_2 为水泥环导热系数；ρ_2 为水泥环密度；C_2 为水泥环比热容；$T_{2,\,j}^{t+1}$ 为 t+1 时刻地层单元体的温度。

基于能量守恒方程可以得

$$-2\pi r_1 \Delta H_j K_1 \frac{T_{2,j}^{t+1} - T_{1,j}^{t+1}}{\dfrac{r_2 - r_0}{2}} + 2\pi r_2 \Delta H_j K_2 \frac{T_{3,j}^{t+1} - T_{2,j}^{t+1}}{\dfrac{r_3 - r_1}{2}} = \pi(r_2^2 - r_1^2)\Delta H_j \rho_2 C_2 \frac{T_{2,j}^{t+1} - T_{2,j}^{t}}{\Delta t}$$

$$(4.8)$$

整理得

$$\frac{4\pi r_1 \Delta H_j K_1}{r_2 - r_0} T_{1,j}^{t+1} + \left(-\frac{4\pi r_1 \Delta H_j K_1}{r_2 - r_0} - \frac{4\pi r_2 \Delta H_j K_2}{r_3 - r_1} - \frac{\pi(r_2^2 - r_1^2)\Delta H_j \rho_2 C_2}{\Delta t} \right) T_{2,j}^{t+1} +$$

$$\frac{4\pi r_2 \Delta H_j K_2}{r_3 - r_1} T_{3,j}^{t+1} = -\frac{\pi(r_2^2 - r_1^2)\Delta H_j \rho_2 C_2}{\Delta t} T_{2,j}^{t}$$

令

$$A_{33} = \frac{4\pi r_1 \Delta H_j K_1}{r_2 - r_0}$$

$$A_{34} = -\frac{4\pi r_1 \Delta H_j K_1}{r_2 - r_0} - \frac{4\pi r_2 \Delta H_j K_2}{r_3 - r_1} - \frac{\pi(r_2^2 - r_1^2)\Delta H_j \rho_2 C_2}{\Delta t}$$

$$A_{35} = \frac{4\pi r_2 \Delta H_j K_2}{r_3 - r_1}$$

$$D_3 = -\frac{\pi(r_2^2 - r_1^2)\Delta H_j \rho_2 C_2}{\Delta t}$$

因此，式(4.8)可以整理为

$$A_{33} T_{1,j}^{t+1} + A_{34} T_{2,j}^{t+1} + A_{35} T_{3,j}^{t+1} = D_3 T_{2,j}^{t} \tag{4.9}$$

(4)压裂液注入时。对于其他固体单元 $\pi(r_i^2 - r_{i-1}^2)\Delta H_j$，$t+1$ 时刻单位时间内单元体 i 内侧面导入热量为

$$-2\pi r_{i-1} \Delta H_j K_{i-1} \frac{T_{i,j}^{t+1} - T_{i-1,j}^{t+1}}{\dfrac{r_i - r_{i-2}}{2}}$$

$t+1$ 时刻单位时间内单元体 i 外侧面热传导导入热量为

$$2\pi r_i \Delta H_j K_i \frac{T_{i+1,j}^{t+1} - T_{i,j}^{t+1}}{\dfrac{r_{i+1} - r_{i-1}}{2}}$$

$t+1$ 时刻单位时间内单元体 i 内热量变化为

$$\pi(r_i^2 - r_{i-1}^2)\Delta H_j \rho_i C_i \frac{T_{i,j}^{t+1} - T_{i,j}^t}{\Delta t}$$

式中，K_{i-1} 为径向第 $i-1$ 个单元导热系数，$i=1,2$ 分别为套管和水泥环；$T_{i,j}^{t+1}$、$T_{i-1,j}^{t+1}$、$T_{i+1,j}^{t+1}$、$T_{i,j}^{t+1}$ 分别表示不同位置单元体的温度；ρ_i、C_i 分别为固体单元的密度和比热容，$i=1,2$ 分别为套管和水泥环。

基于能量守恒方程可以得

$$-2\pi r_{i-1} \Delta H_j K_{i-1} \frac{T_{i,j}^{t+1} - T_{i-1,j}^{t+1}}{\dfrac{r_i - r_{i-2}}{2}} + 2\pi r_i \Delta H_j K_i \frac{T_{i+1,j}^{t+1} - T_{i,j}^{t+1}}{\dfrac{r_{i+1} - r_{i-1}}{2}} = \pi(r_i^2 - r_{i-1}^2)\Delta H_j \rho_i C_i \frac{T_{i,j}^{t+1} - T_{i,j}^t}{\Delta t}$$

$$(4.10)$$

整理得

$$\frac{4\pi r_{i-1} \Delta H_j K_{i-1}}{r_i - r_{i-2}} T_{i-1,j}^{t+1} + \left(-\frac{4\pi r_{i-1} \Delta H_j K_{i-1}}{r_i - r_{i-2}} - \frac{4\pi r_i \Delta H_j K_i}{r_{i+1} - r_{i-1}} - \frac{\pi(r_i^2 - r_{i-1}^2)\Delta H_j \rho_i C_i}{\Delta t} \right) T_{i,j}^{t+1} +$$

$$\frac{4\pi r_i \Delta H_j K_i}{r_{i+1} - r_{i-1}} T_{i+1,j}^{t+1} = -\frac{\pi(r_i^2 - r_{i-1}^2)\Delta H_j \rho_i C_i}{\Delta t} T_{i,j}^{t+1}$$

令

$$A_{i+1,i+1} = \frac{4\pi r_{i-1} \Delta H_j K_{i-1}}{r_i - r_{i-2}}$$

$$A_{i+1,i+2} = -\frac{4\pi r_{i-1} \Delta H_j K_{i-1}}{r_i - r_{i-2}} - \frac{4\pi r_i \Delta H_j K_i}{r_{i+1} - r_{i-1}} - \frac{\pi(r_i^2 - r_{i-1}^2)\Delta H_j \rho_i C_i}{\Delta t}$$

$$A_{i+1,i+3} = \frac{4\pi r_i \Delta H_j K_i}{r_{i+1} - r_{i-1}}$$

$$D_{i+1} = -\frac{\pi(r_i^2 - r_{i-1}^2)\Delta H_j \rho_i C_i}{\Delta t}$$

因此，式(4.10)可整理为

$$A_{i+1,i+1}T_{i-1,j}^{t+1} + A_{i+1,i+2}T_{i,j}^{t+1} + A_{i+1,i+3}T_{i+1,j}^{t+1} = D_{i+1}T_{i,j}^{t} \qquad (4.11)$$

为便于计算改写为

$$A_{i,i}T_{i-2,j}^{t+1} + A_{i,i+1}T_{i-1,j}^{t+1} + A_{i,i+2}T_{i,j}^{t+1} = D_i T_{i-1,j}^{t}$$

$$A_{i,i} = \frac{4\pi r_{i-2}\Delta H_j K_{i-2}}{r_{i-1} - r_{i-3}}$$

$$A_{i,i+1} = -\frac{4\pi r_{i-2}\Delta H_j K_{i-2}}{r_{i-1} - r_{i-3}} - \frac{4\pi r_{i-1}\Delta H_j K_{i-1}}{r_i - r_{i-2}} - \frac{\pi(r_{i-1}^2 - r_{i-2}^2)\Delta H_j \rho_{i-1} C_{i-1}}{\Delta t}$$

$$A_{i,i+2} = \frac{4\pi r_{i-1}\Delta H_j K_{i-1}}{r_i - r_{i-2}}$$

$$D_i = -\frac{\pi(r_{i-1}^2 - r_{i-2}^2)\Delta H_j \rho_{i-1} C_{i-1}}{\Delta t}$$

式中，K_{i-2} 为径向第 $i-2$ 个单元导热系数；ρ_{i-1}、C_{i-1} 为固体单元的密度和比热容；$i=1,2$ 分别表示套管和水泥环。

2) 斜井段温度场模型

造斜段井段示意图如图 4.10 所示。

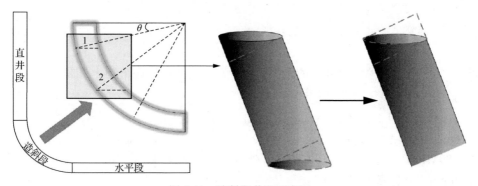

图 4.10　造斜段井段示意图

造斜段的温度场与垂直段的温度场相同，不同之处在于边界条件不同。将造斜段进行 N 等分，则

$$\Delta \theta = \frac{\pi}{2N} \tag{4.12}$$

第 k 段中点垂深为

$$H_i = H_1 + R \sin \left[(k-1)\Delta \theta + \frac{1}{2}\Delta \theta \right] \tag{4.13}$$

式中，θ 为斜井段上某点与造斜圆心连线与水平线形成的夹角；R 为造斜半径，m；H_i 为不同段对应的垂深；H_1 为垂直段长度。

3) 水平段温度场模型

水平段相当于垂直段的转置，与垂直段温度控制方程基本一致，区别在于水平段随着井深的增加，井筒温度不再变化，始终保持恒温。

$$T_L = T_b + \alpha(Z_v + l_{in} - b) \tag{4.14}$$

$$Z_{in} = \frac{2S_{in}}{\pi} \tag{4.15}$$

式中，T_L 为水平段温度，℃；T_b 为基准深度的温度，℃；α 为地层温度梯度，℃/m；b 为基准深度，m；Z_v 为垂直段井深，m；l_{in} 为造斜段垂深，m；S_{in} 为造斜段长，m。

4) 套管内部温度变化

根据直井段、造斜段及水平段温度场模型可知，在井身结构、地温梯度一定的条件下，水平段任意位置处套管内壁的温度变化为

$$T_{c-in} = f(Q, l, t) \tag{4.16}$$

式中，l 为研究对象距离井底的距离，m；T_{c-in} 为距井底距离为 l 处的温度，℃；f 为套管内壁温度函数符号；t 为时间。

以威页 9-1HF 井为例，计算压裂过程中近井筒的温度场。井深 5320m，垂深 3626m，压裂段长 1500m，施工排量 9.5～16m³/min，井底温度 109℃，施工泵压 70～89MPa，套管内径 118.62mm、外径 139.7mm，目标层段所用钻头尺寸为 215.9mm，其他参数见表 4.1。

采用 VB 软件对上述模型进行求解，可得到水平段任意时刻、任意位置处的温度场数据，计算界面如图 4.11 所示。

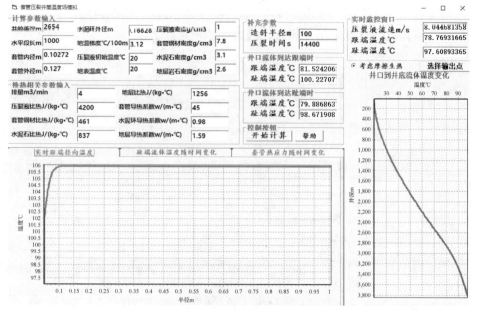

图 4.11　压裂过程中井筒温度场软件界面

3. 井筒温度径向分布特征

页岩气井压裂过程中，压裂液与套管直接接触，导致套管内温度迅速下降。计算结果表明，压裂过程中套管温度在前 1h 内下降幅度达到 90%以上，并且逐步达到接近稳定的状态，如图 4.12 所示。Catherine 等[10]利用商业软件 Wellcat 对井筒温度进行了计算，得到了相同的规律，从而也验证了模型的正确性。

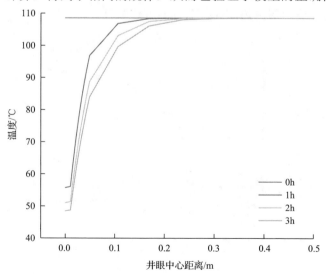

图 4.12　不同时刻井筒径向温度分布(文后附彩图)

图 4.13 为压裂过程中套管内外壁温度瞬态变化情况。由图可知，压裂过程中套管内外壁温度变化规律基本相同，最大温差不超过 2℃。

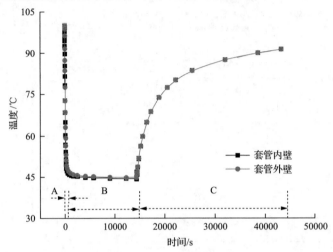

图 4.13　压裂过程中套管内外壁温度瞬态变化

4. 跟端套管瞬态温度变化特征

井筒温度场模型建立过程中，考虑了压裂液排量对对流换热系数的影响。同时，摩擦生热效率也与排量存在一定关系，因此当压裂液排量不同时，套管温度随之变化。以套管内壁为研究对象，由图 4.14 可知，随着时间的不断增加，套管内壁温度不断降低，后趋于稳定；随着排量的不断增大，套管内壁温度不断降低，但降低幅度逐渐减小。压裂结束后，由于压裂液和套管之间停止热交换，而地层外边界不断向地层内部传热，导致套管温度逐渐升高。

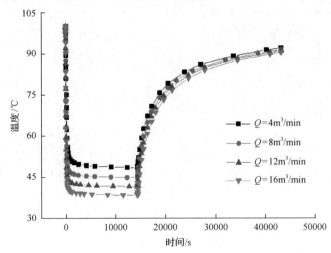

图 4.14　不同排量下套管内壁温度变化

4.2.2　压裂过程中热-流-固耦合作用下套管应力计算

1. 热-流-固耦合基本理论

所谓热-流-固耦合是指在由流体渗流场、固体变形场和温度场组成的系统中，三者相互影响及相互作用。温度效应与孔隙流体压力会导致岩石变形，而岩石变形与温度效应耦合则会导致储层渗透特性和孔隙流体压力发生改变，进而影响流体渗流，以上过程是同时发生的。如图 4.15 所示的热-流-固完全耦合作用模式可以解释压裂过程中热-流-固三场耦合作用机理。

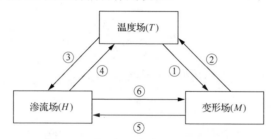

图 4.15　热-流-固完全耦合作用模式

图中各场之间的耦合作用过程具体可表述为：①表示温度变化诱发的热应力、热应变对岩层骨架应力场和应变场的影响；②表示岩层骨架内部耗散产生的热对岩层温度场的影响；③表示温度变化对流体黏度的影响及温度变化率引起的流体运动对渗流的影响；④表示渗流流体的热对流作用对岩层温度场的影响；⑤表示岩层骨架变形场的改变对孔隙度、渗透率及孔隙流体压力的影响；⑥表示孔隙流体压力变化对岩层骨架应力场的影响。

过程①、②反映了温度场与变形场的耦合，③、④反映了渗流场与温度场的耦合，⑤、⑥反映了渗流场与变形场的耦合。

2. 热-流-固耦合数学模型

我国页岩储层埋藏较深，地应力和孔隙流体压力很大[11]，压裂过程中温度变化剧烈，岩石表现出复杂的变形特征，加之页岩气压裂过程中大排量、高泵压的特点，导致储层渗流场、变形场、温度场处于一种复杂的相互影响的状态中，相互作用随时间、空间不断变化。

三场耦合理论数学模型包括：多孔隙介质骨架变形方程、孔隙介质单相流体渗流和能量方程。为方便起见，作如下假设。

(1)孔隙岩层介质为线弹性材料。

(2)孔隙岩层介质变形为稳态的小位移变形。

(3)孔隙介质中的流体渗流运动符合达西定律。

(4) 孔隙介质中的流体 PVT 特性符合常温微可压缩规律。

(5) 孔隙介质中的热传导符合傅里叶定律。

(6) 不考虑孔隙岩石介质与渗流流体的物理吸附及化学作用。

1) 多孔隙介质骨架变形方程

基于连续介质力学理论的流固耦合的固体平衡方程为

$$\sigma_{ij} + f_i = 0 \tag{4.17}$$

式中，f_i 为体力；σ_{ij} 为全应力张量，$\sigma_{ij} = \sigma'_{ij} - \alpha_{固} p_p \delta_{ij}$，其中 σ'_{ij} 为真实应力张量，δ_{ij} 为克罗内克符号，

$$\delta_{ij} = \begin{cases} 1, & i = j \\ 0, & i \neq j \end{cases} \tag{4.18}$$

$\alpha_{固}$ 为 Biot 固结系数，对于饱和流体，系数 $\alpha_{固}$ 可取

$$\alpha_{固} = 1 - \frac{K}{K_s} = 1 - \frac{C_s}{C} \tag{4.19}$$

其中，K、K_s 分别为岩石骨架、岩石颗粒的体积变形模量；C、C_s 分别为岩石骨架、岩石颗粒的压缩系数。一般情况下，岩石颗粒的压缩系数要远小于岩石骨架的压缩系数，即 $\frac{C_s}{C} \approx 0$，因此 $\alpha_{固} \approx 1.0$。

对于热-流-固耦合问题，由于温度变化会产生附加的热应力和热应变。当孔隙岩石温度升高到 T 时，孔隙岩石将发生膨胀，从而产生热应变。对于各向异性岩石，$\vec{\beta}$ 是对称的二阶张量，称为热膨胀张量。对于各向同性岩石 $\vec{\beta} = \beta \vec{I}$，$\beta$ 为线性热膨胀系数。

因此总的应变分量为

$$\begin{cases} \varepsilon_x = \frac{1}{E}[\sigma'_x - \mu(\sigma'_y + \sigma'_z)] + \beta(T - T_0) \\ \varepsilon_y = \frac{1}{E}[\sigma'_y - \mu(\sigma'_x + \sigma'_z)] + \beta(T - T_0) \\ \varepsilon_z = \frac{1}{E}[\sigma'_z - \mu(\sigma'_x + \sigma'_y)] + \beta(T - T_0) \\ \gamma_{xy} = \frac{2(1+\mu)}{E}\tau'_{xy} \\ \gamma_{yz} = \frac{2(1+\mu)}{E}\tau'_{yz} \\ \gamma_{zx} = \frac{2(1+\mu)}{E}\tau'_{zx} \end{cases} \tag{4.20}$$

将有效应力公式代入得

$$
\begin{cases}
\varepsilon_x = \dfrac{1}{E}[\sigma_x + \alpha p - \mu(\sigma_y + \alpha p + \sigma_z + \alpha p)] + \beta(T - T_0) \\[2mm]
\varepsilon_y = \dfrac{1}{E}[\sigma_y + \alpha p - \mu(\sigma_x + \alpha p + \sigma_z + \alpha p)] + \beta(T - T_0) \\[2mm]
\varepsilon_z = \dfrac{1}{E}[\sigma_z + \alpha p - \mu(\sigma_x + \alpha p + \sigma_y + \alpha p)] + \beta(T - T_0) \\[2mm]
\varepsilon_{xy} = \dfrac{(1+\mu)}{E}\tau_{xy} \\[2mm]
\varepsilon_{yz} = \dfrac{(1+\mu)}{E}\tau_{yz} \\[2mm]
\varepsilon_{zx} = \dfrac{(1+\mu)}{E}\tau_{zx}
\end{cases}
$$

式中，p 为孔隙压力；τ_{xy}、τ_{zx}、τ_{yz} 分别为 xoy 平面、zox 平面、yoz 平面内的剪应力；σ_x'、σ_y'、σ_z' 分别为 x、y、z 方向的有效应力。

整理得

$$
\sigma_x + \sigma_y + \sigma_z = \dfrac{E}{1-2\mu}[e - 3\beta(T - T_0)] - 3\alpha p \tag{4.21}
$$

式中，$e = \varepsilon_x + \varepsilon_y + \varepsilon_z$。

整理得

$$
\begin{cases}
\sigma_x = \dfrac{E}{1+\mu}\varepsilon_x + \dfrac{\mu E}{(1+\mu)(1-2\mu)}e - \alpha p - \dfrac{E}{1-2\mu}\beta(T - T_0) \\[3mm]
\sigma_y = \dfrac{E}{1+\mu}\varepsilon_y + \dfrac{\mu E}{(1+\mu)(1-2\mu)}e - \alpha p - \dfrac{E}{1-2\mu}\beta(T - T_0) \\[3mm]
\sigma_z = \dfrac{E}{1+\mu}\varepsilon_z + \dfrac{\mu E}{(1+\mu)(1-2\mu)}e - \alpha p - \dfrac{E}{1-2\mu}\beta(T - T_0) \\[3mm]
\tau_{xy} = \dfrac{E}{1+\mu}\varepsilon_{xy} \\[3mm]
\tau_{yz} = \dfrac{E}{1+\mu}\varepsilon_{yz} \\[3mm]
\tau_{zx} = \dfrac{E}{1+\mu}\varepsilon_{zx}
\end{cases} \tag{4.22}
$$

多孔介质材料的拉梅常数 λ、剪切模量 G 和岩石骨架的体积变形模量 K 如下：

$$\begin{cases} \lambda = \dfrac{E\mu}{(1+\mu)(1-2\mu)} \\[4mm] G = \dfrac{E}{2(1+\mu)} \\[4mm] K = \dfrac{E}{3(1-2\mu)} \end{cases} \tag{4.23}$$

将式(4.23)代入式(4.22)，整理得

$$\begin{cases} \sigma_x = \dfrac{E}{1+\mu}\varepsilon_x + \dfrac{\mu E}{(1+\mu)(1-2\mu)}e - \alpha P - \dfrac{E}{1-2\mu}\beta(T-T_0) \\[4mm] \sigma_y = \dfrac{E}{1+\mu}\varepsilon_y + \dfrac{\mu E}{(1+\mu)(1-2\mu)}e - \alpha P - \dfrac{E}{1-2\mu}\beta(T-T_0) \\[4mm] \sigma_z = \dfrac{E}{1+\mu}\varepsilon_z + \dfrac{\mu E}{(1+\mu)(1-2\mu)}e - \alpha P - \dfrac{E}{1-2\mu}\beta(T-T_0) \\[4mm] \tau_{xy} = \dfrac{E}{1+\mu}\varepsilon_{xy} \\[4mm] \tau_{yz} = \dfrac{E}{1+\mu}\varepsilon_{yz} \\[4mm] \tau_{zx} = \dfrac{E}{1+\mu}\varepsilon_{zx} \end{cases} \tag{4.24}$$

将上述应力-应变关系式(4.24)写成张量形式如下：

$$\sigma_{ij} = 2G\varepsilon_{ij} + \lambda\delta_{ij}e - \alpha\delta_{ij}p - 3\beta K\delta_{ij}(T-T_0) \tag{4.25}$$

将式(4.25)代入平衡方程(4.17)，并利用几何关系 $\varepsilon_{ij} = \dfrac{1}{2}(\mu_{i,j} + \mu_{j,i})$，整理得

$$\begin{cases} 2G\dfrac{\partial^2 u_x}{\partial x^2} + \lambda\dfrac{\partial e}{\partial x} - \alpha\dfrac{\partial p}{\partial x} - 3\beta K\dfrac{\partial T}{\partial x} + f_x = 0 \\[4mm] 2G\dfrac{\partial^2 u_y}{\partial y^2} + \lambda\dfrac{\partial e}{\partial y} - \alpha\dfrac{\partial p}{\partial y} - 3\beta K\dfrac{\partial T}{\partial y} + f_y = 0 \\[4mm] 2G\dfrac{\partial^2 u_z}{\partial z^2} + \lambda\dfrac{\partial e}{\partial z} - \alpha\dfrac{\partial p}{\partial z} - 3\beta K\dfrac{\partial T}{\partial z} + f_z = 0 \end{cases} \tag{4.26}$$

式中，f_x、f_y、f_z 为岩石(包括孔隙流体)自身重力；u_x、u_y、u_z 分别为岩层骨架在 x、y、z 方向的位移。

写成张量形式如下：

$$2G\mu_{ii} + \lambda e_i - \alpha p_i - 3\beta KT_i + f_i = 0 \tag{4.27}$$

式中，$f_i = \{0;0;[(1-\phi)\rho_s + \phi\rho_l]g\}^T$，$\phi$ 为孔隙度；ρ_s 为固相密度；ρ_l 为液相密度。

将式 (4.27) 代入 (4.26)，得到岩石耦合变形方程为

$$\begin{cases} 2G\dfrac{\partial^2 u_x}{\partial x^2} + \lambda\dfrac{\partial e}{\partial x} - \alpha\dfrac{\partial p}{\partial x} - 3\beta K\dfrac{\partial T}{\partial x} = 0 \\[2mm] 2G\dfrac{\partial^2 u_y}{\partial y^2} + \lambda\dfrac{\partial e}{\partial y} - \alpha\dfrac{\partial p}{\partial y} - 3\beta K\dfrac{\partial T}{\partial y} = 0 \\[2mm] 2G\dfrac{\partial^2 u_z}{\partial z^2} + \lambda\dfrac{\partial e}{\partial z} - \alpha\dfrac{\partial p}{\partial z} - 3\beta K\dfrac{\partial T}{\partial z} + [(1-\phi)\rho_s + \phi\rho_l]g = 0 \end{cases} \tag{4.28}$$

式 (4.28) 的岩石耦合变形方程中包含体现流体渗流影响的耦合项和体现温度场变化影响的耦合项，只有联立温度场方程和流体渗流场方程才能求解。

2）孔隙介质单相流体渗流方程

（1）连续性方程。

单相流体连续性方程为

$$\frac{\partial(\rho\phi)}{\partial t} = -\nabla \cdot (\rho\vec{v}_w) \tag{4.29}$$

式中，ρ 为流体密度；ϕ 为地层孔隙度；$\vec{v}_w$ 为流体渗流速度。

固体连续性方程为

$$\frac{\partial(\bar{\rho}_s)}{\partial t} + \nabla \cdot (\bar{\rho}_s\vec{v}_s) = 0 \tag{4.30}$$

式中，$\bar{\rho}_s$ 为干燥孔隙介质密度，设岩石密度为 ρ_s，则 $\bar{\rho}_s = \rho_s(1-\phi)$；$\vec{v}_s$ 为岩石骨架运动速度。

岩石骨架的体应变为

$$e = \varepsilon_x + \varepsilon_y + \varepsilon_z = \frac{\partial u_x}{\partial x} + \frac{\partial u_y}{\partial y} + \frac{\partial u_y}{\partial z} \tag{4.31}$$

则存在

$$\nabla \cdot \vec{v}_s = \frac{\partial}{\partial t}(\nabla \cdot \vec{u}_s) = \frac{\partial}{\partial t}(\delta_{ij}\varepsilon_{ij}) = \frac{\partial e}{\partial t} \tag{4.32}$$

式中，$\vec{u}_s$ 为岩石骨架的位移。

方程可写为

$$\frac{\partial(1-\phi)}{\partial t} + \nabla \cdot [(1-\phi)\vec{v}_s] = -\frac{\partial \phi}{\partial t} + \nabla(1-\phi) \cdot \vec{v}_s + (1-\phi)\nabla \cdot \vec{v}_s$$

$$= -\frac{\partial \phi}{\partial t} + \nabla \phi \cdot \vec{v}_s + (1-\phi)\nabla \cdot \vec{v}_s$$

$$= -\frac{\partial \phi}{\partial t} + \nabla \phi \cdot \vec{v}_s + (1-\phi)\frac{\partial e}{\partial t} = 0$$

岩层骨架的变形为稳态的小位移变形，即忽略岩层骨架的惯性力作用，得到岩层骨架的连续性方程：

$$(1-\phi)\frac{\partial e}{\partial t} - \frac{\partial \phi}{\partial t} = 0 \tag{4.33}$$

(2) 流体渗流方程。

设流体渗流满足达西定律，则流体的运动方程为

$$\vec{v}_w = -\frac{K_p}{\eta}\nabla p \tag{4.34}$$

式中，K_p 为地层渗透率；∇p 为流体压力梯度；η 为流体黏度。

将方程 (4.34) 代入方程 (4.29) 得到用压力表示的连续性方程：

$$\nabla \cdot \left[\rho \frac{K_p}{\eta}\nabla p \right] = \frac{\partial(\rho\phi)}{\partial t} \tag{4.35}$$

流体密度随压力及温度的变化可表示为

$$\rho = \rho_0[1 - \beta_T(T-T_0) + \beta_p(p-p_0)] \tag{4.36}$$

式中，ρ_0 为参考压力 $p = p_0$、温度 $T = T_0$ 时流体的密度，T_0、p_0 分别为流体的初始温度和初始压力；β_T 为流体膨胀系数，在不饱和渗流时为零，$\beta_T = -\frac{1}{\rho}\frac{\partial \rho}{\partial T}$；$\beta_p$ 为流体压缩系数，$\beta_p = -\frac{1}{\rho}\frac{\partial \rho}{\partial p}$。

将式 (4.35) 右端展开得

$$\frac{\partial(\rho\phi)}{\partial t} = \rho \frac{\partial \phi}{\partial t} + \phi \frac{\partial \rho}{\partial t} \tag{4.37}$$

式中，$\rho\dfrac{\partial\phi}{\partial t}$ 为孔隙度的变化，反映了固体骨架变形的影响；$\phi\dfrac{\partial\rho}{\partial t}$ 为流体密度的变化，受温度、压力的影响。

由式 (4.33) 和式 (4.36) 得

$$\rho\frac{\partial\phi}{\partial t}=\rho(1-\phi)\frac{\partial e}{\partial t}$$

$$\phi\frac{\partial\rho}{\partial t}=-\phi\rho\beta_T\frac{\partial(T-T_0)}{\partial t}+\phi\rho\beta_p\frac{\partial(p-p_0)}{\partial t}$$

则式 (4.35) 展开得流体渗流方程：

$$\nabla\left[\rho\frac{K_p}{\mu}\nabla P\right]=-\rho\phi\beta_T\frac{\partial(T-T_0)}{\partial t}+\rho\phi\beta_p\frac{\partial(p-p_0)}{\partial t}+\rho(1-\phi)\frac{\partial e}{\partial t} \qquad (4.38)$$

式 (4.38) 为忽略重力时可压缩流体在非均质地层中渗流的基本方程的一般形式。

3) 能量方程

根据热力学第一定律，单位时间内，单位体积由外界传入系统的能量与内部热源产生的能量之和等于物质内能的增量与对外做功之和。

对于单相流体的非等温渗流，忽略黏性耗散，其流体介质的能量方程为

$$\phi(\rho_w c_{vw})\frac{\partial T_w}{\partial t}+(\rho_w c_{vw})(\phi\vec{v}_w\cdot\nabla T_w)=-\nabla\cdot\phi J_w-\left(\frac{\partial p}{\partial T_w}\right)\phi T_w\nabla\cdot\vec{v}_w+\phi q_{kw} \qquad (4.39)$$

忽略岩层骨架的惯性力作用，固体介质的能量方程为

$$(1-\phi)\bar{\rho}_s c_{vs}\left(\frac{\partial T_s}{\partial t}+\vec{v}_s\cdot\nabla T_s\right)=-\nabla\cdot(1-\phi)J_s-(1-\phi)\beta T_s\frac{\partial\varepsilon_v}{\partial t}+(1-\phi)q_{ks} \qquad (4.40)$$

式中，$\bar{\rho}_s$ 为岩石骨架密度；$\phi(\rho_w c_{vw})\dfrac{\partial T_w}{\partial t}$ 为非稳态累积项，表示单位时间单位体积内能量变化率；∇T_s 为岩层骨架温度拉普拉斯算子；$\vec{v}_w\cdot\nabla T_w$ 为对流项，表示单位时间内流入、流出微元体的能量差值；$\nabla\cdot\phi J_w$ 为导热项；$\dfrac{\partial T_w}{\partial t}$ 为流体的温度变化率；$\dfrac{\partial T_s}{\partial t}$ 为岩石骨架的温度变化率；ρ_w 为流体的密度；q_k 为热源强度，即单位时间单位体积内产生的能量，对于无热源情形，此项为零；q_{kw}、q_{ks} 分别为流体和岩石骨架的热源强度；$(1-\phi)\beta T_s\dfrac{\partial\varepsilon_v}{\partial t}$ 为热应变能项；T_w 为流体的温度；T_s 为

岩石骨架的温度；c_{vw}、c_{vs} 分别为孔隙流体、岩层骨架的比热容；J_w、J_s 分别为孔隙流体、岩层骨架热密度。

4)定解条件

对于上述控制方程，还需补充相应的边界条件和初始条件，构成耦合的应力场方程、渗流方程、能量方程的定解。下面给出各自对应的边界条件，即应力边界条件、位移边界条件、渗流初始条件和渗流边界条件、热传导初始条件和热传导边界条件。

(1)岩层骨架数学模型方程的定解条件。

根据弹塑性力学基础知识，岩层骨架数学模型方程的定解条件应包括应力边界条件和位移边界条件。设岩石骨架所占空间区域为 Ω，域边界为 Γ，则有如下定解条件：

$$\begin{cases} \bar{X}_i|_{t,\Gamma_\sigma} = \boldsymbol{\sigma}_{ij}\boldsymbol{n}_j \\ u_i|_{t,\Gamma_\sigma} = \bar{u}_i \end{cases}$$

式中，u_i 为岩层骨架边界位移；$\bar{u}_i$ 为选取位移的平均值；$\boldsymbol{n}_j$ 为应力在 j 方向上的分量。

(2)孔隙流体渗流数学模型方程的定解条件。

设流体所占空间区域为 Ω，域边界为 Γ，则孔隙流体渗流数学模型方程的定解条件如下：

$$\begin{cases} p|_{t,\Gamma_r} = \bar{p} \\ \dfrac{k}{\mu}\nabla p \cdot \vec{n}|_{t,\Gamma_r} = -\bar{q} \end{cases}$$

式中，$\bar{p}$ 为边界区域上的压力边界；$\bar{q}$ 为边界区域上的流量边界。

(3)热传导数学模型方程的定解条件。

假设研究的空间区域为 Ω，域边界为 Γ，则热传导数学模型方程的定解条件为

$$\begin{cases} T|_{t,\Gamma_T} = \bar{T}_0 \\ k(\nabla T)\cdot\vec{n}|_{t,\Gamma_q} = -\bar{q} \end{cases}$$

式中，$\bar{T}_0$ 为边界区域上的初始温度。

热-流-固耦合模型的基本控制方程属于偏微分非线性方程组，要获得其理论解析解几乎是不可能的，只能采用数值方法进行分析。

以热-流-固耦合的方法来计算，即将温度变化、固体变形和单相流体的渗流

作为 3 个相对独立的系统分别求解，通过数据传递的方式，实现在某一载荷增量步上的热-流-固解耦参数耦合。流体渗流压力和温度的变化导致应力变化，进而引起固体变形；而流体渗流场的计算又是以固体变形和温度变化为基础的，温度变化则是伴随着储层流体压力变化和岩层变形同时进行的。因此，在每一时间步上不断修正相关系数，这种相互修正是在一系列时间步或载荷步上交叉进行的。

基于前述分析可得出，页岩气井压裂过程中，套管要承受压裂液高压和储层非均匀地应力的影响，同时还会发生热传导，产生剧烈的温度变化，处于热-流-固耦合作用之下。在已经建立的考虑页岩储层各向异性的数值模型的基础上，结合井筒温度场模型，同时考虑热-流-固耦合作用的井筒数值模型，分析套管瞬态应力变化。计算时所需参数参考表 4.1。

3. 压裂过程中热-流-固耦合作用下套管应力数值模型的建立

选择页岩气井水平段跟端套管-水泥环-地层作为研究对象进行建模，假设套管居中，水泥环完整，如图 4.16 所示。

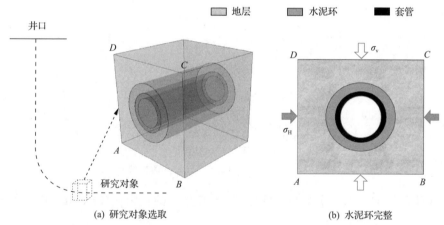

图 4.16　水平段跟端套管-水泥环-地层简化模型(文后附彩图)

基于圣维南原理，模型大小为 3m×3m×3m，边长为井眼 10 倍以上，以消除模型尺寸效应对井筒的影响。建立数值模型时，套管与水泥环、水泥环与地层采用面-面方式进行绑定。划分网格时，沿井筒轴向采用等分形式，径向平面采用变密度网格划分方法。计算时采用间接耦合的方式，分两个阶段：热传导阶段使用热传导类型网格，应力计算阶段选用温度-应力类型网格进行划分，如图 4.17(a)所示。

建模过程中，同时考虑页岩储层各向异性对套管应力的影响，建立材料局部坐标系，坐标轴 $X'Y'Z'$ 采取与全局坐标系坐标轴 XYZ 一一对应的方式，O 为坐标原点，XOZ 与 $X'OZ'$ 面位于各向同性面内，如图 4.17(b)所示。

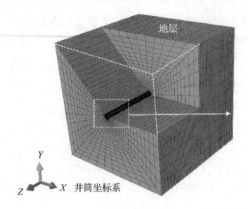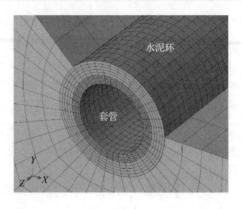

(a) 组合体数值模型图

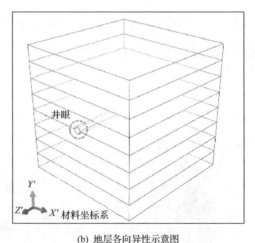

(b) 地层各向异性示意图

图 4.17　套管-水泥环-地层组合体数值模型

在载荷施加方面，采用有限软件 ABAQUS 中的预定义(Predefined)功能施加地应力，套管内壁加入液压。

在边界条件设置方面，所有面均受垂直于该面方向上的零位移约束。同时假设组合体初始温度与储层温度一致，储层边界为稳定热源，将套管内壁作为随时间变化的动态函数输入到有限元模型中。

4. 压裂过程中热-流-固耦合作用下套管瞬态应力分析

为了研究不同排量下温度-应力耦合作用对套管应力的影响规律，对特定排量$(Q=8\text{m}^3/\text{min})$下套管热应力瞬态变化规律进行分析。图 4.18 为压裂过程中套管内、外壁热应力变化曲线，可知压裂过程中套管内、外壁热应力先升高，然后趋于恒定，最后降低。热应力变化可以划分为 A'、B'、C' 3 个阶段，分别是热应力迅速增大段、高热应力保持段及热应力降低段。

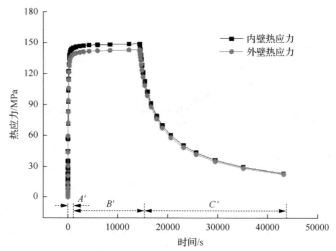

图 4.18　压裂过程中套管内、外壁热应力变化曲线

以套管内壁瞬态温度为温度边界，建立温度-应力耦合条件下的套管应力计算有限元模型，如图 4.19 所示。模型计算完成后，提取套管内壁的应力变化曲线，如图 4.20 所示。

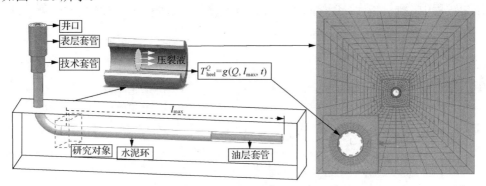

图 4.19　温度-应力耦合条件下套管应力计算有限元模型

Q 为压裂液排量；$l_{\max}$ 为研究对象距离水平段终点的距离；t 为压裂时间

由图 4.20 可知：①在压裂阶段（10～14400s），套管内壁最大应力先快速提高后降低。该阶段套管内压为施工泵压和压裂液静液柱压力之和，套管处于受拉状态。压裂液进入井筒后，液体与套管内壁直接接触，套管应力迅速增大。随着热传导的进行，套管内壁表面温度不断降低，温度梯度也随之下降，表面所受应力逐渐减小。②在压裂间歇阶段（14400～43200s），套管内壁最大应力先缓慢下降后逐渐趋于稳定。该阶段套管内压为压裂液静液柱压力，套管处于受压状态。在无限远处地层热传导作用下，组合体温度不断升高，套管内外壁温度不断升高，内壁应力不断减小，最后趋于稳定，由于套管未恢复到压裂前的温度，残余应力导致最终套管内壁应力要比不考虑温度-应力耦合作用时大。

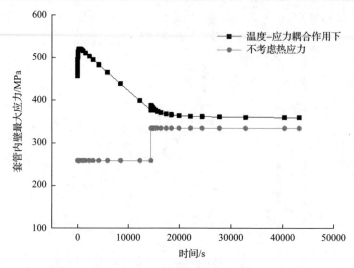

图 4.20　考虑热应力时套管内壁应力瞬态变化曲线

　　图 4.21 为不同压裂液排量下套管内壁最大等效应力曲线,可知不同排量下套管内壁最大应力变化趋势较为一致, 套管内壁最大应力均是在压裂初期达到最大的。压裂过程中, 排量越大, 套管内壁最大应力也越大, 进而套损发生的风险也就越高。

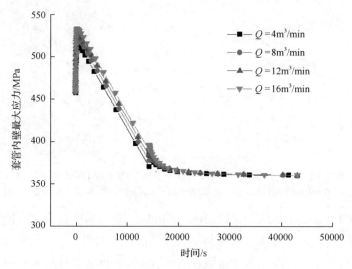

图 4.21　不同压裂液排量下套管内壁最大等效应力曲线

4.3　固井质量对套管应力的影响

　　页岩气水平井的水平段长度一般都大于 1000m[12,13], 进行固井作业时, 由于水泥浆和钻井液之间存在密度差, 水泥浆在水平段上返过程中可能存在分层现象,无法将钻井液顶替完全，当水泥浆凝固后，未完全顶替处就会形成缺失。

另外，页岩气水平井的水平段一般较长，使用常规的水基钻井液难以实现工程目标，因此大都是采用油基钻井液[14,15]。油基钻井液会在井壁形成一层油膜，使具有亲水性的水泥浆体系不能与井壁实现有效胶结，影响固井质量。同时，有的井为了提高储层钻遇率，频繁调整井眼轨迹，给套管的安全下入带来了较大的困难，影响固井质量。

4.3.1　页岩气井固井质量统计及分析

表 4.2～表 4.6 给出了中石化威荣区块部分套管变形井与固井质量的关系，可以看出，大部分套管变形位置处的固井质量较差，但部分固井质量好的井段也出现了套管变形，因此，有必要深入研究固井质量对套管应力的影响规律。

表 4.2　威页 9-1HF 井套变点与固井质量

套管变形位置/m	顶深/m	底深/m	第一界面胶结情况	第二界面胶结情况
	3949.5	3954.7	胶结中	胶结差
3968	3954.7	3993.6	胶结好	胶结中
	3993.6	3999.0	胶结中	胶结中
	4539.5	4567.5	胶结好	胶结中
	4567.5	4596.5	胶结差	胶结差
4594	4596.5	4615.0	胶结中	胶结差
	4615.0	4641.5	胶结差	胶结差

表 4.3　威页 11-1HF 井套变点与固井质量

套管变形位置/m	顶深/m	底深/m	第一界面胶结情况	第二界面胶结情况
	3979.1	4012.6	胶结好	胶结好
4028.8	4012.6	4081.4	胶结好	胶结中
	4081.4	4089.4	胶结中	胶结差
	4107.1	4283.5	胶结好	胶结好
	4283.5	4337.6	胶结好	胶结中
4297	4337.6	4426.7	胶结好	胶结好
	4564.6	4519.3	胶结好	胶结好
	4519.3	4659.5	胶结好	胶结中
4590	4659.5	4687.9	胶结好	胶结好
	4687.9	4685.3	胶结中	胶结中
4698	4685.3	4846.2	胶结好	胶结好
	4846.2	4867.5	胶结中	胶结中

表 4.4　威页 23-1HF 井套变点与固井质量

套管变形位置/m	井段/m	第一界面胶结情况	第二界面胶结情况
4159	4085.8~4098.1	胶结差	胶结好
	4098.1~4160.3	胶结中	胶结差
	4160.3~4165.0	胶结中	胶结中
	4468.7~4492.7	胶结差	胶结差
4493	4492.7~4498.8	胶结中	胶结中
	4498.8~4504.4	胶结中	胶结差
	4989.3~4990	胶结中	胶结差
4997	4990~5384	胶结差	胶结差
	5384~5387	胶结差	胶结中

表 4.5　威页 29-1HF 井套变点与固井质量

套管变形位置/m	井段/m	第一界面胶结情况	第二界面胶结情况
3882	3802.2~3820.0	胶结好	胶结好
	3820.0~3883.0	胶结差	胶结差
	3883.0~3894.0	胶结中	胶结差
4264	4252.0~4257.2	胶结中	胶结差
	4257.2~4264.2	胶结差	胶结差
	4264.2~4291.5	胶结差	胶结差
4513	4503.0~4511.4	胶结中	胶结差
	4511.4~4516.4	胶结差	胶结差
	4516.4~4522.5	胶结中	胶结差

表 4.6　威页 35-1HF 井套变点与固井质量

套管变形位置/m	井段/m	第一界面胶结情况	第二界面胶结情况
4525/4603/4738	3686.7~3762.9	胶结中	胶结中
	3762.9~5325.0	胶结好	胶结好

4.3.2　不同水泥环形态下套管应力计算

1. 偏心对套管应力影响分析

在水平井下套管过程中，套管的自重影响使水平段套管偏心现象比较严重。这样就会使凝固后的水泥环厚度在井眼圆周上出现差异，使水泥环厚度不均匀。特别是在非均匀地应力条件下，就有可能使套管产生较大的应力，增加套管失效的风险。

　　建立套管偏心状态下的有限元模型，如图 4.22 所示。在井眼中心建立坐标系 XOY，设套管中心为点 O'，井眼半径为 R_h，井眼外径为 r_1，偏心距为 OO'，偏心角为 Φ，Y 方向为水平最大地应力方向，X 方向为垂直地应力方向。

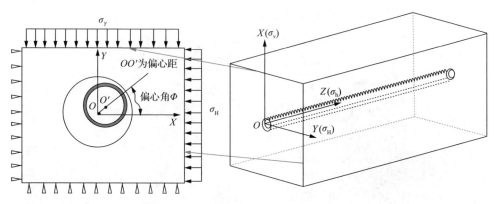

图 4.22　套管偏心状态下的有限元模型

　　为了研究套管偏心对套管应力的影响，设置偏心距分别为 10mm、20mm、30mm，模拟不同偏心角条件下的套管最大等效应力情况。计算结果如图 4.23 所示，可见随着偏心角和偏心距的增加，套管最大等效应力不断增加，但总体而言，套管偏心对套管应力影响较小。

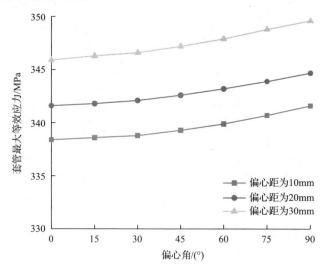

图 4.23　不同偏心距条件下套管最大等效应力随偏心角的变化关系

2. 水泥环缺失对套管应力影响分析

　　水泥环缺失破坏了水泥环的整体形态，使套管应力发生改变，因此有必要研究水泥环缺失形态对套管应力的影响规律。

研究发现水泥环缺失形态可以分为弧形缺失和月牙形缺失，如图 4.24 所示。以威页 11-1HF 井为例，建立有限元模型分析不同水泥环形态下的套管应力，模型示意图如图 4.25 所示，所用参数见表 4.1。

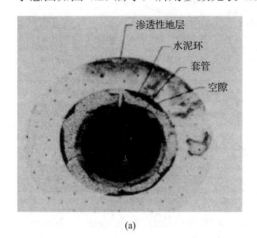

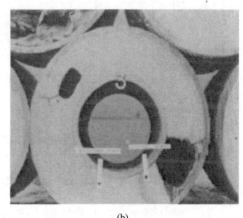

(a)   (b)

图 4.24　水泥环缺失图

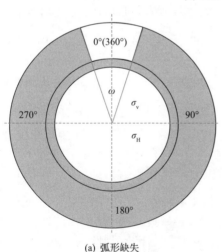

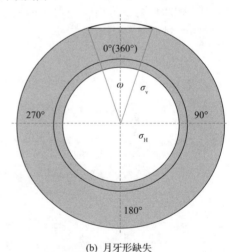

(a) 弧形缺失   (b) 月牙形缺失

图 4.25　水泥环弧形缺失(左)与月牙形缺失(右)示意图

ω 为缺失角

图 4.26 给出了不同套管内压下，水泥环缺失形态对套管最大应力的影响规律。可以看出，弧形缺失对套管应力的影响比月牙形缺失对套管应力的影响更显著，主要原因是水泥环缺失时，套管失去水泥环的支撑，从而产生应力集中。水泥环缺失量越大，套管应力集中越明显。

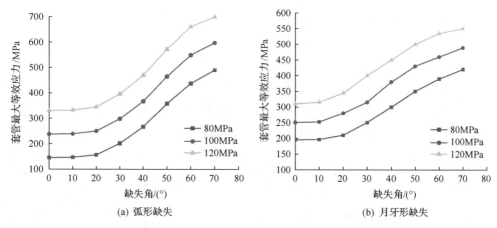

图 4.26　弧形缺失与月牙形缺失条件下对套管最大等效应力的影响

3. 固井微环隙对套管应力影响分析

微环隙是指在固井、生产或后续作业过程中，固井封固系统各组成部分弹性性质不同，导致变形不协调，以及受温度、压力等外界环境条件变化影响，在水泥环中第一、第二界面形成的微小间隙，其尺寸一般小于 0.1mm。

水泥环在第一界面上产生微环隙的原因主要有以下 3 类。

1) 水泥石体积收缩

常规波特兰水泥水化后在环空形成水泥石，其体积会收缩。这会导致界面胶结强度降低或脱离，从而出现微环隙。

2) 温度变化

由于水泥石和套管的热弹性性质差别比较大，井筒温度变化会导致两者形变量不一致，出现微环隙。引起温度变化的因素主要有水泥水化放热、注水、稠油热采等。

3) 压力变化

压力变化同样会导致套管和水泥环变形不一致，出现界面应力和微环隙。引起压力变化的因素主要有井筒中流体密度的变化、加压测井和井口加压候凝等。而井口加压候凝在防止固井过程中窜流发生的同时，也为微环隙的形成埋下了隐患。

产生微环隙的原因有很多，尤其是在压裂过程中，微环隙产生后可能会对后续压裂作业产生影响，因此有必要对微环隙的情况进行模拟，研究其对套管应力的影响规律。下面从微环隙的角度及厚度两方面研究其对套管应力的影响规律。

建立的微环隙模型如图 4.27 所示。假设微环隙宽度 $\delta=1mm$，由于其在圆周上可能成一定角度分布，定义微环隙所对应的圆心角为 ψ，分别取 $\psi=0°$、$60°$、$90°$、

120°、180°、360°进行模拟，其他相关参数同前。

图 4.27　微环隙模型

图 4.28 给出了套管最大等效应力随微环隙角度的变化曲线，可见存在微环隙的情况下，套管最大等效应力随着微环隙角度的增加而急剧增加，当增至 90°左右时达到最大，之后套管最大等效应力逐渐降低。

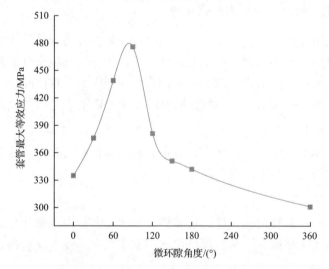

图 4.28　微环隙角度对套管应力的影响

需要说明的是，微环隙本身对套管应力的影响并不足以导致套管失效变形，但是会导致水泥环密封性失效，天然气会沿着微环隙向井口运移，引起环空带压现象，给后续生产带来安全隐患。同时，在页岩气分段压裂过程中，微环隙的存在会导致压裂液沿着微环隙向压裂相邻的井段运移，可能导致局部套管承受巨大的非均匀载荷，从而引起套管变形。因此，在页岩气水平井段普遍采用高强度、低刚度的弹韧性水泥，以尽量避免微环隙的出现，尽量保证套管的结构完整性和密封完整性。

参 考 文 献

[1] 唐波, 练章华, 刘干, 等. 射孔套管抗挤强度理论分析[J]. 石油机械, 2004, 32(12): 9-13.

[2] 孙军. 油田套管抗外挤强度的影响因素[J]. 油气田地面工程, 2005, 24(9): 46-50.

[3] 刘奎, 高德利, 王宴滨, 等. 局部载荷对页岩气井套管变形的影响[J]. 天然气工业, 2016, 36(11): 76-82.

[4] 郭雪利, 李军, 柳贡慧, 等. 页岩气压裂井瞬态温-压耦合对套管应力的影响[J]. 石油机械, 2018, 46(5): 89-94.

[5] 席岩, 李军, 柳贡慧, 等. 瞬态力-热耦合作用下水泥环形态对套管应力的影响[J]. 断块油气田, 2017, 24(5): 700-704.

[6] 王素玲, 隋旭, 朱永超. 定面射孔新工艺对水力裂缝扩展影响研究[J]. 岩土力学, 2016, 37(12): 3393-3400.

[7] 王海东, 陈锋, 李然, 等. 四川页岩气井压裂用桥塞技术及泵送作业分析[J]. 钻采工艺, 2018, 41(3): 114-116.

[8] 尹虎, 张韵洋. 温度作用影响套管抗挤强度的定量评价方法——以页岩气水平井大型压裂施工为例[J]. 天然气工业, 2016, 36(4): 73-77.

[9] 吕欣润, 张士诚, 张劲, 等. 压裂过程中瞬态井筒-地层耦合温度场半解析模型[J]. 断块油气田, 2017, 24(6): 822-826.

[10] Catherine S, John J, Mike C, et al. Special considerations in the design optimization of high rate, multistage fractured shale wells[C]. Presented the IADC/SPE Drilling Conference and Exhibition, San Diego, 2012.

[11] 杨恒林, 乔磊, 田中兰. 页岩气储层工程地质力学一体化技术进展与探讨[J]. 石油钻探技术, 2017, 45(2): 25-31.

[12] 路保平, 丁士东. 中国石化页岩气工程技术新进展与发展展望[J]. 石油钻探技术, 2018, 46(1): 1-9.

[13] 董文涛, 申瑞臣, 乔磊, 等. 体积压裂多因素耦合套变机理研究[J]. 钻采工艺, 2017, 40(6): 35-37.

[14] 吕成冬. 涪陵二期高密度油基钻井液技术应用[J]. 化学工程与装备, 2018, (7): 122-124.

[15] 臧艳彬. 川东南地区深层页岩气钻井关键技术[J]. 石油钻探技术, 2018, 46(3): 7-12.

第5章 地质因素对套管应力影响研究

我国川渝地区页岩气水平井压裂过程中，套管变形的情况时有发生，严重影响了页岩气的勘探开发进程。引起套管变形的原因可以分为工程因素和地质因素两大类，第4章对工程因素进行了系统分析，本章主要针对地质因素进行研究。

我国页岩气区块主要集中于川渝地区，地质情况比美国 Barnett、Marcellus 等页岩气区块更加复杂。美国页岩储层主要是海相沉积，主要分布在比较稳定的平原地区，埋藏深度平均在 1500m 左右。而我国页岩储层大都是比较发育的陆相沉积，主要分布在地质环境恶劣的山区，埋藏深度一般在 2500～6000m。

表 5.1 以长宁—威远区块数据为例，统计了套管变形与断层、岩性界面、穿越不同层位的关系。显然，套管变形与地层特征具有显著联系[1-4]。

表 5.1 套管变形与地层特征之间的关系

地质特征	数量	发生变形总数	变形比例/%
断层	37	21	56.8
岩性界面	57	21	36.8
穿越不同层位	32	15	46.9

图 5.1、图 5.2 给出了典型套管变形井的裂缝分布和测井解释曲线，可以看出，发生套管变形的井段大都存在断层，或天然裂缝十分发育，地层非均质性突出。这些因素增加了压裂过程中地层滑移的可能性，进而引起了套管变形。

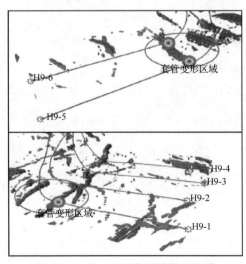

图 5.1 长宁 H9 平台裂缝带分布图

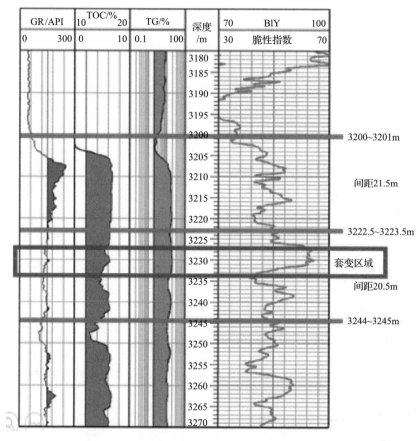

图 5.2 　威 202H2-1 套变区域测井解释（文后附彩图）

由第 3 章的实验结果可知，页岩具有明显的各向异性特征。结合上述引起套管变形的地质因素，本章将重点分析岩石各向异性、非均质性、断层滑移等因素对套管应力的影响规律。

5.1 　页岩各向异性对套管应力影响分析

5.1.1 　页岩各向异性数值模型

页岩具有明显的层理结构，在层理面上力学性质大致相同，而在垂直于层理面方向上力学性质明显不同，因此，可将其简化为正交各向异性、横观各向同性问题。其力学特征通常情况下可以用 5 个独立的弹性参数（E_h、E_v、μ_h、μ_v、G_v）来表示。前述实验已经获得了 E_h、E_v、μ_h、μ_v，使用岩石各向异性弹性变形理论模型，可以对第 5 个参数 G_v 进行计算，同时可确定 G_h 的数值。

对于各向异性材料来说，胡克定律[5,6]可以表示为

$$\boldsymbol{\varepsilon}' = \boldsymbol{D}'^{-1}\boldsymbol{\sigma}' \tag{5.1}$$

其中：

$$\boldsymbol{D}'^{-1} = \begin{bmatrix} \dfrac{1}{E_x} & -\dfrac{\mu_{yx}}{E_y} & -\dfrac{\mu_{zx}}{E_z} & 0 & 0 & 0 \\[3mm] -\dfrac{\mu_{xy}}{E_x} & \dfrac{1}{E_y} & -\dfrac{\mu_{zy}}{E_z} & 0 & 0 & 0 \\[3mm] -\dfrac{\mu_{xz}}{E_x} & \dfrac{\mu_{yz}}{E_y} & \dfrac{1}{E_z} & 0 & 0 & 0 \\[3mm] 0 & 0 & 0 & \dfrac{1}{G_{zx}} & 0 & 0 \\[3mm] 0 & 0 & 0 & 0 & \dfrac{1}{G_{yz}} & 0 \\[3mm] 0 & 0 & 0 & 0 & 0 & \dfrac{1}{G_{xy}} \end{bmatrix}$$

式中，$E_x = E_h$，$\mu_{xz} = \mu_h$，分别为平行于层理面的弹性模量和泊松比；$E_y = E_z = E_v$，$\mu_{xy} = \mu_{yz} = \mu_v$，分别为垂直于层理面的弹性模量和泊松比；$\boldsymbol{\varepsilon}'$为应变矩阵；$\boldsymbol{\sigma}'$为应力矩阵。

此时，XOZ 平面上的剪切模量可以表示为

$$G_{zx} = G_h = \frac{E_h}{2(1+\mu_h)} \tag{5.2}$$

Batugin 和 Nirenburg 基于实验研究，提出了 XOY 和 YOZ 平面上剪切模量的计算方法[7]：

$$G_{yz} = G_{xy} = G_v = \frac{E_y E_z}{E_y + E_z + 2\mu_{yz}E_z} \tag{5.3}$$

式中，$G_{yz} = G_{xy} = G_v$ 为垂直于层理面的剪切模量，$G_{xy} = G_{yz} = G_y$，$G_{xz} = G_h$。

基于式(5.2)和式(5.3)，以及第 3 章力学实验得到的力学参数 E_h、E_v、μ_h、μ_v，就可以计算得到页岩储层的剪切模量 G_v、G_h。基于上述参数，可进一步建立数值模型。

井筒组合体由套管、水泥环和地层组成，如图 5.3 所示，分别为井筒组合体二维和三维示意图。模型建立时，基于圣维南原理，模型大小为 3m×3m×3m，边长为井眼 10 倍以上，以消除模型尺寸效应对于井筒的影响。所建立的有限元模型如

图 4.17 所示，套管与水泥环、水泥环与地层之间接触方式为绑定。划分网格时，沿井筒轴向采用等分形式，径向平面采用变密度网格划分方法，选择三维应力六面体C3D8R 单元。有限元局部坐标系、边界条件设置、载荷施加方式与第 4 章相同。

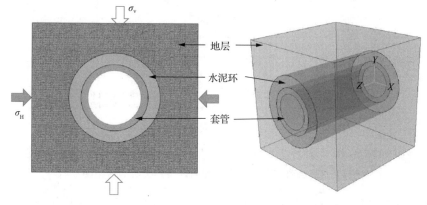

图 5.3   井筒组合体示意图

5.1.2   考虑页岩各向异性的套管应力分析

计算过程中，以威页 11-1HF 井井身结构参数为基础数据（表 5.2）。储层最大、最小水平主应力分别为 55.5MPa、49.9MPa，垂向主应力为 51.7MPa。

表 5.2   套管-水泥环-地层组合体参数

名称	外径/mm	弹性模量/GPa	泊松比
套管	139.7	210	0.3
水泥环	215.9	10	0.17
地层		E_h=26.02, E_v=15.22	μ_h=0.335, μ_v=0.378

基于第 2 章的岩石力学实验，确定储层力学参数，平行于层理面的弹性模量和泊松比分别为 26.02GPa 和 0.335GPa，垂直于层理面的弹性模量和泊松比分别为 15.22GPa 和 0.378GPa。可进一步求得平行和垂直于层理面的剪切模量分别为9.74GPa 和 5.52GPa。

定义弹性模量各向异性度 R_E 为平行层理方向弹性模量与垂直层理方向弹性模量的比值，泊松比各向异性度 R_μ 为平行层理方向泊松比与垂直层理方向泊松比的比值。图 5.4 给出了页岩弹性模量各向异性度对套管最大等效应力的影响规律，可见套管最大等效应力随 R_E 值的增大而增大。也就是说，页岩弹性模量各向异性越强，套管最大等效应力越大。与不考虑页岩各向异性时相比，套管最大等效应力提升为 5%～10%。

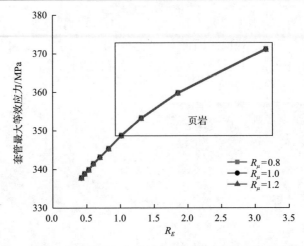

图 5.4　页岩弹性模量各向异性度对套管最大等效应力的影响

　　图 5.5 给出了页岩泊松比各向异性度对套管最大等效应力的影响规律，可见泊松比各向异性对套管最大等效应力的影响很小，可以忽略不计。

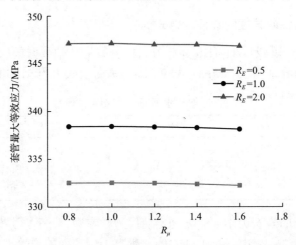

图 5.5　页岩泊松比各向异性度对套管最大等效应力的影响

5.2　页岩非均质性对套管应力影响分析

　　非均质性是所有烃源岩具有的共同特性，而页岩储层非均质性作为储层表征的核心内容之一，一直是国内外学者研究的重点。页岩非均质性主要表现为页岩厚度、有机质丰度、结构构造、岩性、矿物组分和含量及类型等宏观非均质性。

5.2.1　页岩非均质性评价方法

对于长水平段而言，页岩非均质性对于合理的分段分簇优化设计，以及压裂过程中套管的应力变化有重要影响。这里分别采用可压性指数法、突变理论和洛伦茨系数法对页岩的非均质性进行评价。

1. 可压性指数法评价页岩非均质性

可压性是指在压裂过程中页岩发生有效破裂的能力，决定了压裂后裂缝的形态及裂缝网络的复杂程度，是反映页岩非均质性的重要指标。但由于各因素对可压性的影响程度不同，且各因素确定的难易程度存在差异，目前关于页岩可压性的影响因素评价尚未统一。这里重点考虑基于测井数据，通过分析页岩脆性指数、脆性矿物含量、断裂韧性、黏土矿物含量、TOC 含量对可压性的影响[8]，建立页岩可压性数学模型来表征其非均质性。利用该模型对国内多个页岩气区块的可压性进行评价，并与实际生产情况进行对比。

1）可压性指标的确定

（1）脆性指数。页岩脆性指数是影响可压性的重要因素，主要通过弹性模量和泊松比来定量表征。弹性模量越大，泊松比越小，页岩的脆性指数越大，可压性越好。目前脆性指数的计算方法通常是采用 Rickman 等[9]提出的计算模型，可利用声波测井数据计算动态弹性参数，然后将其转换为静态弹性参数，进而计算页岩脆性指数：

$$BI = \frac{E_{BI} + \mu_{BI}}{2}$$

$$YM_{BI} = \frac{E-1}{8-1} \tag{5.4}$$

$$PR_{BI} = \frac{\mu - 0.4}{0.15 - 0.4}$$

式中，BI 为脆性指数；E 为弹性模量；μ 为泊松比；E_{BI} 为归一化的弹性模量；μ_{BI} 为归一化的泊松比。

（2）脆性矿物含量和黏土矿物含量。

脆性矿物含量和黏土矿物含量是影响页岩基质孔隙、微裂缝发育程度及含气性的重要因素，决定了裂缝的发育形态，反映了页岩在水力压裂时形成复杂缝网体的能力[10]。脆性矿物含量越高，黏土矿物含量越低，越容易形成复杂缝网体。页岩脆性矿物的主要组分是石英，也包括长石、白云石等易脆性矿物。利用元素俘获能谱测井（ECS）数据可以较精确地分析页岩中石英、长石、碳酸盐岩、黄铁矿、黏土等矿物成分的含量。

(3) 断裂韧性。

断裂韧性是表征页岩储层压裂难易程度的重要因素，反映了压裂过程中裂缝形成之后维持裂缝向前延伸的能力。当两种页岩储层的弹性模量和泊松比接近时，断裂韧性越小的储层，越容易形成树状或网状的复杂裂缝网络系统。水力裂缝主要是Ⅰ型裂缝、Ⅱ型裂缝或者Ⅰ型和Ⅱ型复合型裂缝，常见的利用测井资料预测岩石Ⅰ型和Ⅱ型断裂韧性的数学模型如下[11,12]：

$$K_{IC} = 0.2176p_c + 0.0059S_t^3 + 0.0923S_t^2 + 0.517S_t - 0.3322$$
$$K_{IIC} = 0.0466p_c + 0.1674S_t - 0.1851 \tag{5.5}$$

式中，K_{IC} 和 K_{IIC} 分别为Ⅰ型和Ⅱ型裂缝的断裂韧性，MPa·m$^{1/2}$；p_c 为围压，MPa；S_t 为岩石的抗拉强度，MPa。

(4) TOC 含量。TOC 含量反映的是页岩储层中有机质的含量和生烃能力，由于其并不能直接反映裂缝的起裂能力及扩展能力，在以往的可压性研究中常被忽略。但是在水力压裂优选射孔簇位置时，如果某一段储层的 TOC 含量偏低，即使压裂后裂缝网络很好，其产能也较差，所以 TOC 含量也是评价页岩可压性的重要影响因素之一。路菁等[13]依据岩石天然放射性差异，利用自然伽马(GR)能谱测井的总伽马(GR)曲线与去铀伽马(KTH)曲线重叠来识别富含有机碳井段，进而结合钍铀比(Th/U)，建立了定量评价不同沉积环境页岩 TOC 含量的方法。该方法计算简单，精度也较高，计算模型如下：

$$TOC = D \times 10^{(0.7483+0.1124Th/U)}$$

$$D = \frac{GR - GR_{left}}{GR_{right} - GR_{left}} - \frac{KTH - KTH_{left}}{KTH_{right} - KTH_{left}} \tag{5.6}$$

式中，D 为 GR 与 KTH 两曲线的分离度；GR_{left}、GR_{right} 分别为 GR-KTH 曲线重叠时 GR 曲线左、右刻度，API；KTH_{left}、KTH_{right} 分别为 GR-KTH 曲线重叠时 KTH 曲线左、右刻度，API。

(5) 其他因素评价。可压性的影响因素还包括黏聚力、内摩擦角、天然裂缝和地应力差等。根据以往的研究经验，断裂韧性相比于黏聚力能更全面地反映可压性程度，而内摩擦角与脆性指数的影响规律相似。天然裂缝越发育的页岩储层可压性越好，但是天然裂缝在页岩储层中随机分布，且裂缝检测技术不完善，准确描述天然裂缝十分困难。地应力差在同一深度的页岩储层中变化不大，主要通过选择合理的射孔簇参数或压裂措施，减弱水平主应力差或使水平主应力发生反转，从而在压裂时形成较好的裂缝网络系统。

2) 模型建立

水平井长水平段的页岩非均质性较强，且可压性的影响因素较多，难以直接建立一种可压性与水平段长度、影响因素之间的确定关系。因此本节利用层次分析法结合模糊数学方法，建立水平井长水平段的页岩可压性定量评价模型[14,15]。

(1)利用层次分析法确定可压性影响因素的权重。

利用层次分析法分析问题时，需要将问题层次化，构造一个有层次的结构模型。根据页岩可压性与其影响因素的关系，建立的结构模型如图 5.6 所示。

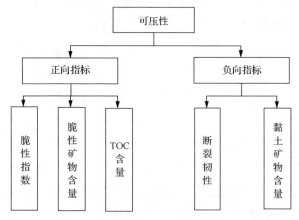

图 5.6　页岩储层可压性影响因素层次结构图

判断矩阵表示某一层的元素之间相对于上一层元素的重要性程度，可以利用 1~9 的比例标度来表示这种重要性程度[16]，见表 5.3。

表 5.3　标度及其含义

标度等级	相对重要性判断含义
1	A_1 与 A_2 同等重要
3	A_1 比 A_2 重要一些
5	A_1 比 A_2 明显重要
7	A_1 比 A_2 重要得多
9	A_1 比 A_2 极度重要
2，4，6，8	介于相邻奇数之间的情况

根据以往学者对可压性的研究，将可压性影响因素进行两两比较，可得判断矩阵 A，见表 5.4。

表 5.4　判断矩阵 A

	脆性指数	脆性矿物含量	断裂韧性	黏土矿物含量	TOC 含量
脆性指数	1.00	2.00	3.00	5.00	7.00
脆性矿物含量	0.50	1.00	2.00	3.00	4.00
断裂韧性	0.33	0.50	1.00	2.00	3.00
黏土矿物含量	0.20	0.33	0.35	1.00	2.00
TOC 含量	0.14	0.25	0.33	0.50	1.00

　　判断矩阵确定之后，利用"和积法"计算判断矩阵 A 的最大特征根及其对应的特征向量，从而确定可压性各个影响因素的权重。

$$\overline{a}_{ij} = a_{ij} \, / \sum_{k=1}^{n} a_{kj}$$

$$\overline{w}_i = \sum_{j=1}^{n} \overline{a}_{ij} \qquad\qquad (i, j = 1, 2, \cdots, n) \qquad\qquad (5.7)$$

$$w_i = \overline{w}_i \, / \sum_{j=1}^{n} \overline{w}_i$$

　　$w = [0.45\ 0.25\ 0.15\ 0.09\ 0.06]^{\mathrm{T}}$ 为所求的特征向量，即脆性指数、脆性矿物含量、断裂韧性、黏土矿物含量和 TOC 含量对应的权重值分别为 0.45、0.25、0.15、0.09、0.06。

　　为了防止可压性影响因素之间存在自相矛盾，必须对判断矩阵 A 进行一致性检验，经检验该判断矩阵 A 符合一致性要求。

　　(2) 模糊数学法确定可压性影响因素的模糊矩阵。

　　根据可压性评价目标，选取脆性指数、脆性矿物含量、断裂韧性、黏土矿物含量、TOC 含量，建立因素集，即 U={脆性指数，脆性矿物含量，断裂韧性，黏土矿物含量，TOC 含量}。

　　对页岩可压性进行评价时，由于可压性各个影响因素的影响级别不明确，无法直接评价某一井深的页岩可压性级别。本节选择页岩水平井段不同井深作为评价对象，定量评价不同井深页岩可压性的相对大小。评价集是评价对象出现各种可能的集合，可压性的评价集为 V={井深 1，井深 2，井深 3，…，井深 n}。

　　由于可压性各影响因素之间的单位、量纲、数值范围均不同，不能直接比较，为了综合评价页岩的可压性，需要将各参数进行归一化。页岩的脆性指数、脆性矿物含量、TOC 含量越大，页岩的可压性越好，其与可压性成正相关；而断裂韧性和黏土矿物含量越低，页岩的可压性越好，其与可压性成负相关。

　　对正向指标进行归一化，取

$$S = \frac{X - X_{\min}}{X_{\max} - X_{\min}} \tag{5.8}$$

对负向指标进行归一化，取

$$S = \frac{X_{\max} - X}{X_{\max} - X_{\min}} \tag{5.9}$$

式中，S 为参数标准化值；X 为参数值；$X_{\max}$ 为参数最大值；$X_{\min}$ 为参数最小值。极值变换后，正、负向指标均化为正向指标，最优值为 1，最劣值为 0。

将归一化后的结果作为隶属度，因素集中第 n 个元素对评价集中第 m 个元素的隶属度表示为 R_{mn}，以此建立模糊矩阵 R，见表 5.5。

表 5.5　由因素集和评价集元素构成的模糊矩阵 R

井深	脆性指数	脆性矿物含量	断裂韧性	黏土矿物含量	TOC 含量
井深 1	R_{11}	R_{12}	R_{13}	R_{14}	R_{15}
井深 2	R_{21}	R_{22}	R_{23}	R_{24}	R_{25}
⋮	⋮	⋮	⋮	⋮	⋮
井深 m	R_{m1}	R_{m2}	R_{m3}	R_{m4}	R_{m5}

(3) 可压性综合评价数学模型的建立。

为了全面评价长水平段不同井深处的页岩可压性，在单因素评价的基础上，将层次分析法和模糊数学法相结合，建立一个综合反映多因素影响下不同井深处页岩可压性相对大小的数学模型：

$$\mathbf{FI} = \mathbf{R}w = \begin{bmatrix} R_{11} & \cdots & R_{15} \\ \vdots & & \vdots \\ R_{m1} & \cdots & R_{m5} \end{bmatrix} [0.45 \quad 0.25 \quad 0.15 \quad 0.09 \quad 0.06]^{\mathrm{T}} \tag{5.10}$$

式 (5.10) 即为可压性定量评价模型。FI 即为综合评价结果，反映了长水平段不同井深处页岩可压性的相对大小，可压性的大小可以定义为可压性指数。可压性指数越大，可压性越好；可压性指数越小，可压性越差。式 (5.10) 的页岩可压性数学模型具有广泛适用性，可以在各个页岩气区块的水平井进行可压性评价时使用。

上述模型的计算结果只能反映长水平段不同井深处页岩可压性的相对大小，不能直接确定页岩的可压性级别。通过对国内多个页岩气区块的水平井进行可压性计算，并将计算结果与压裂后的实际生产状况进行对比分析，可将页岩可压性划分为 3 个级别：当可压性指数高于 0.48 时，页岩的可压性好，压裂时容易形成好的裂缝网络，属于优质的页岩储层；当可压性指数为 0.32～0.48 时，页岩的可压性中等，压裂时需要采用黏度较小的压裂液或控制较高的缝内净压力，才能形成较好的裂缝网络；当可压性低于 0.32 时，页岩的可压性较差，压裂时通常不会形成理想的裂缝网络，且压裂后裂缝容易闭合，是较差的页岩储层。在压裂前进行射孔簇位置选择时，应选择可压性好和中等的页岩储层段，这样在压裂时通过控制合理的施工参数，可以有效地沟通页岩储层，形成良好的裂缝网络系统，从而在后期生产时获得较高的产能。

（4）实例分析。

以四川盆地某口页岩气水平井 H 井为例，利用该井的测井资料，并采用上述模型分析其长水平段页岩储层的可压性。在实际工程计算时，为了准确掌握长水平段页岩储层的可压性变化，应该以小的井深间隔，尽可能多地获得测井数据。为表达方便，此处以 50m 为间隔，利用获取的测井数据计算每一井深对应储层的脆性指数、脆性矿物含量、断裂韧性、黏土矿物含量和 TOC 含量，然后对计算结果进行归一化，可得模糊矩阵 **R**，见表 5.6。

表 5.6　H 井长水平段可压性的各影响因素值归一化后构成的模糊矩阵 **R**

井深/m	脆性指数	脆性矿物含量	断裂韧性	黏土矿物含量	TOC 含量
3050	0.2261	0.1106	0.7887	0	0.0650
3100	0	0.5854	1.0000	0.4904	0.5126
3150	0.2699	0.9077	0.7354	0.8875	0.9567
3200	1.0000	0	0	0.8294	0
3250	0.2097	1.0000	0.7966	1.0000	1.0000
3300	0.4083	0.0588	0.4535	0.3266	0.1606
3350	0.3286	0.5237	0.5014	0.5830	0.5686
3400	0.3726	0.3546	0.2996	0.4163	0.4621
3450	0.0680	0.5471	0.8160	0.3685	0.6264
3500	0.2203	0.5123	0.7464	0.4010	0.4693
3550	0.3735	0.6685	0.5946	0.8028	0.6011
3600	0.1516	0.4823	0.8308	0.4561	0.4206
3650	0.2526	0.5450	0.7384	0.3243	0.5090
3700	0.2878	0.3765	0.6918	0.3397	0.2744
3750	0.3024	0.5048	0.6826	0.4129	0.4278
3800	0.4255	0.4475	0.5563	0.4906	0.3538
3850	0.4273	0.4248	0.5510	0.4190	0.3213
3900	0.4044	0.4829	0.5784	0.5078	0.3935
3950	0.4392	0.3939	0.5371	0.3765	0.2960
4000	0.2490	0.5501	0.7215	0.4346	0.4819
4339	0.1436	0.6034	0.8054	0.3980	0.5957

将模糊矩阵代入综合评价结果 FI 中，可得页岩储层长水平段每一井深对应的

页岩储层的可压性大小，即

$$\mathbf{FI} = \boldsymbol{Rw} = \begin{bmatrix} R_{11} & \cdots & R_{15} \\ \vdots & & \vdots \\ R_{m1} & \cdots & R_{m5} \end{bmatrix} [0.45 \quad 0.25 \quad 0.15 \quad 0.09 \quad 0.06]^{\mathrm{T}} = [0.25\ 0.37\ 0.60\ 0.52$$

$0.61\ 0.31\ 0.44\ 0.37\ 0.36\ 0.40\ 0.53\ 0.38\ 0.42\ 0.37\ 0.43\ 0.45\ 0.44\ 0.46\ 0.43\ 0.43\ 0.41]^{\mathrm{T}}$

根据计算结果，绘制可压性沿水平段井深的变化曲线，如图 5.7 所示，可见 H 井的可压性整体上较好，尤其在井深为 3150～3300m，可压性超过 0.48，是优质储层，压裂时容易形成复杂的裂缝网络系统。在 3300～4400m 时，页岩可压性中等，压裂时通过控制合理的压裂液排量和黏度，能够形成较好的裂缝网络。

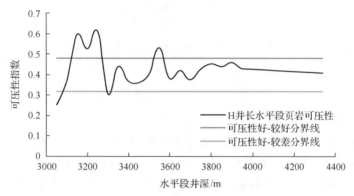

图 5.7 H 井长水平段页岩储层可压性变化曲线

图 5.8 为 H 井压裂后的微地震监测图，微地震事件点在水平面上和纵向上均有良好的分布，且分布较密集，表明压裂后的效果整体较好，且距水平井根端的裂缝网络明显好于趾端的裂缝网络，与上述可压性数学模型预测的结果一致。

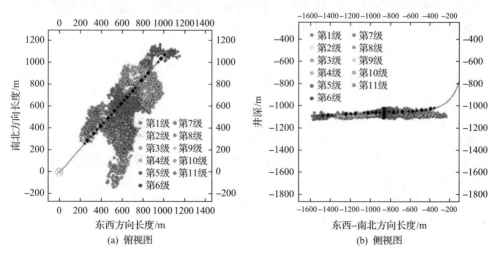

(a) 俯视图   (b) 侧视图

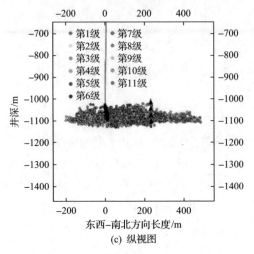

图 5.8　H 井压裂后的微地震监测图

2. 突变理论用于评价页岩非均质性

1) 基本原理

20 世纪 70 年代, 为了研究非连续变化和突变现象, 法国数学家 Thom 综合利用拓扑学、奇点理论和结构稳定性, 建立了一门新的数学理论——突变论[17]。它主要是研究势函数, 并根据势函数将临界点进行分类, 进而研究临界点附近的不连续特征[18], 特别适用于内部作用尚未确知系统的研究, 在其他众多领域都得到了广泛应用。

突变评价法是先借助层次分析法将研究系统评价模型分解成若干个评价指标; 然后根据突变理论由最低层指标逐层向高层指标综合, 把各层控制变量代入相应的突变模型中进行归一化求解, 对于同一个评价对象采取不同评价原则, 从而得到最大隶属度函数值, 以此来确定不同评价要素级别。

2) 评价原则及方法

利用归一化公式进行综合评价时需要遵循 3 种原则, 即非互补原则、互补原则和过阈值后互补原则[19]。

若系统中各个控制变量之间不可相互替代, 即不可以相互弥补各自的不足, 则遵循非互补原则, 为了满足分歧点集方程, 需要按"大中取小"的标准取值; 而当系统中各个控制变量之间不需要前提条件就相互补充各自的不足而使变量达到较高的平均值时, 则应遵循互补原则, 选择"平均值"作为标准。

为了避免变量之间缺乏公认度, 采用极差变换法对系统中的控制变量进行无量纲化处理, 从而得到初始模糊隶属函数值[20]。每个变量与评价指标之间都存在不同的相关性，即正相关和负相关。正相关则是指变量数值越大对于评价指标越有利，反之则为负相关。

指标的归一化过程详见式(5.8)和式(5.9)。

在[0，1]范围内的控制变量数据可以直接用于突变评价方法的计算，不需要进行无量纲化处理。

突变评价方法的具体评价过程如下：首先，将评价系统分解为由若干评价指标组成的多层子系统，从而建立突变评价指标的递阶层次结构模型，确定各层次突变模型；其次，对基础数据进行无量纲化处理，通过分解分歧点集方程而得到归一公式，对同一系统各控制变量计算出相应的 X 值，再依据评价原则求出不同评价系统的总突变隶属度值[21,22]；最后，根据系统总突变隶属度值的大小进行排序，对不同评价系统进行评价。

3) 模型建立及应用

(1) 模型建立。

影响页岩可压性的因素有很多，且各因素彼此之间并不是孤立的，会相互影响。将影响因素归结为储层因素和地质因素两大类，储层因素包括页岩脆性指数和石英含量，地质因素包括天然裂缝和成岩作用。

根据层次分析法的基本原理[23]，建立由目标层、准则层和指标层组成的页岩储层可压性评价指标结构层次图，如图 5.9 所示。根据各个指标间的相对重要性排序[8]，确定其突变模型，如图 5.10 所示。选取国内 5 口页岩气井数据，对其进行可压性评价，可压性评价指标数据详见表 5.7。

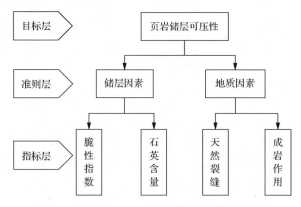

图 5.9　页岩储层可压性评价指标结构层次图

(2) 指标无量纲化。

模型中各个指标与可压性存在正相关性关系，因此利用式(5.7)对页岩储层可压性评价指标进行无量纲化处理，求得结果详见表 5.8。

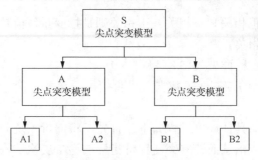

图 5.10　页岩储层可压性评价突变模型

表 5.7　5 口井页岩储层可压性评价数据

参数	井名				
	渝页 1 井	礁石坝 X 井	宁 X 井	威 X H1 井	威 X H2 井
脆性指数/%	52.99	55.14	53.93	60.79	56.29
石英含量/%	39.40	50	47~51.2	60~64	44.9
天然裂缝	中等	发育	发育	发育	发育
成岩作用/%	2.04	2.4~2.8	3.0	2.4~2.6	2.15~2.86

表 5.8　依据层次分析法确定权重的标准化值及其可压性评价表

参数(权重)	标准化值				
	渝页 1 井	礁石坝 X 井	宁 X 井	威 X H1 井	威 X H2 井
脆性指数(0.56)	0.5299	0.6614	0.5393	0.6079	0.5629
石英含量(0.26)	0.394	0.5	0.491	0.62	0.449
天然裂缝(0.12)	0.5	0.8	0.8	0.8	0.8
成岩作用(0.06)	0.6615	0.5	0.7	0.525	0.5
可压性系数	0.4988	0.626	0.568	0.629	0.558
评判顺序	5	2	3	1	4

(3) 参数归一化。

根据前面所述的理论流程，按照指标层、准则层、目标层的层级关系向上逐层综合计算系统总突变隶属度值，其具体计算过程如下所述。

图 5.9 和图 5.10 中指标层 A1 和 A2 构成尖点突变模型，根据式(5.9)计算渝页 1 井：$x_{A1} = \sqrt{0.5299} = 0.7279$，$x_{A2} = \sqrt[3]{0.394} = 0.7331$。

根据指标层相互作用及指标层对准则层作用满足互补原则，所以取平均值，得 A=(0.7279+0.7331)/2=0.7305，B1、B2 构成尖点突变模型；准则层 A、B 也构成尖点突变模型，计算可得 S=0.8894。

同理，可求出其他 4 口井页岩储层可压性评价值，详见表 5.9。

表 5.9　5 口井页岩储层可压性突变评价结果

参数	标准化值				
	渝页 1 井	礁石坝 X 井	宁 X 井	威 X H1 井	威 X H2 井
A1	0.7279	0.8133	0.7344	0.7797	0.7503
A2	0.7331	0.7937	0.7889	0.8527	0.7657
A	0.7305	0.8035	0.7617	0.8162	0.7580
B1	0.7071	0.8944	0.8944	0.8944	0.8944
B2	0.8713	0.7937	0.8879	0.8067	0.7937
B	0.7892	0.8441	0.8912	0.8506	0.8441
S	0.8894	0.9208	0.9176	0.9255	0.9079
评判顺序	5	2	3	1	4

(4) 效果分析。按照最大隶属度值得出 5 口井页岩储层可压性评价排序，从计算结果可以看出：威 X H1 井>礁石坝 X 井>宁 X 井>威 X H2 井>渝页 1 井。

从表 5.8 和表 5.9 可以看出：两种方法所得到的优劣排序结果一致，说明突变理论在页岩储层可压性评价中的应用是可行的。同时该方法无须人为判断影响因素的权重值，避免了主观臆断。

3. 洛伦茨系数法评价页岩非均质性

1) 洛伦茨系数计数原理

洛伦茨曲线理论由美国经济统计学 Lorenz 提出，通常用于描述分布不均匀等现象，因其解释正确合理、直观简明，应用范围不断拓展，已被广泛引入多个学科领域，成为一种有效的均衡分析统计工具[24]。

下面简述测井曲线洛伦茨系数计算方法[25]。假设待求深度段某测井曲线的值为 t_1, t_2, …, t_i, …, t_n, 将待求深度段内的 0 值进行从小到大排列后得 y_1, y_2, y_3, …, y_i, …, y_n, 其代表的深度间隔为 Δd_1, Δd_2, Δd_3, …, Δd_i, …, Δd_n, 则令

$$Y_j = \frac{y_j}{\sum_{i=1}^{n} y_i} \quad (1 \leqslant j \leqslant n) \tag{5.11}$$

式中，y_j 为某段内测井曲线值；y_i 为整段内测井曲线值。

可得该层段的洛伦茨曲线函数为

$$f(x_j) = \sum_{i=1}^{j} Y_j \tag{5.12}$$

式中，

$$x_j = \frac{\sum\limits_{i=1}^{j} \Delta d_i}{\sum\limits_{i=1}^{n} \Delta d_i}$$

如图 5.11 所示，横轴 x 上的点 x_1，x_2，x_3，$\cdots$，x_i，$\cdots$，x_n 表示测井数值所在的深度间隔，其大小为 0～1；纵坐标 $f(x)$ 表示待求层段单条测井曲线上测井值的贡献，其大小也为 0～1。

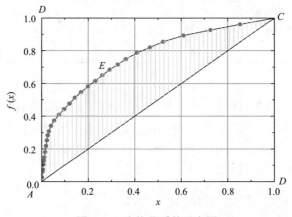

图 5.11　洛伦茨系数示意图

通常用洛伦茨曲线 AEC 与直线 AC 之间的面积大小表征非均质程度，其面积越大，测井值越不均匀，非均质性越强。而洛伦茨系数是指洛伦茨曲线 AEC 与直线 AC 之间的面积与三角形 ACD 面积的比值。设洛伦茨曲线 AEC 与坐标轴围成的面积为 S_1，三角形 ACD 的面积为 S_2，则待求层段测井曲线的洛伦茨系数为

$$L = \frac{S_1 - S_2}{S_2} = 2S_1 - 1 = 2\int_0^1 f(x)\mathrm{d}x - 1 \tag{5.13}$$

洛伦茨系数同洛伦茨曲线 AEC 与直线 AC 之间的面积成正比，因此，用洛伦茨系数可以表征非均质性程度。

该方法的优点之一是适合于任何类型储层，使洛伦茨系数在 0(均质)～1(极端非均质) 是有界的；优点之二是包络面积大小与储层非均质性程度具有相关性，可以直观得出储层非均质性程度。

2)影响因素权重计算

(1)建立判断矩阵。

设目标层 O 为储层非均质性，准则层 $U=\{u_1,u_2,\cdots,u_j\}$ 为评价因子集合，根据

影响因素与目标层的相关性，可确定评价因素有 2 个，即 A 为正向指标，B 为负向指标。u_{ij} 指 u_i 与 u_j 的相对重要程度，取值按表 5.10 进行[26]。对于层次中的每个级别，都能获得一个判断矩阵 $\boldsymbol{T}$。

$$\boldsymbol{T} = \begin{bmatrix} 1 & u_{12} & \cdots & u_{1n} \\ u_{21} & 1 & \cdots & u_{2n} \\ \vdots & \vdots & & \vdots \\ u_{n1} & u_{n2} & \cdots & 1 \end{bmatrix} \quad (i, j = 1, 2, \cdots, n) \tag{5.14}$$

表 5.10 判断矩阵标度及其含义

标度值	含义
1	u_i 与 u_j 具有同等重要性
3	u_i 比 u_j 稍微重要
5	u_i 比 u_j 具有较明显的重要性
7	u_i 比 u_j 具有明显的重要性
9	u_i 比 u_j 具有极端的重要性
2，4，6，8	2，4，6，8 分别表示相邻判断 1~3，3~5，5~7，7~9 的中值
倒数	u_i 与 u_j 比较，判断 u_{ij}；u_j 与 u_i 比较，判断 $u_{ji}=1/u_{ij}$

(2) 计算层次单排序。

根据判断矩阵，求取矩阵 $\boldsymbol{T}$ 的最大特征根所对应的特征向量。

① 矩阵归一化：

$$U_{ij} = u_{ij} \bigg/ \sum_{k=1}^{n} u_{kj} \quad (i, j = 1, 2, \cdots, n) \tag{5.15}$$

式中，u_{kj} 指 u_k 比 u_j 的重要程度。

② 求取特征向量：

$$\overline{W}_i = \sum_{j=1}^{n} U_{ij} \quad (i, j = 1, 2, \cdots, n) \tag{5.16}$$

$$a_i = \overline{W}_i \bigg/ \sum_{j=1}^{n} w_j \quad (i, j = 1, 2, \cdots, n) \tag{5.17}$$

式中，a_i 为层次分析法中层次单排序。

③ 一致性检验：使用一致性指标 CR 来检验矩阵的一致性。CR 可由式(5.19)和式(5.20)求出。其中 CI 指一次性指标，$\lambda_{\max}$ 为矩阵的最大特征根，可由式(5.18)

获得，RI 为随机指数，由大量的实验得出，可在表 5.11 中查得[26]。

$$\lambda_{\max} = \frac{n}{i} \sum_{i=1}^{n} \frac{(T)_i}{a_i} \tag{5.18}$$

$$CI = (\lambda_{\max} - n)/(n-1) \tag{5.19}$$

$$CR = CI/RI \tag{5.20}$$

表 5.11　层次分析法随机指数

M	1	2	3	4	5	6	7	8	9	10	11	12	13	14	15
RI	0	0	0.52	0.89	1.12	1.26	1.36	1.41	1.46	1.49	1.52	1.54	1.56	1.58	1.59

只有在一致性指标小于 0.1 时，计算出的权重分配才是合理的，否则需要重新调整判断矩阵。

3)表征非均质性

$$H = \sum_{i=1}^{n} (L_i \cdot W_i) \tag{5.21}$$

式中，L_i 为某一深度段洛伦茨系数值；W_i 为某一影响因素的权重值；H 为综合评价结果，H 值越大，非均质性越强。

页岩储层非均质性表征流程及步骤如下：依据自然伽马划分不同深度段，确定储层非均质性主控因素，依据洛伦茨系数法处理主控因素曲线，根据层次分析法确定不同主控因素的权重。然后将其与主控因素洛伦茨系数进行加权，最终得到不同深度段的非均质性数学方程。

4)实例分析

以威远区块威 X 井为例，根据测井资料解释结果，其在入靶点(A 点)井深 3260m 后全部位于龙马溪组，有利页岩层厚 221.11m,压裂改造层段定位在 3050～4720m，全长 1670m。为了尽可能增加与地层接触面积，形成较大体积的复杂裂缝网络，将其分成 13 级压裂段。

(1)储层特性。

图 5.12 是威 X 井的 13 级压裂段测井曲线图，其中根据式(5.22)和式(5.23)得到动态弹性模量和动态泊松比，然后根据动静态参数转换关系得到静态弹性模量和静态泊松比[27]。根据 ECS 测井资料表明，本地区碳酸盐类矿物含量较少，而石英类矿物含量较高，因此仅选取石英类矿物作为脆性矿物，如图 5.12 第 7 列所示。

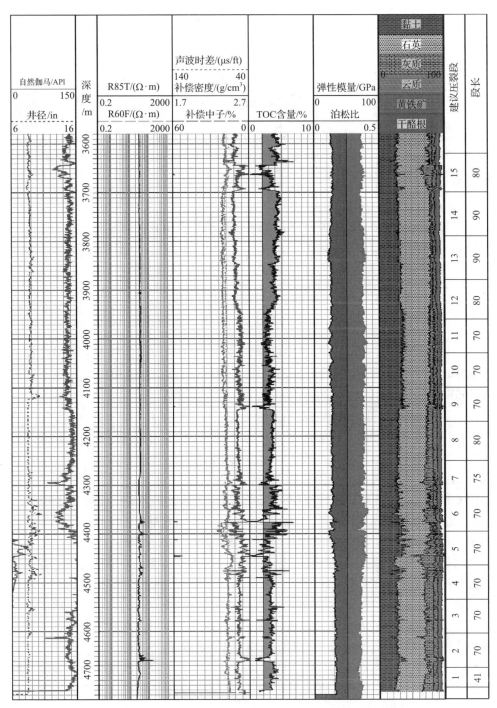

图 5.12　威 X 井的 13 级压裂段测井曲线图（文后附彩图）

1in=2.54cm；1ft=3.048×10⁻¹m

$$E_d = \alpha \frac{\rho_b}{\Delta t_s^2} \frac{3\Delta t_s^2 - 4\Delta t_p^2}{\Delta t_s^2 - \Delta t_p^2} \qquad (5.22)$$

$$\mu_d = \frac{1}{2} \frac{\Delta t_s^2 - 2\Delta t_p^2}{\Delta t_s^2 - \Delta t_p^2} \qquad (5.23)$$

式中，E_d 为岩石动态弹性模量，GPa；μ_d 为岩石动态泊松比，无量纲；ρ_b 为岩石密度，g/cm^3；Δt_p、Δt_s 分别为纵波时差和横波时差，us/ft；α 为单位换算系数，取值为 9.29038×10^4。

(2) 对比分析。

首先，根据页岩储层非均质性层次结构模型，确定其判断矩阵为

$$\boldsymbol{T} = \begin{bmatrix} 1 & 3 & 5 & 7 \\ 1/3 & 1 & 3 & 5 \\ 1/5 & 1/3 & 1 & 3 \\ 1/7 & 1/5 & 1/3 & 1 \end{bmatrix}$$

其次，根据式(5.14)~式(5.20)得到非均质性影响因素的权重值：弹性模量(0.423)、脆性矿物含量(0.198)、泊松比(0.188)、TOC 含量(0.088)、黏土含量(0.063)、有效孔隙度(0.040)。

由图 5.13(a)可知，当洛伦茨系数较小时，其表征结果重合率高，即在均质储层，多因素洛伦茨系数对于表征结果影响较小，单因素洛伦茨系数即可反映出储层非均质性。但当洛伦茨系数较大时，单因素洛伦茨系数分布杂乱，难以确定储层非均质性程度。可见，单因素对于强非均质性储层适用性较差，必须综合考虑多因素耦合影响。在非均质性储层，多因素洛伦茨系数结果唯一性强。由此可见，多因素表征方法不仅适用于均质储层，还弥补了单因素难以表征储层非均质性的不足，使表征结果更加直观。

另外，除第(1)段存在差别外，其余压裂非均质性表征结果与预测布缝方式吻合度较高。图中标记为绿色和蓝色的实际储层厚度与压裂段厚度比值均较小，其影响可忽略。另外，在 4400~4500m 处每条测井曲线变化较大，但在该深度范围内第 5 段和第 6 段的表征结果却较为均质，这也反映了单因素并不适合作为非均质性表征的标准，需要考虑多因素才能使其表征结果更为合理。

为了便于应用，将非均质性表征结果划分为 3 级，以便快速预测压裂段非均质性，指导后续压裂施工，详见表 5.12。从评价结果看，该非均质性评价方法具有一定的实用价值。

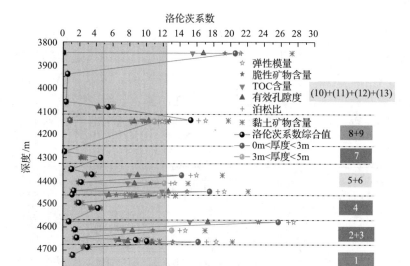

(a) 威X井的13级压裂段非均质性指数

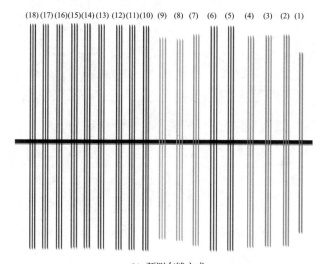

(b) 预测布缝方式

图 5.13　威 X 井 13 级压裂段的非均质性表征结果及预测布缝方式（文后附彩图）

表 5.12　储层非均质性程度划分表

非均质性程度	综合指数（H）
非均质性程度弱	$H<2$
非均质性程度中等	$2{\leqslant}H{\leqslant}8$
非均质性程度强	$H>8$

5.2.2　页岩岩性界面对套管应力影响分析

现场套管变形井的测井数据表明，套管变形位置附近地层的岩性、地应力变化剧烈，图 5.14 即为威 201-H1 井的测井数据。可以看出页岩储层岩石特性沿水平井筒方向表现出较强的非均质性，且套管变形位置附近区域的岩性变化差异性较大，因此有必要分析压裂过程中页岩岩性界面对套管应力的影响规律。

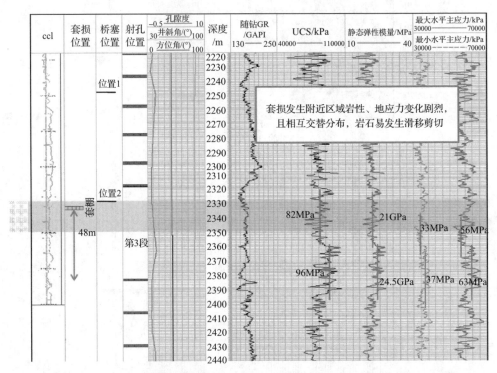

图 5.14　威 201-H1 井储层岩石特性交替变化测井数据（套变点 2331m 处）（文后附彩图）

一般来讲，相邻储层岩体之间必然存在差异，包括受沉积环境、泥页岩有机地球化学特征影响的微观非均质性（矿物含量、孔隙度、渗透率等）和储层岩石非均质性质（岩性、地应力等）。如前所述，套管变形的形状与地层岩性、岩石的力学属性、地应力变化的规律有很大的相关性。可以把岩石划分为不同体积的岩体，而每一岩体的力学性质不相同，这样就存在力学性质界面。

利用有限元数值计算方法建立考虑页岩非均质性条件下的套管-水泥环-地层组合体数值模型，如图 5.15 所示，数值模型由 4 部分组成，包括岩体 A、岩体 B、岩体 C、岩体 D，每相邻两部分岩体的弹性模量均不相同，但保持泊松比不变，具体参数见表 5.13。另外,考虑到相邻岩体的力学性质的差异程度,假设储层Ⅱ的 A、B、C、D 段的弹性模量变化差异为 1GPa,储层Ⅲ的 A、B、C、D 段的弹性模量变化差异为 3GPa,储层Ⅳ的 A、B、C、D 段的弹性模量变化差异为 5GPa,储层Ⅰ的岩性数据参考威 201-H1 井岩性数据交替变化情况。根据现场数据,设置垂向地应力、水平最大地应力及水平最小地应力分别为 48MPa、35MPa、29MPa,压裂过程中套管内压设置为 85MPa。

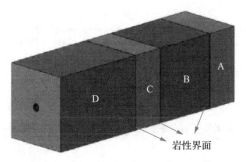

图 5.15 水平段页岩非均质性数值模型

表 5.13 水平井段非均质性页岩力学参数表

项目		对比参数								密度 /(g/cm³)
		储层Ⅰ		储层Ⅱ		储层Ⅲ		储层Ⅳ		
		弹性模量/GPa	泊松比	弹性模量/GPa	泊松比	弹性模量/GPa	泊松比	弹性模量/GPa	泊松比	
地层	岩体 A	21	0.21	10	0.21	10	0.21	10	0.21	2.434
	岩体 B	16	0.23	11	0.23	13	0.23	15	0.23	2.421
	岩体 C	20	0.22	12	0.22	16	0.22	20	0.22	4.414
	岩体 D	24.5	0.18	13	0.18	19	0.18	25	0.18	2.410
水泥环		30	0.2	30	0.2	30	0.2	30	0.2	1.83
套管		210	0.3	210	0.3	210	0.3	210	0.3	7.85

为了研究地层岩性变化对套管内壁最大等效应力的影响规律,定义相邻水平段储层的弹性模量差异为 $E\text{-}E'$。图 5.16 给出了套管内壁最大等效应力随井深的变化情况。显然,在岩性变化界面处存在明显的应力集中现象,岩性变化界面处的应力明显比其他井段高。而且岩性界面两侧的岩石力学性质差别越大,套管内壁最大等效应力越大。当 $E\text{-}E'$ 变化剧烈时,套管内壁最大等效应力有可能超过屈服强度,发生破坏。

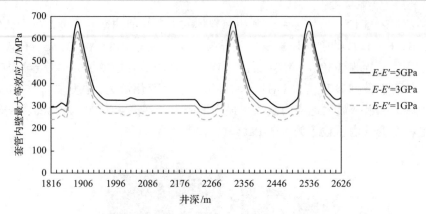

图 5.16　水平段页岩非均质性突出时套管内壁最大等效应力随井深变化

5.3　断层滑移对套管剪切变形影响分析

我国页岩气集中的川渝地区经历了多次构造运动，导致天然裂缝、断层发育，构造应力作用强，地质和工程条件复杂。在页岩地层多级分段压裂过程中，大排量的压裂液泵入储层，可能导致储层沿着层理面、天然裂缝、断层及岩性变化界面发生滑移错动，导致套管发生剪切变形。对于压裂裂缝的扩展及断层滑移的判断，一般以微地震信号监测最为可靠。

5.3.1　微地震监测方法简介

1. 微地震基本原理

微地震监测[28-30]是一门从 20 世纪 80 年代发展起来的新兴技术，它由声发射监测技术发展而来。微地震监测技术利用的不是由人工震源(炸药、锤击等)所产生的地震波，而是利用石油工程作业如水力压裂、常规注水等所产生的地震波。

德国学者 Kaiser 在 1965 年发现，当材料受到最大载荷时，会发生微弱的声波发射现象，称为凯塞尔效应。Goodman 在 1963 年发现凯塞尔效应同样会发生在岩石材料中。微地震监测技术就是利用对岩石破裂过程中的声发射现象进行监测的一种新兴技术。微地震监测技术以凯塞尔效应作为理论基础，通过对声波的监测来估计地下介质中岩石形变的具体形式。在压裂施工过程中，微地震监测技术通过对由压裂引发的微地震事件进行观测和分析来评估压裂施工的效果及地下介质改变的具体情况。微地震监测技术现已成为地震勘探技术发展的新方向之一。

2. 微地震监测方法

1) 井下监测方法

将检波器布置在与压裂井相邻的监测井中，通过检波器记录压裂井中发生的微地震事件，利用地震数据反演微地震事件的震源位置，从而监测压裂区域内岩石裂缝的发育情况及几何形状。当地层发生剪切滑动时，这些剪切滑动可以产生能够被检波器检测到的纵波和横波。通过确定纵波和横波的产生位置与时间，可以绘制出压裂期间的声发射-时间图，从而得到水力压裂裂缝图。

为了记录横波和纵波，通常将多分量检波器放置在监测井中来确定微地震活动的位置。可以通过测量纵波和横波初至的时间差来计算检波器与微地震活动之间的距离。同时，通过时距图分析检查纵波的质点运动可以检测检波器与微地震事件之间的方位角。在监测井的不同检波器上，纵波与横波的初至时间不同，由此可以确定发生微地震活动的深度。图 5.17 为井下微地震监测原理示意图。

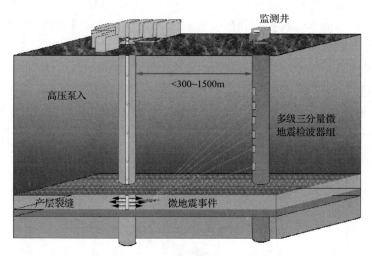

图 5.17　井下微地震监测原理示意图

2) 地面监测方法

微地震监测的另一种方式是通过地面检波器进行检测。美国的 MicroSeismic 公司，主要采用地面监测的方法进行施工，并且开发了星形检波器阵列。图 5.18 为美国 MicroSeismic 公司进行地面监测时采用的星形检波器阵列图，图中每条阵列长 3300m，台站间隔 35m。

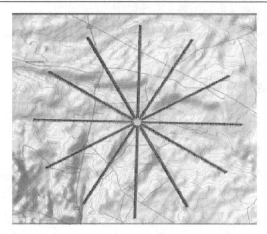

图 5.18　美国 MicroSeismic 公司进行地面监测时采用的星形检波器阵列图

　　目前国内的水力压裂微地震监测大多采用地面监测工作方式，在监测目标区域周围的地面上，放置若干采集站进行微地震监测。但不同于 MicroSeismic 公司的是，国内地面微地震监测系统一般采用 6 个分站，其围绕监测井呈圆形分布，检波器通常直接插入地表，或者在地面上挖深度为 1m 的浅坑掩埋检波器。为了提高有用信号的采集数量和质量，需要尽量避免由车辆、风、人走动、电磁波等引起的震动干扰和电磁干扰，并且尽量减少地表疏松地层导致的微地震波的衰减。当地下岩层发生破裂错断时，产生一系列向四周传播的微地震波，这些微地震波可以被布置在监测井周围的 A、B、C、D、E、F 监测站接收到，如图 5.19 所示。根据各个监测站接收到微地震波的响应时间差，会形成一系列方程组。求解这一系列方程组，就可以确定微地震事件发生位置。

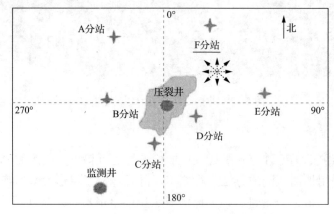

图 5.19　国内地面微地震监测技术示意图

　　理论上讲，井下监测比地面监测更加精确，但在油田实际应用当中，两种方法都各自存在一些问题。井下监测方法的仪器成本太高，在压裂井的周围 600m

范围内寻找 1 口井可以在一段时间内作为观测井存在一定的难度，并且当需要 2
口或者更多的监测井时，这个问题就更加明显。地面监测最大的问题是环境干扰，
且地震信号在地层中传播衰减太大，导致观测到的数据可信度存在疑问。地面监
测相对于井下监测最明显的优点就是不需要观测井，国内目前主要应用地面监测。

5.3.2　基于微地震的断层滑移与套管变形分析

1. 压裂过程中断层活化机理分析

针对断层滑移导致套管剪切变形的问题，前人展开了一系列的研究，主要是
基于冀东油田、大庆油田油气开发实际，针对高陡地层、油田注水、油气衰竭等
问题导致的断层滑移进行分析。近年来，随着页岩气井压裂过程中套管变形问题
的出现，部分学者相继进行了研究，结果表明，断层滑移是压裂过程中套管变形
的重要原因。

陈朝伟等[31]根据页岩的层理结构分析，认为地层的滑移与两个方面的因素相
关，一是页岩断层裂缝和层理较为发育，二是水力压裂诱导套管发生剪切破坏。
高利军等[32]基于有限元模型，分析了水泥环力学性质对套管应力的影响，分析结
果认为页岩储层滑移剪切是套管变形的主要原因，改变水泥环力学性质收效甚微。
李军等[33]基于多因素耦合开展分析，认为页岩各向异性、压裂过程中热-流-固耦
合、非均质性、地层滑移等都会对套管应力产生影响。王倩琳等[34]分析了套管在
挤压、剪切和弯曲等载荷共同作用时的应力状态，发现套管在三种应力共同作用
下易引发套管挤毁变形。但上述研究并未给出断层滑移与套管变形之间的量化关
系。本章基于测井及微地震资料，首先对断层滑移和套管变形之间的关系进行研
究，对断层滑移的可能性进行分析；其次在此基础上，利用数值模型研究断层滑
移量和套管变形量之间的关系，并对影响该关系的因素进行敏感性分析。

断层滑移剪切套管发生的前提是断层活化，只有这样才能导致断层沿天然裂
缝或者压裂形成的裂缝进行滑移。通常情况下，岩体的弱结构面是出现断层滑移
可能性最大的区域。在页岩储层中，弱结构面通常是天然裂缝存在的位置，或者
层理之间胶结较差之处。压裂过程中，压裂液进入天然裂缝或者胶结弱面之中时，
裂缝面或者层理面之间的正应力就会大大减小，与此同时，两者之间的摩擦系数
也会显著降低，这就导致裂缝或者层理两边的岩体容易发生相对滑移。

滑移发生的原因主要有两种：一是重力作用下岩体沿裂缝或者胶结弱面滑移。
压裂过程中，裂缝或者胶结弱面之中的孔隙压力不断升高，假定当该压力升高到
与地层垂向应力一致时，倾斜地层就会如漂浮在水面上一样，此时其本身的重力
将会使得断层沿倾斜面下滑。

二是孔隙压差推动岩体沿裂缝或胶结弱面滑移。页岩气井压裂过程中，压裂

液的大量注入导致储层不同位置处的孔隙压力不同。当孔隙压力差值达到一定程度时，如果该处岩体恰好位于裂缝或者胶结弱面之上，且两者之间的摩擦系数已经大大减小，正应力也会大幅降低，那么这种孔隙压力差将会推动岩体沿着裂缝面或者胶结弱面滑移。

　　上述机理可以解释为什么在井眼轨迹上倾地层更容易发生套管剪切变形，因为此时地层上倾，不仅有孔隙压差的存在，而且岩体自重也起到了一定的推动作用，使断层更容易向下滑移，进而导致套管变形。

　　以上分析可以进一步用莫尔-库仑破坏准则来进行具体解释。假定岩体之中存在天然裂缝，且该裂缝与垂向主应力 σ_v 的夹角为 ψ，如果最小水平主应力为 σ_h，那么可以得到原始的莫尔圆应力状态，如图 5.20 所示。

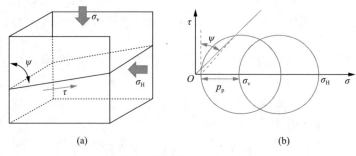

图 5.20　裂缝滑动条件示意图

　　压裂过程中压裂液沿着某条通道进入该裂缝时，基于 Terzaghi 理论可知，作用在裂缝面上的有效地应力(地层骨架应力) σ_n 为

$$\sigma_n = S_n - p_p \tag{5.24}$$

式中，p_p 为地层孔隙压力；S_n 为地应力垂直于裂缝面方向的分量。

　　此时，满足以下关系时，裂缝就有可能发生滑动：

$$\frac{\tau - C}{\sigma_n} > \delta \tag{5.25}$$

式中，τ 为裂缝面上的剪应力，MPa；δ 为裂缝面之间的摩擦系数，无量纲；C 为黏聚力，MPa。

　　Zoback[35]指出，在较高的有效正应力作用下(≥10MPa)，层理弱面或者天然裂缝摩擦与表面粗糙度、正应力、滑动速度都无关，摩擦系数在一个较小的范围内变化：

$$0.6 \leqslant \delta \leqslant 1 \tag{5.26}$$

由图 5.20 不难看出，如果压裂液注入过程中孔隙压力不断增加，正应力不断降低，那么莫尔圆将会沿着横坐标轴向左移动。当满足式 (5.25) 的时候，裂缝就会出现滑动，由此可以得到孔隙压力的最小增量为

$$\Delta p = \frac{C}{\sigma} + \sigma_{\mathrm{H}} + (\sigma_{\mathrm{H}} - \sigma_{\mathrm{v}})\left(\sin^2\psi - \frac{\sin\psi\cos\psi}{\sigma_{\mathrm{n}}}\right) \tag{5.27}$$

式中，Δp 为层理弱面孔隙压力滑移最小增量，MPa；C 为黏聚力，MPa；σ_{H} 和 σ_{v} 为地层最大水平主应力、垂向地应力，MPa；σ_{n} 为作用在断层面上的正应力，MPa。

陈朝伟等[31]针对该问题，以长宁—威远一口实钻井为例进行了验证。该井水平段所处垂深为 2000～2350m，最大、最小水平主应力分别为 60MPa、46MPa，垂向地应力为 52MPa，地层孔隙压力为 40MPa，最大水平主应力与垂向地应力的夹角为北向 109°。基于测井成像数据可知，该区域有天然裂缝 34 条，且只有 1 条裂缝处于临界状态，当孔隙压力增加 0.21g/cm³时，大部分天然裂缝都处于临界状态，断层滑移的风险大幅增加，如图 5.21 所示。

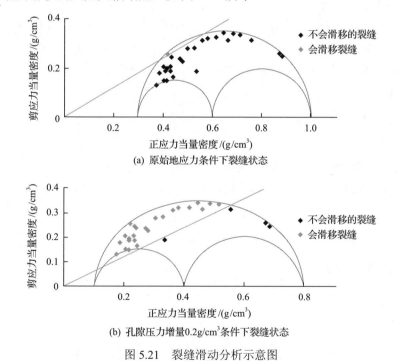

(a) 原始地应力条件下裂缝状态

(b) 孔隙压力增量0.2g/cm³条件下裂缝状态

图 5.21　裂缝滑动分析示意图

2. 基于震源参数的断层滑移量计算方法

自 20 世纪 60 年代末以来，研究人员就已经开始利用微地震对水力压裂裂缝

的生长情况进行监测。目前已经形成了基于震源参数的计算模型,可以对震源强度、震源滑移半径、应力释放等具体参数进行计算。

其中,震源强度的标量地震矩是最常用的计量值,也是物理学意义上的形变测量值,可以用滑移特征进行表示:

$$M_0 = GAD \tag{5.28}$$

式中,M_0 为地震矩,N·m;G 为剪切模量,Pa;A 为滑移面积,m²;D 为滑移距离,m。

根据 Hanks 和 Kanamori 等[36]的定义,矩震级可以用地震矩进行表示,其关系为

$$M_w = \frac{2}{3}(\lg M_0 - 9.1) \tag{5.29}$$

式中,M_w 为矩震级,N·m。

不难看出,如果知道矩震级就可以求得地震矩,由地震矩可以计算得到滑移距离。要实现该计算过程就必须知道断层的面积,或者说可以计算出滑移面积的相关参数。根据前人的研究,通常情况下将滑移的断层定义为圆形或者矩形两种,而前者更适用于微小地震。也就是说,只要知道圆形断层的半径,就可以进行上述计算。

Stein[37]基于圆形断层滑移情况提出了滑移半径的算法,这种算法主要是利用应力降进行计算,计算过程中考虑应力为完全释放,可以得

$$r_0 = \sqrt[3]{\frac{7M_0}{16\Delta\sigma}} \tag{5.30}$$

式中,r_0 为震源滑移半径,m;$\Delta\sigma$ 为地震能量释放时的应力降,Pa。

联立式(5.29)和式(5.30)可以得到圆形断层半径的表达式:

$$r_0 = \sqrt[3]{\frac{7 \times 10^{(1.5M_w + 9.1)}}{16\Delta\sigma}} \tag{5.31}$$

断层滑移距离的表达式为

$$D = \frac{16}{7}\frac{\Delta\sigma r}{G\pi} \tag{5.32}$$

式中,r 为断层或者裂缝的半径,m。

基于以上推导可以知道,要想求得圆形断层滑移距离,就必须知道水力压裂过程中矩震级大小和应力降大小,这两者均可以通过微地震监测数据得知。其中,对于矩震级大小,Maxwell[38]指出,水力压裂过程中矩震级大于 0,陈朝伟等[31]现场所测微地震矩震级为 4.5N·m。对于应力降大小,Mukuhira[39]通过对微地震数据统计,得到水力压裂微地震应力降一般处于 0.01～1MPa。对于剪切模量,可

以根据第 2 章中的试验数据进行计算，得到剪切模量为 5.52GPa。

　　根据以上数据，可以得到不同应力降下断层半径和断层滑移距离的关系，如图 5.22、图 5.23 所示。

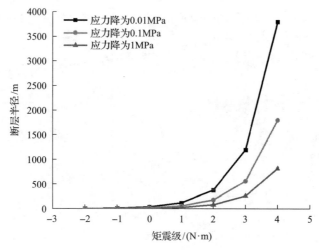

图 5.22　断层半径随矩震级变化

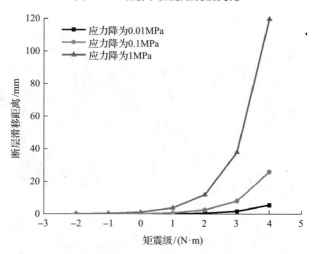

图 5.23　断层滑移距离随矩震级变化

　　为进一步对比该数据，用威 202H2-1 井实际微地震测量数据进行验证。该井井深为 4370m，垂深为 2714m，水平段长 1240m，井眼轨迹为左上倾类型，如图 5.24 所示。该井从井深 2015m 处进行第一段压裂，直至第 9 段，压裂施工始终保持正常。但是在第 10 段、第 11 段、第 12 段压裂时，通过微地震发现数据出现大震事件，如图 5.25 所示。在压裂第 13 段时，桥塞无法下入，说明套管发生了变形，变形位置为 3230m，距离跟端 A 点仅 100m。

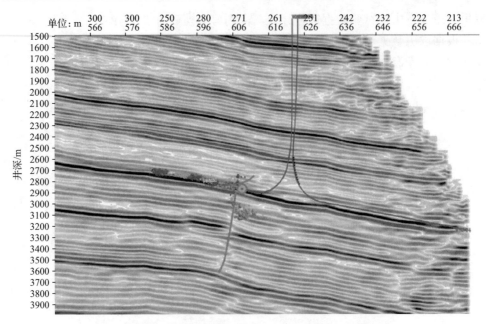

图 5.24　威 202H2-1 井井眼轨迹和微地震图（文后附彩图）

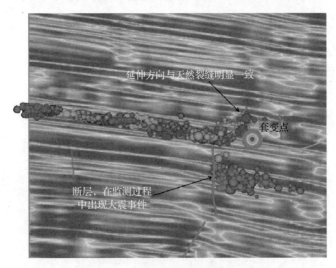

图 5.25　威 202H2-1 井微地震事件投影图（文后附彩图）

　　由图 5.25 可以看出，大震异常点出现在断层上，说明压裂过程中激活了断层，导致地层发生了滑移，进而引发了套管变形。微地震监测显示，该断层处出现了较大地震事件，矩震级为 2～4N·m。根据图 5.24 和图 5.25 可知，裂缝半径约为 400m。

　　该套管变形处能通过的最大通井规直径为 106mm，套管变形量为 33.7mm，由式（5.31）和式（5.33）所确定的矩震级为 3N·m，压裂半径为 350m。由此不难看出，实际监测数值与计算结果较为相近。

　　从以上结果可以看出，地层滑移距离与套管变形距离之间并不能完全画等号，这不仅仅是因为套管与储层之间的力学性质不一样，还因为其他因素对于断层滑移与套管变形都会产生影响，如断层上下界面的滑移距离、断层倾角、套管壁厚、水泥环壁厚等，下面采用数值模拟方法进行分析。

3. 断层滑移数值模型

　　图 5.26 给出了断层滑移情况示意图，假定断层由上、中、下 3 部分组成。其中上部和下部地层保持位置不变，中部产生滑移，导致套管发生变形。其中 ω 为断层与井筒之间的夹角，β 为地层倾角。

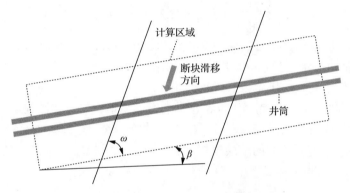

图 5.26　断层滑移情况示意图

　　基于圣维南原理可知，地层边界尺寸超过井眼直径的 10 倍时，尺寸效应对于井眼的影响就基本可以忽略。因此在建模过程中，断层的宽度和高度均为 3m，大于10 倍井眼直径；断层长度为 10m，大于 60 倍井眼直径，建立的几何模型如图 5.27所示。基于此建立的有限元数值模型如图 5.28 所示。在载荷与边界条件方面，设置

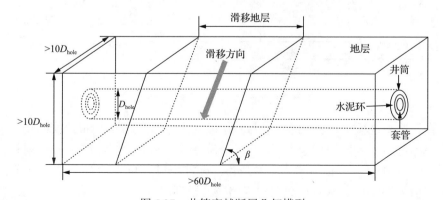

图 5.27　井筒穿越断层几何模型

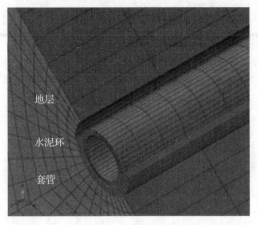

图 5.28　井筒穿越断层数值模型(文后附彩图)

模型上部、下部保持全位移约束为 0。中部施加位移载荷，代表沿断层发生滑移，位移为 100mm。除此之外，断层界面之间用莫尔-库仑破坏准则进行约束，套管、水泥环、地层之间采用绑定方式进行约束。

　　为对比方便，本书参考了 Choo 等[40]的管道变形试验，其通过建立物理模型，对断层滑移条件下的管道变形进行了研究，试验装置示意图如图 5.29 所示。试验过程中，将液压伺服控制的地层模拟装置上移，以模拟断层滑移，与本书所建立的数值模型的上部-中部或者中部-下部的基本结构较为相似。

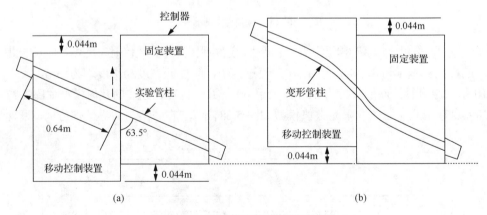

图 5.29　套管剪切试验装置示意图

　　在该试验过程中，设置的管道与断层面的夹角为 63.5°，模拟地层的物质为砂岩，内摩擦角为 40°。所选用管道的直径为 33.4mm，壁厚为 1.96mm，材料为聚乙烯。Choo 等所提供的管道力学性质为：弹性模量为 966MPa，泊松比为 0.37，抗拉强度为 29MPa，基于该数据建立相应的模型。

　　物理实验和数值模拟均会得到管道轴向上的应变情况，其中物理模拟结果如

图 5.30(a)所示，实验结果与数值模拟结果的对比情况如图 5.30(b)所示。其中断层滑移距离为 10mm 和 20mm 时，应变分别为 0.49%和 0.93%，数值模拟结果分别为 0.47%和 1.02%，绝对误差分别为–0.02%和 0.09%，说明本书所建立的数值模型和采用的分析方式是合理的。

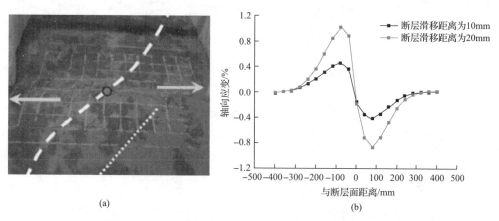

(a)　　　　　　　　　　　(b)

图 5.30　Choo 等的实验结果与本书数值计算结果的对比

4. 断层滑移导致套管变形影响因素分析

1)断层倾角对套管变形量的影响

断层倾角(指断层和水平方向的夹角，其大小为 $\omega+\beta$)对于套管变形具有重要影响，倾角变化为 0°～90°，如图 5.31 所示。假定下界面滑移距离为 80mm、40mm、0mm，断层倾角取 90°、75°、60°、45°，分析断层倾角对于套管变形量的影响规律。

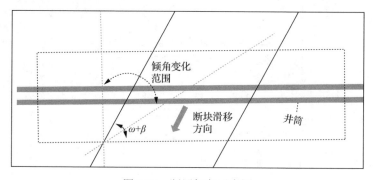

图 5.31　断层倾角示意图

计算结果如图 5.32 所示，可见断层倾角越大，套管变形量越大。也就是说，当断层倾角垂直于井筒时，套管变形的风险最大，且套管变形量也最大。

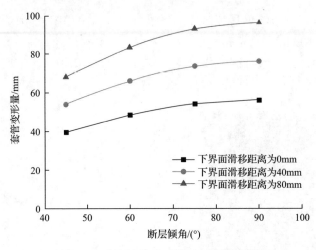

图 5.32　断层倾角与套管变形量的关系

2) 套管壁厚对套管变形量的影响

图 5.33 给出了套管壁厚与套管变形量的关系,可见断层滑移条件一致时,套管壁厚越大,套管变形量越小;增加套管壁厚,有利于降低套管变形的程度。例如,套管壁厚增加 6mm,套管变形量降低幅度可达 68.2%。

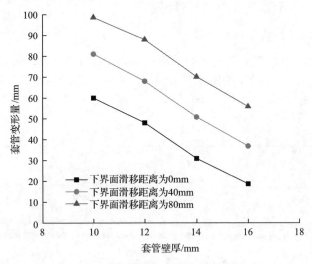

图 5.33　套管壁厚与套管变形量的关系

3) 水泥环壁厚对套管变形量的影响

图 5.34 给出了水泥环壁厚与套管变形量的关系,可知增大水泥环壁厚,可以降低同等条件下的套管变形量,但影响很小。可见,增加水泥环壁厚并不能解决断层滑移所导致的套管变形。

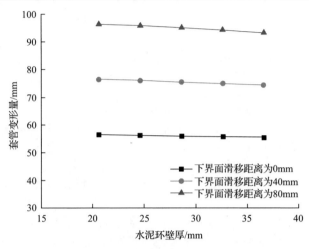

图 5.34　水泥环壁厚与套管变形量的关系

从以上分析可知，当水平段井眼穿越断层时，应适当增加套管壁厚，有利于保持井筒结构的完整性。同时，应该尽可能优化井眼轨道，避免套管穿过断层。如果受到地下条件的限制无法避开断层，则应在压裂设计时予以考虑，避免在断层附近进行大规模改造，以降低地层滑移导致套管发生剪切破坏的风险。

参 考 文 献

[1] 董文涛, 吴萌, 张弘, 等. 体积压裂时套管弯曲应力放大计算分析[J]. 钻采工艺, 2018, 41(5): 9-11.

[2] 孙兆岩, 卢秀德, 管彬, 等. 页岩气长水平段连续油管钻磨技术及应用[J]. 钻采工艺, 2018, 41(5): 32-34.

[3] 任勇, 郭彪, 石孝志, 等. 页岩气套变水平井连续油管钻磨复合桥塞技术[J]. 油气井测试, 2018, 27(4): 61-66.

[4] 张华礼, 陈朝伟, 石林, 等. 流体通道形成机理及在四川页岩气套管变形分析中的应用[J]. 钻采工艺, 2018, 41(4): 8-11.

[5] 宫伟力, 吴小东, 张自翔, 等. 基于 CT 扫描的煤岩细观损伤特性研究[J]. 煤炭科学技术, 2018, 46(9): 117-125.

[6] 于鑫. 页岩气储层各向异性岩石物理模型研究[J]. 石化技术, 2016, 23(11): 166-167.

[7] 汪道兵, 葛洪魁, 宇波, 等. 页岩弹性模量非均质性对地应力及其损伤的影响[J]. 天然气地球科学, 2018, 29(5): 632-643.

[8] 唐颖, 邢云, 李乐忠, 等. 页岩储层可压裂性影响因素及评价方法[J]. 地学前缘, 2012, 19(5): 356-363.

[9] Rickman R, Mullen M J, Petre J E, et al. A practical use of shale petrophysics for stimulation design optimization: All shale plays are not clones of the Barnett Shale[C]. SPE Annual Technical Conference and Exhibition, Denver, 2008.

[10] 孟召平, 刘翠丽, 纪懿明. 煤层气/页岩气开发地质条件极其对比分析[J]. 煤炭学报, 2013, 38(5): 728-736.

[11] 金衍, 陈勉, 张旭东. 利用测井资料预测深部地层岩石断裂韧性[J]. 岩石力学与工程学报, 2001, 20(4): 454-456.

[12] 金衍, 陈勉, 王怀英, 等. 利用测井资料预测岩石 II 型断裂韧性的方法研究[J]. 岩石力学与工程学报, 2008, 27(2): 3630-3635.

[13] 陆菁, 李军, 武清钊, 等. 页岩油气储层有机碳含量测井评价方法研究及应用[J]. 科学技术与工程, 2016, 16(6): 143-147.

[14] 秦吉, 张翼鹏. 现代统计信息分析技术在安全工程方面的应用-层次分析法原理[J]. 工业安全与防尘, 1999, 25(5): 44-48.

[15] 马丽丽, 田淑芳, 王娜. 基于层次分析与模糊数学综合评判法的矿区生态环境评价[J]. 国土资源遥感, 2013, 25(3): 165-170.

[16] 许树柏. 实用决策方法: 层次分析法原理[M]. 天津: 天津大学出版社, 1988: 72.

[17] 凌复华. 突变理论及其应用[M]. 上海: 上海交通大学出版社, 1987: 1-3.

[18] 李远超, 师俊峰. 突变评价法在压裂选井选层中的应用[J]. 钻采工艺, 2008, 31(6): 56-58.

[19] 梁桂兰, 徐卫亚, 何育智, 等. 突变级数法在边坡稳定综合评判中的应用[J]. 岩土力学, 2008, 29(7): 1895-1899.

[20] 宫凤强, 李夕兵, 高科. 地下工程围岩稳定性分类的突变级数法研究[J]. 中南大学学报(自然科学版), 2008, 39(5): 211-216.

[21] Pushkar A H, Acha-Daza J A. Estimation of speeds from single-loop freeway flow and occupancy data using cusp catastrophe theory[C]. Transportation Research Record 1457, TRB, National Research Council, Washington, 1994: 149-157.

[22] Zou K Q. Fuzzy decision support systems and its application[J]. Advances in Systems Science and Applications, 2003, 3(1): 52-54.

[23] 赵焕臣. 层次分析法: 一种简易的新决策方法[M]. 北京: 科学出版社, 1986: 3-4.

[24] 游士兵, 王原君. 研究收入分配问题的一种新洛伦兹曲线模型: 建构与应用[J]. 经济评论, 2014, (2): 3-15.

[25] 岳崇旺, 杨小明, 钟晓勤, 等. 利用测井曲线的洛伦兹系数评价地层的非均质性[J]. 吉林大学学报(地球科学版), 2015, 45(5): 1539-1546.

[26] 王喜鑫, 侯加根, 刘钰铭, 等. 基于层次分析与模糊数学的河口坝非均质性定量表征——以王官屯油田官 195 断块为例[J]. 天然气地球科学, 2017, 28(12): 1914-1924.

[27] 徐赣川, 钟光海, 谢冰, 等. 基于岩石物理实验的页岩脆性测井评价方法. 天然气工业, 2014, 34(12): 38-45.

[28] 曾凌翔. 一种页岩气水平井均匀压裂改造工艺技术的应用与分析[J]. 天然气勘探与开发, 2018, 41(3): 95-101.

[29] 任岚, 林然, 赵金洲, 等. 页岩气水平井增产改造体积评价模型及其应用[J]. 天然气工业, 2018, 38(8): 47-56.

[30] 李彦超, 何昀宾, 肖剑锋, 等. 页岩气水平井重复压裂层段优选与效果评估[J]. 天然气工业, 2018, 38(7): 59-64.

[31] 陈朝伟, 王鹏飞, 项德贵. 基于震源机制关系的长宁-威远区块套管变形分析[J]. 石油钻探技术, 2017, 45(4): 110-114.

[32] 高利军, 柳占立, 乔磊, 等. 页岩气水力压裂中套损机理及其数值模拟研究[J]. 石油机械, 2017, 45(1): 75-80.

[33] 李军, 李玉梅, 张德龙, 等. 页岩气井分段压裂套损影响因素分析[J]. 断块油气田, 2017, 24(3): 387-390.

[34] 王倩琳, 张来斌, 胡瑾秋, 等. 多角度辨识压裂套管变形的失效影响因素[J]. 中国安全生产科学技术, 2017, 13(6): 40-46.

[35] Zoback M D. 储层地质力学[M]. 石林, 陈朝伟, 刘玉石, 译. 北京: 石油工业出版社, 2011.

[36] Hanks T C, Kanamori H. A moment magnitude scale[J]. Journal of Geophysical Research, 1979, 84(B5): 2348-2350.

[37] Stein S, Wysession M. An Introduction To Seismology, Earthquakes, And Earth Structure[M]. Oxford: Blackwell Publishing, 2003: 263-273.

[38] Maxwell S C. Anomalous induced seismic deformation associated with hydraulic fracturing[J]. SPE, 2013: 167181.

[39] Mukuhira Y, Asanuma H, Niitsuma H, et al. Characteristics of large magnitude microseismic events recorded during and after stimulation of a geothermal resevoir at Basel, Switzerland[J]. Geothermics, 2013, 45(45): 1-17.

[40] Choo Y W, Abdoun T H, O'Rourke M J, et al. Remediation for buried pipeline systems under permanent ground deformation[J]. Soil Dynamics and Earth-quake Engineering, 2007, 27: 1043-1055.

第6章　多级压裂过程中水泥环密封失效机理研究

页岩气井多级压裂及生产过程中，常出现水泥环密封失效导致的环空带压现象，给页岩气井安全生产带来了隐患。因此，需要分析井下水泥环密封失效的力学机理，以便针对性地优化水泥浆体系和固井技术措施、合理选择压裂作业参数等，从而达到提高固井质量、防止水泥环密封失效的目的。

6.1　水泥环密封失效形式

根据前人的研究结果[1-8]，井下水泥环的失效形式主要有5种：水泥环压缩破坏、水泥环拉伸破坏、水泥环剪切破坏、固井第一界面失效、固井第二界面失效。影响水泥环失效的因素较多，包括水泥石力学性质、水泥环初始应力状态、井眼几何形状、地层力学性质、井壁稳定状态、井下载荷作用形式、井筒温度等。确定水泥环失效形式及其影响因素是研究水泥环失效机理的关键。

井下载荷作用下，水泥环的应力状态会发生变化。对于水泥环本体来说，受力后可以发生剪切破坏和拉伸破坏，对于地层-水泥环界面及水泥环-套管界面而言，则存在剥离的可能。因此研究复杂应力条件下水泥石力学行为特征是非常必要的。

6.2　复杂应力条件下水泥石力学行为特征

水泥石力学性质对于水泥环密封失效分析具有重要的意义，因此需要开展水泥石在常温、高温条件下的单轴及三轴力学试验，明确水泥石基本力学参数。同时，在页岩气多级压裂过程中，水泥环将承受多级交变载荷，因此需要开展压力循环作用下水泥石应力-应变试验，明确多级压裂过程中套管-水泥环界面处可能存在的塑性变形。另外，为了评价水泥环的长期密封性，需要开展温度及压力循环、温度压力耦合作用下水泥环密封性试验。

6.2.1　固井水泥石完整性室内试验

1. 固井水泥石力学试验分析

1)常温条件下力学试验

单轴、三轴力学试验是获取水泥石力学性质的基本试验。基于中石化涪陵地区固井 1#和 2#水泥浆配方，制作成水泥石标准岩心试样(25mm×50mm)，然后开展单轴和三轴条件下水泥石岩心力学性质测试。常温条件下单轴试验参数见表 6.1。

表 6.1   常温条件下单轴及三轴试验参数

试样编号	试验类型	偏应力峰值/MPa	弹性模量/GPa	泊松比	加载速率/(mm/min)	围压/MPa
1-1	单轴	51.9	7.5	0.15	0.12	0
1-2	三轴	56.8	8.2	0.21	0.12	15
2-1	单轴	40.2	7.2	0.13	0.12	0
2-2	三轴	45.8	7.6	0.28	0.12	15

试验结果及试样破裂形态如图 6.1～图 6.4 所示。

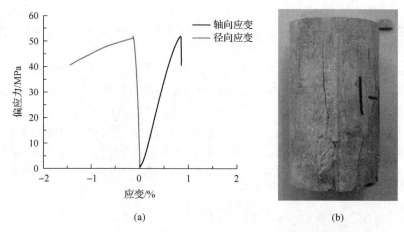

(a)   (b)

图 6.1   试样 1-1 应力-应变曲线及破裂形态

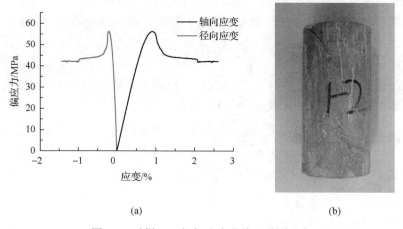

(a)   (b)

图 6.2   试样 1-2 应力-应变曲线及破裂形态

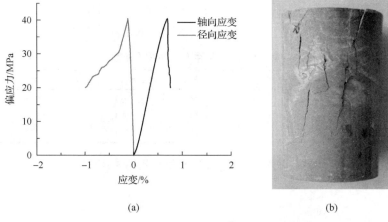

图 6.3 试样 2-1 应力-应变曲线及破裂形态

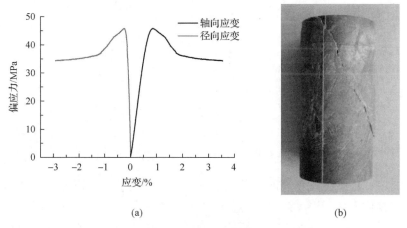

图 6.4 试样 2-2 应力-应变曲线及破裂形态

基于上述试验可以发现如下特征。

(1)常温单轴试验：水泥石变形破坏分为 3 个阶段，水泥环应变在初期缓慢增加，之后迅速上升，应力与应变表现出明显的线性关系。在达到峰值后迅速跌落，水泥石被破坏，表现出显著的弹脆性特征。由水泥石实物照片可见，单轴压缩水泥石易沿轴向形成多条主裂缝+各种小裂缝，它们之间相互交叉贯通。

(2)常温三轴试验：各力学参数如偏应力峰值、弹性模量、泊松比等较单轴情况下均有较大提高，说明水泥石承载能力和抵抗变形的能力均得到增强，破坏后形成一个"峰后平台"，表现出较强的弹塑性特征。由水泥石实物照片可见，三轴压缩后破裂形式单一，形成一条剪切裂缝。

2)高温条件下三轴力学试验

实际情况下，水泥环处于储层中，凝固后水泥环温度与储层温度相同，因此常温条件下的三轴试验并不能完全反映水泥环的实际力学行为特征，因此进行了高温条件下的三轴试验。高温条件下三轴试验参数见表 6.2。

表 6.2　高温条件下三轴试验参数

试样编号	偏应力峰值/MPa	弹性模量/GPa	泊松比	加载速率/(mm/min)	围压/MPa	温度/℃
1-2	56.8	8.2	0.21	0.12	15	常温
1-5	51.6	6.8	0.19	0.12	15	80
1-6	41.7	4.6	0.22	0.12	15	130

高温条件下水泥石三轴抗压强度试验结果如图 6.5 所示。

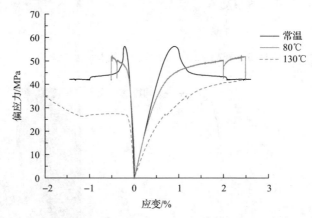

图 6.5　高温条件下水泥石三轴抗压强度试验结果(文后附彩图)

从上述试验可见：不同温度条件下三轴试验测得的峰值强度、弹性模量有较大差异，具体表现为温度越高，峰值强度、弹性模量均越小。在常温条件下，水泥石具有明显的峰值强度，但是在高温(80℃、130℃)条件下水泥石无明显的峰值点，表现为理想弹塑性材料，泊松比无明显变化。其中，80℃条件下的三轴试验结果表明，水泥石峰值应力维持较高，弹性模量略有降低，塑性持续增强。130℃条件下的三轴试验结果表明，水泥石强度和弹性模量都有较大幅度降低，高温引起的衰退较明显，更加接近理想塑性材料。

2. 水泥石累积塑性变形试验分析

页岩气井多级压裂过程中，套管中的内压会频繁降低、升高，极容易导致套管-水泥环界面处出现微环隙[9, 10]。导致微环隙产生的主要原因是水泥石界面处的塑性变形，因此开展压力循环作用下水泥石累积塑性变形实验，对于判断套管-水泥环界面是否会出现微环隙、水泥环是否密封完整具有重要意义。

1)压力循环加载试验条件

压力循环加载试验条件见表 6.3。其中期偏应力峰值为先期开展的三轴压缩试验中测得的偏应力峰值(试样 1-2、试样 1-5),循环荷载上限取偏应力峰值的 70%,加载、卸载速率根据常规岩石加卸载试验参数设定。

表 6.3 压力循环加载试验条件

试样编号	预期偏应力峰值/MPa	循环荷载上限/MPa	循环荷载下限/MPa	循环次数/次	加载速率/(mm/min)	卸载速率/(kN/s)	围压/MPa
1-3	56.8	40	5	20	0.12	0.5	15
2-3	51.6	36	5	20	0.12	0.5	15

2)压力循环过程中累积塑性应变

图 6.6 为试样 1-3 循环加卸载应力-应变曲线。由图可知,在初次加载过程中,应力-应变曲线以近似直线状态增长。在加载到约 40MPa 时卸载,卸载曲线近似直线,稍向下凸,卸载到约 5MPa 时继续加载,再加载曲线近似直线,卸载和再加载曲线形成"滞回环"。虽然每次加载曲线近似直线,但每个加卸载循环都有新的塑性应变产生,新的"滞回环"不断向右移动,累积塑性应变不断增长。图 6.7 为试样 2-3 循环加卸载应力-应变曲线。可见,2 个试样的试验结果基本一致。

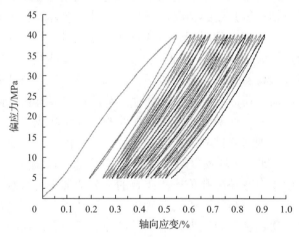

图 6.6 试样 1-3 循环加卸载应力-应变曲线(文后附彩图)

不同颜色的线表示不同的加载次数

由图 6.6 和图 6.7 不难发现,加载路径与卸载路径并不重合,卸载曲线略呈内凹状,加卸载曲线共同形成中间宽两头尖的"柳叶"状的闭合"滞回环"。当加载载荷超过卸载载荷时,应力-应变曲线仍沿着原来的加载轨迹发展,这表明水泥石存在岩石的"变形记忆"现象。在恒幅值循环加卸载试验中,随着加卸载循环次数的增加,应力-应变曲线由密变疏,并向变形增大的方向偏移,"滞回环"的面积逐渐递增,直到试样被加载破坏。

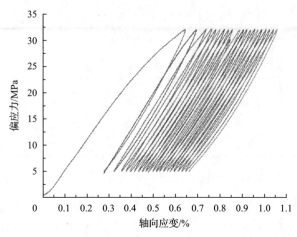

图 6.7　试样 2-3 循环加卸载应力-应变曲线（文后附彩图）

不同颜色的线表示不同的加载次数

比较加卸载路径的第 1 个循环可以发现，一次循环加卸载试验不可恢复的形变量较大，"滞回环"面积也较大。这主要是因为一次循环加卸载首次加载设定值就达到了水泥石单轴抗压强度的 70%，耗散的能量较多，试样内裂纹发育。在卸载到 5MPa 过程中，由于恢复时间较短或首次加载已对试样造成局部损伤，试样首循环残余变形量较大，"滞回环"面积也较大。而卸载曲线呈内凹状是由于试样经历加载阶段后，紧接着进入卸载阶段，在加载阶段，试样内孔隙裂隙被压密闭合。进入卸载阶段后，荷载逐渐减小，而在加载阶段，试样内孔隙裂隙被压密闭合的部分变形不能恢复，这部分变形是非弹性的，因此卸载曲线会出现内凹。

对于恒幅值循环加卸载试验，在加载前期，试样内原始裂隙比加载后期形成的裂隙要少。随着加卸载循环反复对试样的作用，试样内裂隙孔隙不断发展变化，变形不断增加。由于存在裂隙孔隙压密闭合的部分变形不可恢复，试样的变形相对加载前期逐渐增加，加卸载曲线由密变疏发展，且两者不会重合。

随着试验循环次数和轴向应力的增加，试样的残余变形在不断累积，而滞回曲线逐级向后移动，其所围面积逐渐增加。这表明随着卸载点应力的增大，所需的能量也在增大，反映了经过循环加卸载试验，能量消耗于孔隙裂隙之间的摩擦所做的功或局部损伤。能量耗散的同时反映了水泥石材料内部微孔隙裂隙不断压密闭合，新生裂隙不断产生、发展，以及岩石材料强度不断弱化并最终丧失承载能力的过程的本质是水泥石试样变形并最终破坏。

将卸载曲线最低点处的应变定义为累积塑性应变，累积塑性应变随循环加卸载次数的变化规律如图 6.8 所示。以试样 1-3 为例，随着循环加卸载次数的增加，弹塑性应变增加值在第 1 次最高，后续近似呈线性增长，具有"双折线特征"。第 1 次循环后的值为 0.1154%，第 20 次循环后的值为 0.4509%。循环加卸载引起的塑性变形量较为显著。

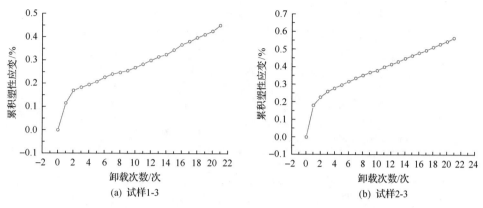

(a) 试样1-3

(b) 试样2-3

图 6.8　循环加卸载条件下累积塑性应变累积规律

3) 压力循环过程中弹性模量变化

取卸载曲线的直线段计算每次应力循环作用后水泥石的卸载弹性模量，计算结果如图 6.9 所示。

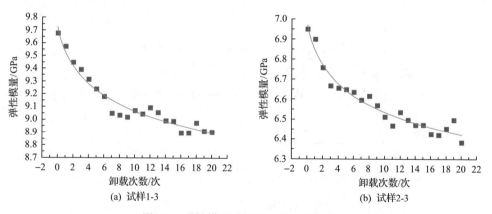

(a) 试样1-3

(b) 试样2-3

图 6.9　弹性模量随卸载次数的变化规律

由图 6.9 可知，随着循环次数的增加，水泥石卸载弹性模量呈降低趋势。以试样 1-3 为例[图 6.9(a)]，循环加卸载 20 次时的卸载弹性模量为 8.9GPa，与初次卸载弹性模量 9.677GPa 相比，降低幅度约 8.03%。这主要是循环荷载下水泥石微孔隙结构的破碎导致水泥石的整体刚度降低，弹性模量发生衰减。

卸载弹性模量的衰减规律可用幂函数进行拟合，拟合函数如下：

$$E = 9.7265(N+1)^{-0.0293} \quad (R^2=0.9504) \quad\quad\quad \text{(试样 1-3)}$$

$$E = 6.9717(N+1)^{-0.0270} \quad (R^2=0.9502) \quad\quad\quad \text{(试样 2-3)}$$

式中，E 为卸载弹性模量，GPa；N 为卸载次数，取 0, 1, 2, 3, $\cdots$。

4)压力循环过程中声发射信号

图 6.10 给出了循环加卸载条件下水泥石声发射幅值规律。

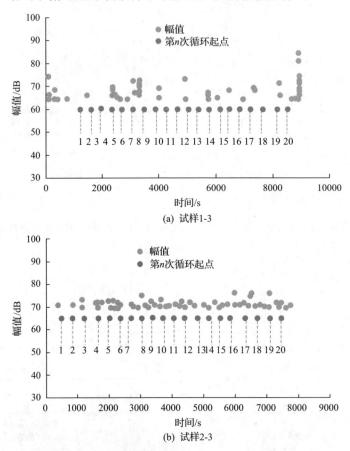

图 6.10　循环加卸载条件下水泥石声发射幅值规律

对于试样 1-3 来说，在整个压缩过程中表现为在初始加载、第 4～第 7 次循环加卸载、第 20 次循环加卸载时接收到大量声发射信号，说明在这几次加卸载过程中水泥石损伤较大。这种阶段性的声发射信号类型显示岩石为偏脆性变形破坏。

对于试样 2-3 来说，在整个压缩过程中声发射信号比较平稳。初始和前 3 次加卸载声发射信号较弱。从第 4 次加卸载开始直至结束，声发射信号均保持稳定。这种长期稳定的声发射信号类型显示岩石为偏塑性变形破坏。

两个试验之间的主要差别在于试样 2-3 弹性模量更低，由此也可以间接证明弹性模量较低可以使水泥石保持更好的完整性。

3. 固井水泥石长期密封性评价试验

水泥环的密封性失效形式主要包括第一和第二界面胶结分离、产生裂纹并相互连通等。多位专家学者在水泥环密封性试验方面进行了研究。Goodwin 和 Crook[11]最早设计了可评价压力载荷下水泥环整体密封性试验装置。Carpenter 等[12]、Boukhelifa 等[13]、Li 等[14]相继开展了循环压力载荷下水泥环试验。Albawi 等[15]设计了循环温度载荷下水泥环密封动态监测装置。Andrade 等[16]测试了循环温度载荷下水泥环的失效变化，发现在温度变化的瞬间，水泥环会产生剪切力，导致剪切失效。唐毅[17]利用建立的实验装置对于储气库存储过程中应力发生交变的情况进行了研究。

本书采用水泥环长期密封性评价装置对压力循环过程中温度循环、温度-压力耦合作用下水泥环的应力状态和密封性进行评价，以便对后续建立的数值模型进行分析奠定基础。

1)水泥环长期密封性评价装置

水泥环长期密封性评价装置采用模块化设计方法，试验平台可实现对 8 个独立测量模块进行控制，主要包括：抽真空模块、气体注入模块、温控模块、压力检测模块、气泡检测模块、应变检测模块、声波检测模块、液体注入模块。

水泥环长期密封性评价装置结构图如图 6.11 所示。

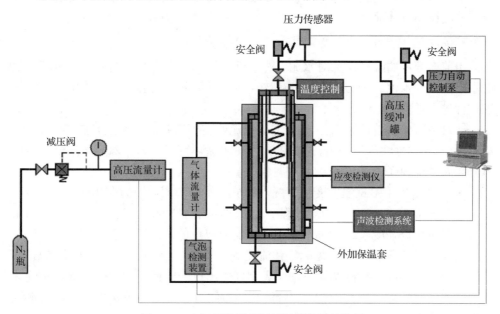

图 6.11 水泥环长期密封性评价装置结构图

水泥环长期密封性评价装置实物如图 6.12 所示，该装置的性能指标如下。

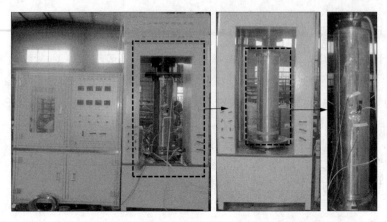

图 6.12   水泥环长期密封性评价装置实物图

(1)温度控制范围：室温～150℃，温度控制精度为±3℃。

(2)套管内压控制范围：0～120MPa。

(3)应变检测仪：16 路静态应力应变检测，采用频率为 1～2kHz。

(4)模型水泥环规格尺寸：套管外径为 139.7mm,壁厚分别为 7.72mm 和 9.17mm，长度为 1m，外筒外径为 245.5mm，壁厚为 25.7mm，长度为 0.7m。

(5)气窜测试控制压力范围：0～10MPa。

(6)气体流量检测通道 4 个，检测精度 1mL/min，并采用光纤式气泡检测装置，能够检测微小气体流量。

2)温度循环作用下密封性测试

由前面开展的温度循环对水泥石力学性质影响试验可知，随着温度循环次数的不断增加，水泥石岩心表面裂纹越来越明显。因此，对温度循环作用下水泥环密封性进行评价。

针对中石化涪陵地区固井 1#配方，水泥浆在模拟井筒内室温养护 7d 后，升高温度至 50℃，注气压力为 1.0MPa，测试水泥环密封能力，然后降温至室温后再升高温度至 50℃，直至水泥环密封失效。

图 6.13 给出了测试温度变化情况，图 6.14 给出了周向应力变化情况。由图可见，当温度由 20℃上升至 70℃过程中，水泥环周向拉伸应力达到 3.5MPa，相比常规水泥石抗拉强度<2.5MPa，水泥环可能出现拉伸裂纹。

图 6.15 给出了监测点 3 处的气体流量变化情况，当完成第一次升温、降温后，监测点 3 处能够检测到段塞式气泡，表明界面出现一定程度的劣化，测点 4 没有气泡产生。在经历 4 次升温、3 次降温后，监测点 3 处气体流量更大，表明水泥环界面劣化更加严重，导致环空带压。

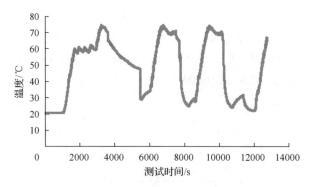

图 6.13　测试温度变化情况

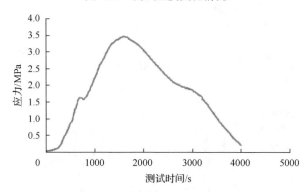

图 6.14　周向应力变化情况

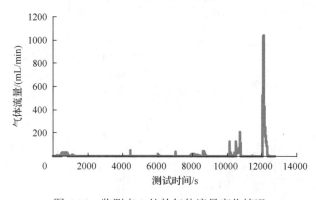

图 6.15　监测点 3 处的气体流量变化情况

3）压力循环作用下密封性试验

试验方案如下：环空在 2.0MPa 压力条件下进行验窜，并卸压；30min 后开始在套管内升压至 35MPa，稳压 10min，卸压至 0MPa，注气压力稳定在 1.0MPa，经过数个周期后，连续测试水泥环密封能力。

图 6.16～图 6.19 分别给出了注气压力、套管内压、水泥环应力及监测点 4 处

的气体流量变化情况，可见在第 2 个卸压周期时，水泥环第一界面即发生劣化，测点 4 处检测到的气体流量为 40mL/min。但是随着套管内压力的升高，水泥环受到挤压，界面作用力增强，水泥环密封能力增加。当进行 13 个周期试验后，水泥环密封能力显著降低，流量达 1600mL/min，界面环隙贯通。

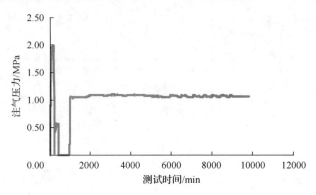

图 6.16　注气压力变化情况

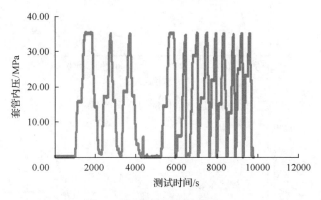

图 6.17　套管内压变化情况

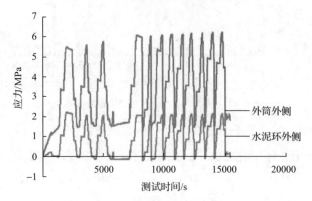

图 6.18　水泥环应力变化情况
水泥环外侧应力高于外筒外侧

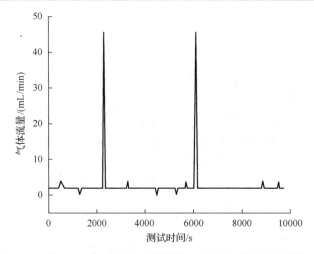

图 6.19　循环内压加载过程中监测点 4 处的气体流量变化情况

　　为观察水泥环与套管之间的微环隙产生情况，将套管内压按照 10MPa 压力递增，图 6.20～图 6.22 给出了套管内压、水泥环拉伸应力、水泥环压缩应力的变化情况。可见，当压力升高至 110MPa 时，水泥环内侧周向拉伸应力达到 4MPa，水泥环内侧压缩应力达到 35MPa，水泥环外侧压缩应力达到 25MPa，水泥石处于塑性变形状态，泄压后由于水泥石的塑性变形出现微环隙，如图 6.23 所示。

　　基于上述试验可知，压力循环过程中，水泥环第一界面更容易出现界面劣化现象，这与陶谦和陈星星[18]的试验结果是一致的，这主要是多次加压、卸载导致第一界面产生塑性变形所致。

4) 温度-压力耦合作用下密封性试验

　　页岩气井压裂过程中，温度-压力耦合作用较为显著，这种影响与单独的温度或者压力作用在水泥环上有明显不同，因此有必要开展温度-压力耦合作用下水泥环密封性评价试验研究。

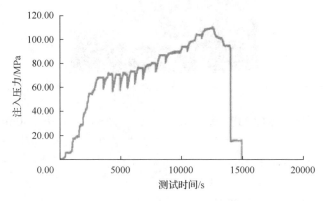

图 6.20　套管内压随时间变化规律

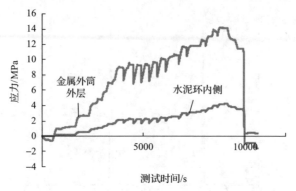

图 6.21　拉伸应力随时间变化规律

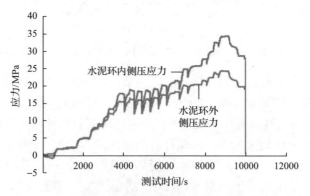

图 6.22　压缩应力随时间变化规律

图 6.23　微环隙

　　试验方案：环空在 1.0MPa 压力条件下进行验窜，并卸压；30min 后开始在套管内升压至 35MPa，升温至 30℃，达到设定温度和压力后，稳压 30min，卸压至 0MPa，并冷却至室温；30min 后，重复升温和增压，注气压力稳定在 1.0MPa，经过数个周期后，测试水泥环密封能力。

　　图 6.24～图 6.27 给出了试验压力、试验温度、应力检测和监测点 4 处的气体

流量变化情况。结果表明在第 1 个升温、升压周期内，水泥环第一界面即出现明

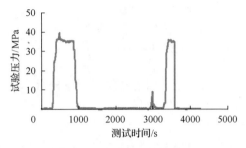

图 6.24　试验压力变化情况

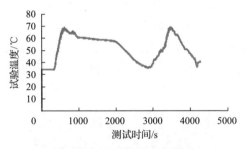

图 6.25　试验温度变化情况

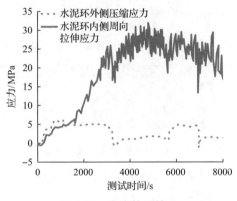

图 6.26　应力检测情况

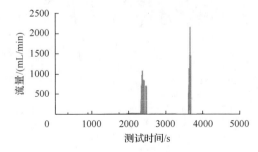

图 6.27　温度-压力耦合作用下监测点 4 处的气体流量

显的劣化现象。在泄压和降温后，水泥石即出现气窜，水泥环内侧拉伸应力达到 5MPa，本体发生破坏。在后期升温后增压过程中，水泥环出现流窜通道闭合，并在第 2 个降温降压周期内水泥环再次出现气窜现象，同时监测点 4 处气体漏失流量进一步增加。此现象也说明了压裂过程中温度-压力耦合作用容易导致环空带压。

6.2.2　循环压力作用下水泥环胶结面密封失效数值分析

1. 数值模型建立与边界条件设置

本书建立的套管-水泥环-地层组合体二维有限元模型如图 6.28 所示。基于圣维南原理，模型大小为 3m×3m，边长为井眼 10 倍以上，以消除端部效应。在载荷和约束设置方面：通过施加位移约束的方式固定组合体边界，利用有限元软件 Predefined Field 功能施加远场地应力，在套管内壁加入液压，内压最大值为施工压力和井筒内静液柱压力之和，最小值为压裂液静液柱压力，套管内压在最大值与最小值之间循环变化，如图 6.29 所示。

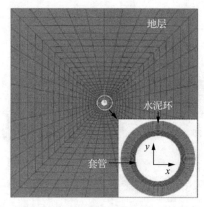

图 6.28　套管-水泥环-地层组合体二维有限元模型

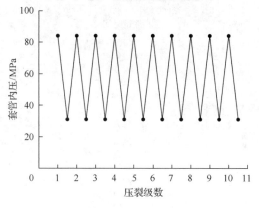

图 6.29　套管内压加载曲线

在参数设置上,选择实钻井参数进行计算。页岩气井 JY-1 井为涪陵地区一口实钻井,井筒几何及力学参数见表 6.4。

表 6.4　JY-1 井套管-水泥环-地层几何及力学参数

名称	外径/mm	弹性模量/GPa	泊松比	内摩擦角/(°)	黏聚力/MPa
套管	127	210	0.3		
水泥环	168.28	10	0.17	27	8
地层		22	0.23	30	5

2. 有限元计算结果分析

图 6.30 为压裂 10 次后水泥环等效塑性应变云图,可知水泥环最大塑性应变发生在与最大水平主应力平行的位置。

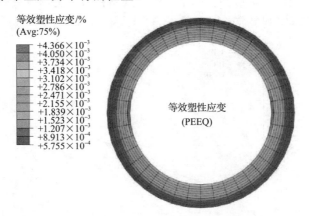

图 6.30　压裂 10 次后水泥环等效塑性应变云图(文后附彩图)

由图 6.31 可知,随着压裂次数的不断增多,水泥环界面处出现等效塑性应变,

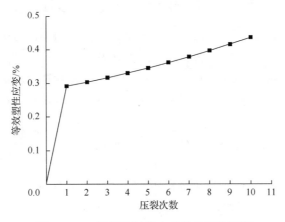

图 6.31　10 次压裂过程中的等效塑性应变

导致刚度退化。与此同时，PEEQ 随着压裂次数的增多而变大，其中第 1 次加载产生的等效塑性应变(即初始塑性变形)最大，后续保持线性增加，与试验结果所得规律基本相似。10 次压裂卸载后累积塑性应变量达到 42μm，形成显著的微环隙，导致气体通过并形成环空带压。

累积塑性变形在一定程度上表征套管-水泥环界面处微环隙的产生和演变。这种演变同时也受到水泥环力学性质的影响，如水泥环的弹性模量、泊松比、内摩擦角、黏聚力等。研究这些因素对于界面处水泥环累积塑性变形的影响，可以进一步明确不同力学条件下套管-水泥环界面处微环隙的演变过程，对于水泥环力学性质的调整具有重要意义。

弹性模量和泊松比是水泥环的重要力学特性。图 6.32 给出了不同弹性模量下等效塑性应变曲线。由图可知，弹性模量越高，初始塑性变形越显著，但是塑性变形增量越小。因此，降低弹性模量对于降低累积塑性变形量具有明显的改善作用，有利于水泥环密封完整性的保护。

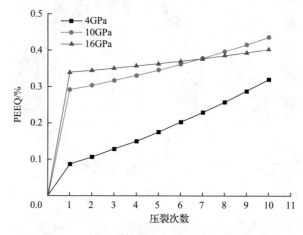

图 6.32　不同弹性模量下等效塑性应变曲线

图 6.33 为不同泊松比下等效塑性应变曲线，可知泊松比越大，初始塑性变形和塑性变形增量均越小。因此增大泊松比有利于水泥环密封完整性的保护。

图 6.34 为不同黏聚力下等效塑性应变曲线，可知黏聚力越大，初始塑性应变越小，且塑性应变增量也较小。因此增大水泥环黏聚力有利于对水泥环与套管胶结面的保护。

图 6.35 为不同内摩擦角下等效塑性应变曲线，可知内摩擦角对于初始塑性应变的影响较小，但是内摩擦角越大，等效塑性应变增量越小。因此增大内摩擦角有利于胶结面的保护。在工程实际当中，井下围压会导致水泥石内摩擦角变小，不利于水泥环密封完整性的保护，在井筒完整性设计和控制过程当中需要予以考虑。

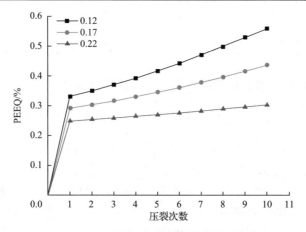

图 6.33　不同泊松比下等效塑性应变曲线

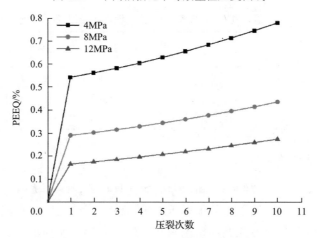

图 6.34　不同黏聚力下等效塑性应变曲线

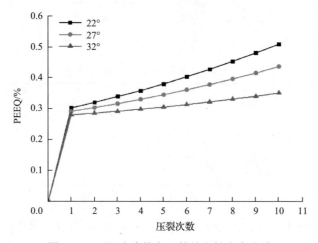

图 6.35　不同内摩擦角下等效塑性应变曲线

6.3　温度-压力耦合作用下水泥环完整性失效机理

6.3.1　瞬态温度-压力耦合作用下水泥环应力计算分析

1. 瞬态温度-压力耦合数值模型

考虑套管应力瞬态变化时，水平段不同位置、不同时刻的水泥环应力都有所不同。选择页岩气井水平段和套管-水泥环-地层作为研究对象进行建模，参考威页 11-1HF 井参数为建模参数，见表 6.5。该井井深为 2823m，垂深为 1744m，地温梯度为 4.67℃/100m。压裂施工压力为 60MPa，压裂时间为 4h，排量为 16m³/min，地层最大、最小水平主应力分别为 48MPa、29MPa，垂向地应力为 35MPa。

表 6.5　瞬态温度-压力耦合模型套管-水泥环-地层几何及力学参数

名称	外径/mm	弹性模量/GPa	泊松比	热传导系数/[W/(kg·℃)]	比热容/[J/(kg·℃)]	密度/(kg·m³)	热膨胀系数/(10⁻⁶/℃)
套管	139.7	210	0.3	45	461	7800	13
水泥环	216.9	8	0.17	0.98	837	3100	11
地层		22	0.23	1.59	1256	2600	10.5

2. 水泥环破坏准则选取

水泥环失效主要有拉伸失效和压缩失效两种形式，拉伸失效导致水泥环产生拉伸破坏，压缩失效导致水泥环出现压裂破坏或者塑性屈服。水泥环受纯拉伸载荷时，可采用最大拉应力强度理论来判断失效，即当水泥环承载的拉伸应力超过抗拉强度时，水泥环将产生拉伸破坏。但压裂过程中水泥环可能承受压缩载荷或者同时承受压缩载荷和拉伸载荷，因此引入莫尔-库仑破坏准则来对水泥环失效情况进行判定，见表 6.6。

表 6.6　莫尔-库仑破坏准则

应力区间	区间描述	主应力关系	失效标准
1	拉伸-拉伸-拉伸	$\sigma_1 \geqslant \sigma_3 \geqslant 0$	$\sigma_1 \geqslant \sigma_t$
2	压缩-压缩-压缩	$0 \geqslant \sigma_1 \geqslant \sigma_3$	$-\sigma_3 \geqslant \sigma_c$
3	拉伸-压缩-压缩 拉伸-拉伸-压缩	$\sigma_1 \geqslant 0 \geqslant \sigma_3$	$\dfrac{\sigma_1}{\sigma_t} - \dfrac{\sigma_3}{\sigma_c} \geqslant 1$

注：σ_1、σ_3 分别为水泥环中最大、最小主应力，MPa。

确定圆柱坐标系下 $\sigma_1 = \sigma_\theta$，$\sigma_3 = \sigma_r$，其中 σ_θ 和 σ_r 分别为水泥环的切向和径向应力。基于前期试验结果，选择试验过程中抗压、抗拉强度的最高值，其中抗压强

度 σ_c 为 61.71MPa，抗拉强度 S_t 为 5.89MPa。

3. 压裂过程中水泥环温度变化

由图 6.36 和图 6.37 可知，压裂过程中水泥环温度时时刻刻都在改变，内外壁之间存在显著温差。该温差随时间变化，先增大后减小，0.204h 时达到最大。

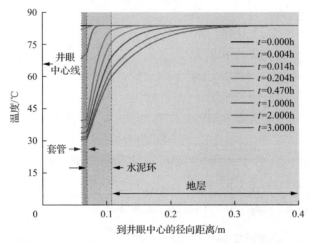

图 6.36　不同时刻井筒组合体温度径向分布(文后附彩图)

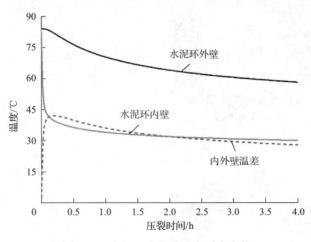

图 6.37　水泥环内外壁温度瞬态变化

4. 压裂过程中水泥环瞬态应力分析

仅考虑压力即井筒内压和地应力作用时，压裂过程中水泥环径向和切应力始终保持不变，如图 6.38 所示。根据莫尔-库仑破坏准则可知，径向应力大于抗压强度时，水泥环失效；反之，则完整。

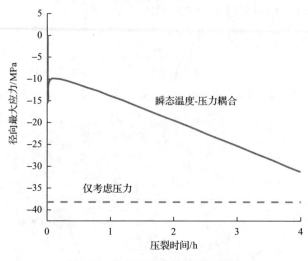

图 6.38　水泥环径向应力瞬态变化

而在瞬态温度-压力耦合作用下，水泥环径向、切应力随时间发生变化。图 6.39 给出了套管-水泥环不同时刻的温度分布云图。

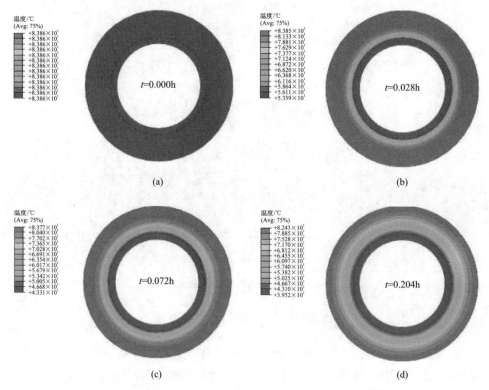

图 6.39　套管-水泥环不同时刻的温度分布云图(文后附彩图)

　　压裂液刚进入套管时，井筒内原完井液下移，套管受冷却作用收缩，对水泥环的压迫作用减弱，导致水泥环径向应力降低。受热传导作用影响，水泥环内壁温度与套管外壁基本相等，外壁温度也已开始降低，整体发生收缩，径向应力不断升高。

　　图 6.40 给出了水泥环切应力瞬态变化情况，可见，切应力呈现先降低后提升，然后再降低的趋势。a 点到 b 点：压裂液刚刚进入套管，井筒内原完井液下移，套管受冷却作用收缩，水泥环切向最大应力降低，该段时间内水泥环仅内壁处受温度影响，且影响较小。b 点到 c 点：水泥环温度开始降低，切向最大应力开始增加，该时间段内水泥环内外壁温差不断增大，0.204h 时达到最大，切应力值最高。c 点到 d 点：水泥环温差不断减小，整体温度不断下降、发生收缩，切向最大应力不断减小。

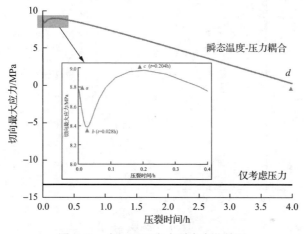

图 6.40　水泥环切应力瞬态变化情况

　　瞬态温度-压力耦合作用下，依照莫尔-库仑破坏准则对水泥环完整性进行判别，如图 6.41 所示。定义 η 为莫尔-库仑破坏准则判定值，无量纲，$\eta=\sigma_1/\sigma_t-\sigma_3/\sigma_c$。

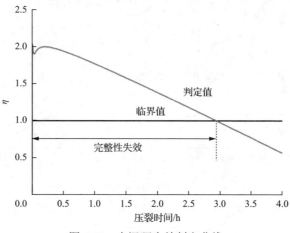

图 6.41　水泥环失效判定曲线

$0 \leqslant t \leqslant 2.92h$ 时，$\eta > 1$，水泥环发生失效，且 η 最大值出现在压裂初期，因此压裂初期为水泥环失效的"风险段"。在该时间段内水泥环切应力已经超过了水泥环抗拉强度，说明水泥环出现了拉伸破坏，本体易出现裂隙。

5. 水泥环完整性影响因素分析

1）井筒内压敏感性分析

由图 6.42 可知，随着井筒内压的不断降低，水泥环径向最大应力和切向最大应力峰值显著降低，二者基本呈线性关系。图 6.43 给出了压裂过程中不同井筒内

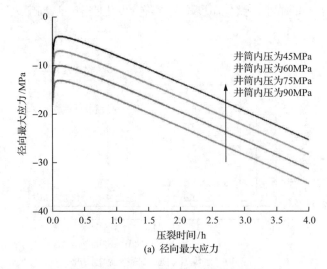

(a) 径向最大应力

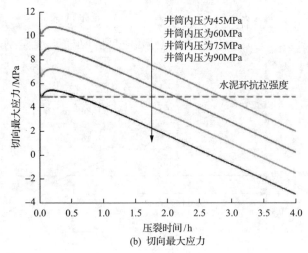

(b) 切向最大应力

图 6.42　不同井筒内压下水泥环径向、切向最大应力瞬态变化

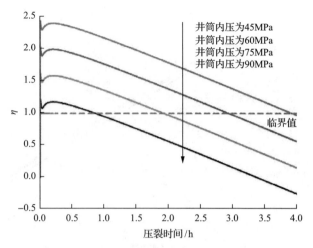

图 6.43　不同井筒内压下水泥环失效判定曲线

压下莫尔-库仑破坏准则判定值变化情况。由图可知,即便井筒内压降至 45MPa(接近页岩起裂压力),压裂前 0.84h 水泥环也会失效,失效类型为拉伸破坏。因此,压裂过程中降低压裂压力并不能解决水泥环完整性失效问题。

2) 排量敏感性分析

压裂液排量会影响压裂液-套管之间的热交换系数及热交换效率,进而影响压裂过程中的温度分布及水泥环应力。由图 6.44 可知,随着压裂液排量的不断降低,水泥环径向、切向最大应力不断降低,降低幅值不断增大,但是降低至 4m³/min 时,水泥环切向最大应力依然在前 2h 超过了水泥环抗拉强度。从莫尔-库仑破坏准则判定值来看,降低压裂液排量并不能有效改善水泥环完整性失效情况,如图 6.45 所示。

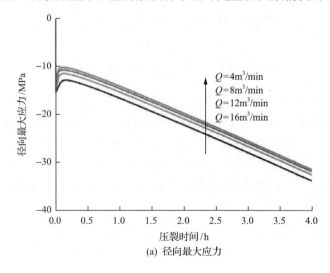

(a) 径向最大应力

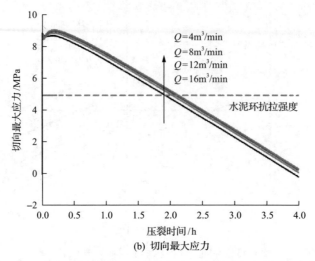

(b) 切向最大应力

图 6.44　不同压裂液排量下水泥环径向、切向最大应力瞬态变化

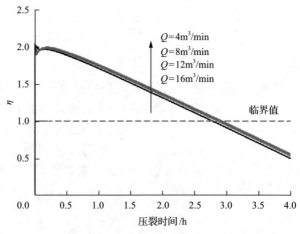

图 6.45　不同压裂液排量下水泥环失效判定曲线

3) 压裂液初始温度敏感性分析

由图 6.46 可见，压裂液初始温度越高，水泥环径向最大应力越大，切应力越小。从莫尔-库仑破坏准则判定值来看(图 6.47)，提高压裂液初始温度缩短了水泥环失效的时间，但是即便压裂液初始温度提升至 80℃，也未能显著降低莫尔-库仑破坏准则判定值，因此采取热压裂液进行压裂的方式并不能解决水泥环失效的问题。

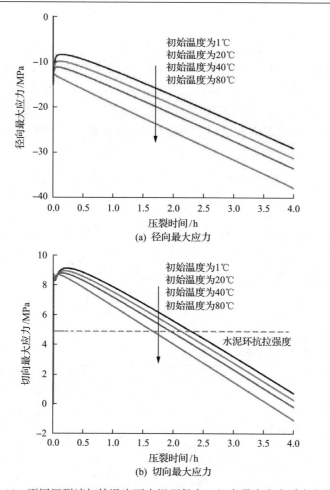

(a) 径向最大应力

(b) 切向最大应力

图 6.46　不同压裂液初始温度下水泥环径向、切向最大应力瞬态变化

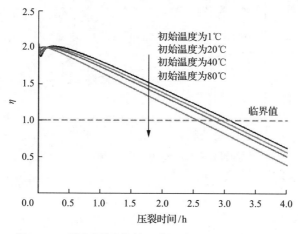

图 6.47　不同压裂液初始温度下水泥环失效判定曲线

4) 弹性模量敏感性分析

通过调节水泥浆体系可以对水泥环弹性模量进行调整, 进而达到改变水泥环受力状态的目的。由图 6.48 可知, 瞬态温度-压力耦合作用下, 随着水泥环弹性模量的不断降低, 径向、切向最大应力也显著降低。当弹性模量小于等于 **4GPa** 时, 水泥环径向最大应力、切向最大应力均低于水泥环抗压强度、抗拉强度, 莫尔-库仑破坏准则判定值最大值已经达到临界值(图 6.49)。由此可以说明, 降低水泥环弹性模量可以有效保证水泥环完整性。

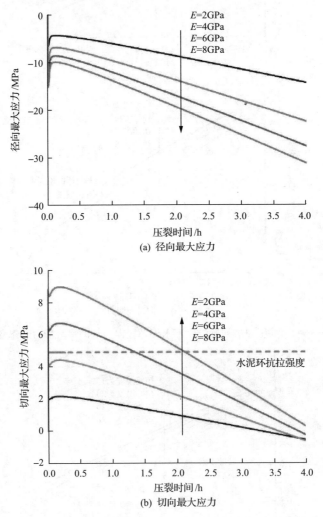

(a) 径向最大应力

(b) 切向最大应力

图 6.48　不同弹性模量下水泥环径向、切向最大应力瞬态变化

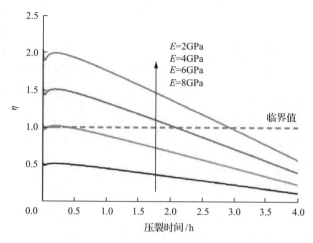

图 6.49　不同弹性模量下水泥环失效判定曲线(文后附彩图)

5) 泊松比敏感性分析

图 6.50(a) 为不同泊松比下水泥环径向最大应力瞬态变化曲线,可知泊松比对于径向最大应力影响较小。图 6.50(b) 为不同泊松比下水泥环切向最大应力瞬态变化曲线,可知泊松比越大,切向最大应力越小,但即便将泊松比升高到 0.37,切向最大应力也超过了水泥环抗拉强度。莫尔-库仑破坏准则判定值表明(图 6.51),泊松比为 0.37 时,水泥环也发生了失效。

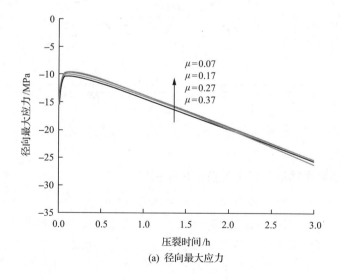

(a) 径向最大应力

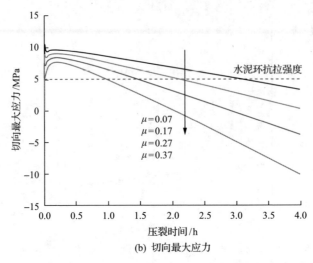

(b) 切向最大应力

图 6.50　不同泊松比下水泥环径向、切向最大应力瞬态变化(文后附彩图)

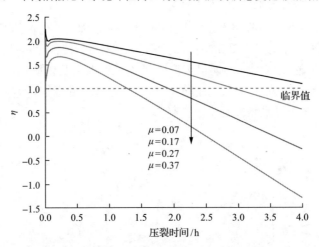

图 6.51　不同泊松比下水泥环失效判定曲线(文后附彩图)

6.3.2　弹韧性水泥保护密封完整性应用案例

　　涪陵页岩气井固井过程中通常采用两级浆柱的固井方式，其中领浆通常注入常规水泥浆，尾浆则注入胶乳水泥浆。工程实践结果表明，常规水泥浆形成的水泥环性质差，容易出现脆性破坏。胶乳水泥浆形成的水泥环虽然避免了该问题，但是由于其脆性改造不彻底，形成的水泥石仍然具有较高的弹性模量。受瞬态温度-压力耦合作用影响，压裂过程中依然容易发生破坏。因此，为确保页岩气井水泥环的完整性，需要采用全井筒密封性能优良的水泥浆体系。

　　基于上述分析可知，降低弹性模量可以有效避免水泥环破坏。因此本书设计了一种低弹性模量弹韧性水泥浆体系，其基本配方为：JHG+2%～8%有机弹性材料+8%～15%无基纳米乳液+2%～3%降低失水剂+2%～3%膨胀剂+0.1%～0.5%缓凝剂+1%～2%无基增韧剂+44%水，形成的水泥浆密度为 1.88g/cm³。弹性材料加量为 2%～8%时，经测试水泥石弹性模量为 4.2～7.5GPa，不同弹性材料加量下水泥石应力-应变曲线如图 6.52 所示，可见随着弹性材料加量的增加，水泥石的应力极值明显降低，而变形能力明显增大，有利于水泥环完整性的控制。

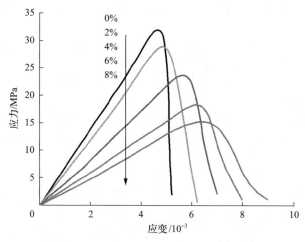

图 6.52　不同弹性材料加量下水泥石应力-应变曲线

　　基于上述计算方法对 5 口实钻井进行计算，依据计算结果改变弹性材料加量，对水泥环弹性模量进行调整。表 6.7 中，压裂后并未出现环空带压情况，保证了分段压裂后页岩气井的安全生产，证明了计算结果的有效性。

表 6.7　弹韧性水泥应用情况

井号	压裂段数	施工压力/MPa	临界弹性模量计算/GPa	弹性材料加量/%	实际弹性模量/GPa	是否带压
J2	18	85	5.8	6	5.5	否
D2	16	115	4	8	4.2	否
L1	18	87	5.8	6	5.5	否
P1	25	82	5.8	6	5.5	否
P2	22	83	5.8	6	5.5	否

参 考 文 献

[1] 刘硕琼, 李德旗, 袁进平, 等. 页岩气井水泥环完整性研究[J]. 天然气工业, 2017, 37(7): 76-82.

[2] 刘奎, 高德利, 曾静, 等. 温度与压力作用下页岩气井环空带压力学分析[J]. 石油钻探技术, 2017, 45(3): 8-15.

[3] 刘洋, 严海兵, 余鑫, 等. 井内压力变化对水泥环密封完整性的影响及对策[J]. 天然气工业, 2014, 34(4): 95-98.

[4] 郑有成, 张果, 游晓波, 等. 油气井完整性与完整性管理[J]. 石油钻采工艺, 2008, 31(5): 6-9.

[5] 孙莉, 樊建春, 孙雨婷, 等. 气井完整性概念初探及评价指标研究[J]. 中国安全生产科学技术, 2015, 11(10): 79-85.

[6] 赵效锋, 管志川, 廖华林, 等. 水泥环力学完整性系统评价方法[J]. 中国石油大学学报(自然科学版), 2014, 38(4): 87-92.

[7] 刘跃东, 林健, 冯彦军, 等. 基于水压致裂法的岩石抗拉强度研究[J]. 岩土力学, 2018, 39(5): 1781-1788.

[8] 邓华锋, 张小景, 张恒宾, 等. 巴西劈裂法在层状岩体抗拉强度测试中的分析与讨论[J]. 岩土力学, 2016, 37(2): 309-315.

[9] 赵效锋, 管志川, 史玉才, 等. 固井界面微环隙产生机制及计算方法[J]. 中国石油大学学报(自然科学版), 2017, 41(5): 94-101.

[10] 沈吉云, 石林, 李勇, 等. 大压差条件下水泥环密封完整性分析及展望[J]. 天然气工业, 2017, 37(4): 98-108.

[11] Goodwin K J, Crook R J. Cement sheath stress failure[J]. SPE Drilling Engineering, 1992, 7(4): 291-296.

[12] Carpenter R B, Brady J L, Blount C G. The effects of temperature and cement admixes on bond strength[J]. Journal of Petroleum Technology, 1992, 44(8): 936-941.

[13] Boukhelifa L, Moroni N, James S G, et al. Evaluation of cement systems for oil and gas well zonal isolation in a full-scale annular geometry [J]. SPE Drilling & Completion, 2013, 20(1): 44-54.

[14] Li Z Y, Zhang K, Guo X Y, et al. Study of the failure mechanisms of a cement sheath based on an equivalent physical experiment[J]. Journal of Natural Gas Science and Engineering, 2016, (31): 331-339.

[15] Albawi A, Torsaeter M, Andrade J D, et al. Experimental set-up for testing cement sheath integrity in arctic wells [C]. OTC Arctic Technology Conference, Houston, 2015.

[16] Andrade J D, Torsaeter M, Todorovic J, et al. Influence of casing centralization on cement sheath integrity during thermal cycling[C]. The IADC/SPE Drilling Conference and Exhibition, Fort Worth 2014.

[17] 唐毅. 储气库注采载荷对储层段水泥环完整性的影响研究[D]. 成都: 西南石油大学, 2017: 22-36.

[18] 陶谦, 陈星星. 四川盆地页岩气水平井 B 环空带压原因分析与对策[J]. 石油钻采工艺, 2017, 39(5): 588-593.

第7章　页岩气井筒完整性控制方法

页岩气多级压裂过程中出现的井筒完整性失效问题，已经严重影响了我国页岩气的高效开发进程。目前尽管已经采取了一些控制措施，环空带压问题有所缓解，但总体效果不佳，套管变形问题依然突出，亟待攻关。关于页岩气井筒完整性的控制方法包括：井眼轨道优化与轨迹控制、旋转套管固井技术、紊流注水泥技术、合理优选套管、优化固井方式、水泥浆体系优化、分段分簇参数优化、断层滑移预测与压裂参数优化、井身结构优化、可溶桥塞等。

7.1　井眼轨道优化与轨迹控制

我国页岩气区块集中在山区，地质条件复杂，有效储层较薄，导致水平井井眼轨迹质量不高，下套管困难，后续压裂过程中套管受力复杂。因此，需要建立基于井筒完整性约束条件下的井眼轨道优化与轨迹控制方法。

前人研究都假设水平段套管平直，不存在井眼狗腿角，这就造成了套管应力分析过程中忽略了由井眼狗腿角造成的套管应力放大现象。实际上，我国页岩有效储层薄，且呈一定倾角，导致钻井过程中频繁调整井眼轨迹，套管下入后井眼狗腿角变化较大，图 7.1 为四川某页岩气井井斜角和全角变化率情况。因此，要准确计算压裂过程中套管应力变化规律，有必要对套管弯曲导致的应力放大现象进行研究。

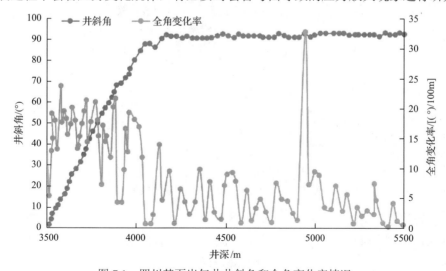

图 7.1　四川某页岩气井井斜角和全角变化率情况

考虑页岩气井井眼轨迹变化导致套管弯曲，使套管产生弯曲应力，随后压裂过程中套管弯曲应力和套管内压及地应力共同作用，最终影响套管的应力状态。因此，有限元分析模型的建立也分为两步：第一步为模拟套管下入过程，模拟井眼狗腿角导致套管产生弯曲应力；第二步为模拟压裂过程中套管内压、地应力及套管弯曲应力共同作用对套管应力的影响，模型中沿 X 方向的最大水平主应力为 67MPa，Y 方向的垂向地应力为 62MPa，Z 方向的最小水平主应力为 58MPa，压裂过程中套管内压为 90MPa。建模过程中所用参数见表 7.1。

表 7.1　套管-水泥环-地层组合体有限元模型参数

名称	外径/mm	内径/mm	弹性模量/GPa	泊松比
套管	139.7	118.62	210	0.3
水泥环	215.9	139.7	8	0.17
地层			15	0.23

模拟套管下入过程有限元模型如图 7.2 所示，对套管端部 A 点位置施加位移边界，保证分析过程中使套管逐渐进入井眼。本模型不考虑套管在井眼内部的偏心情况，因此利用位移方程的形式对套管的轴线进行约束，使套管的轴线和井眼轴线重合。

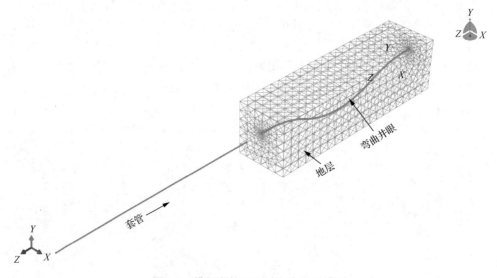

图 7.2　模拟套管下入过程有限元模型

套管弯曲应力计算完成后，需要进一步模拟套管内压、地应力及套管弯曲应力共同作用对套管应力的影响。套管-水泥环-地层组合体计算模型如图 7.3 所示，在地层上施加地应力，在套管内壁施加液柱压力。

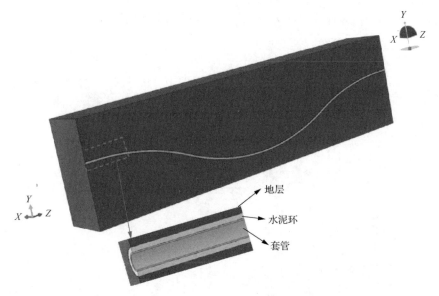

图 7.3　套管-水泥环-地层组合体计算模型

弯曲套管应力分布情况如图 7.4 所示，可以看出弯曲段套管应力显著集中。在此基础上，改变模型参数，即可计算不同狗腿角条件下套管弯曲应力、套管内压及地应力共同作用对套管应力的影响。

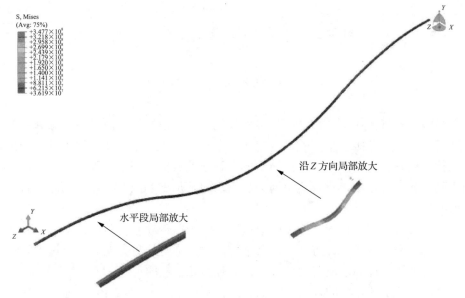

图 7.4　弯曲套管应力分布情况(文后附彩图)

图 7.5 给出了套管等效应力与井眼全角变化率的关系。由图可见，随着井眼全

角变化率的增大，套管等效应力明显增大。当全角变化率达到 35°/100m 时，套管应力增加幅度为 22.6%，这显然对于套管完整性的控制是不利的。在条件允许的情况下，应该尽量使用旋转导向钻井技术，提高井眼轨迹的平滑度，避免出现大的全角变化率，建议井眼全角变化率控制在 10°/100m 以内。在水平井下套管过程中，应尽量采用旋转下套管技术，并采用滚轮扶正器减小下套管摩阻。在固井时，应采用紊流注水泥，提高顶替效率，避免出现环空束缚流体。

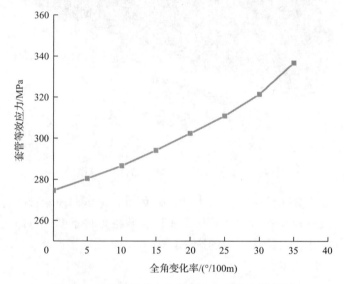

图 7.5　套管等效应力与井眼全角变化率的关系

7.2　旋转套管固井技术

我国页岩气区块地处山区，长水平段地层非均质性强，而且由于频繁调整井眼轨迹，水平段井眼质量较差，全角变化率较大，导致下套管过程困难。如果采取强行下套管方式，则不可避免地造成套管先期磨损，完整性程度降低。另外，由于套管和井壁接触，不可避免地会影响水泥环形态和固井质量。因此，有必要采取旋转套管固井技术。

旋转套管固井是在固井施工中通过转盘或顶驱带动套管转动，使水泥浆在其周围均匀分布的一种固井方法，简称旋转固井。通过这种方法，可以达到防止环空水泥浆窜槽、提高水泥浆顶替效率、增强固井质量的目的[1-3]。

目前，关于该技术的理论研究已经比较深入。Clark 和 Carter[4]通过室内试验证明活动套管可以提高水泥浆顶替效率。郑永刚[5]利用楔形区域流动方程式，求解了旋转套管在偏心环空中诱导的流场，并分析了旋转套管提高水泥浆顶替效率的机理。丁士东等[6]在研究旋转套管提高水泥浆顶替效率机理的基础上，计算了不同套管—井眼组合条件下套管旋转时流体的径向速度分布，并给出了最优的套管旋转速度。

旋转套管固井技术的优点主要包括如下几点[7]。

(1)有利于管柱顺利下入。在下套管过程中如果遇阻卡，可以通过转动套管来克服阻力，使套管顺利下入设计位置。

(2)有利于提高小间隙井的固井质量。小井眼、小间隙井的环空面积小，导致环空水泥浆流动阻力增大，固井过程中泵压升高，甚至发生压漏地层和憋泵等重大事故。而通过套管转动能改善钻井液的流动性能，降低施工泵压，提高井眼和井壁的清洗效果，保证水泥环与地层的胶结质量。

(3)有利于解决定向井由套管柱偏心导致的顶替效率偏低的问题。

(4)有利于阻止环空气窜通道的形成。套管在井中是不可能完全居中的。水泥浆一般会尽可能选择通道宽松的一侧流动，这样一来，空间小的一侧往往有钻井液滞留，顶替效率差，形成窜流通道。当套管进行旋转时，套管周边均会有水泥浆通过，可以在一定程度上减少或避免环空死钻井液的形成，因此可避免窜流通道的形成。

在实际应用方面，该技术也取得了较好的效果。2005 年，我国陆上首次旋转固井技术在塔河油田 YKSH 井应用成功，测井显示该技术提高了固井质量，封隔了两个高压气层，最终该井顺利钻进奥陶系油气层。2006 年，我国陆上首次尾管旋转固井在塔河油田 YK10 井现场应用，该井 7″in 尾管使用旋转固井方式，测井显示固井质量为优秀，这为塔河油田乃至中国陆上高压油气田提高目的层固井质量探索出了一条成功之路[8]。2009 年，胜利油田在东辛断块复杂井辛 176～斜 16 井的尾管完井中，首次采用国产旋转尾管悬挂器固井施工，旋转正常，性能可靠，固井质量优良[9]。

目前，我国的页岩气水平井进行固井作业时，已经开始推广应用旋转套管固井技术，取得了较好的效果。

7.3　紊流注水泥技术

注水泥顶替效率一直是国内外固井工作者研究和重视的课题。到目前为止，关于该项技术的研究还是以理论研究和模拟实验为主、系统的研究工作还不够完善、许多影响顶替效率的作用机理并未完全清楚。鉴于注水泥顶替效率会直接影响固井质量，从而影响井筒的完整性，因此提高注水泥顶替效率是非常重要的。

有关注水泥顶替机理的研究始于 20 世纪 30 年代[10]。目前，注水泥顶替机理主要有 3 种，分别是塞流顶替理论、层流顶替理论和紊流顶替理论。

1) 塞流顶替理论

塞流顶替理论[11-13]认为顶替液和被顶替液两者都处于塞流流动状态，流体的流速剖面非常平缓，顶替液与被顶替液之间不发生掺混。但塞流顶替技术常用于井壁比较疏松的地层和安全窗口比较窄的地层，这些地层很难形成宽流核、高流速的塞流顶替，低流速的塞流顶替经常会造成驱动力弱，对于边壁具有高黏附力的泥浆和虚泥饼更是束手无策。小流核、高流速的塞流顶替技术不利于顶替液对被顶替液的顶替，因为这种技术会造成顶替液的舌进。

2) 层流顶替理论

层流顶替理论[11-13]也称片流顶替理论，它是指流体各层之间互不干扰，分别按照各自的轨迹以不同的流速运动，主要表现为流体质点之间的摩擦和变形。层流顶替极易引起舌进现象，造成固井流体之间的掺混。针对这一问题，众多学者提出了有效层流顶替理论，这种理论就是根据水泥浆与钻井液两者之间的密度和流变性差异使两者之间互不掺混，从而形成均匀顶替，这种顶替理论目前已经被广泛采用，然而要想更好地实现这种顶替，就需要使套管具有非常高的居中度。

3) 紊流顶替理论

紊流顶替理论也称湍流顶替理论[11-13]，它是指流体在时间和空间上局部流速和压力等参数发生不规则脉动运动，运动过程中会形成漩涡和涡流，主要表现为流体质点之间的互相撞击和掺混。这种运动的流速剖面分布平缓，形成的漩涡会在水泥浆与钻井液的界面上产生冲蚀、扰动和携带，十分有利于水泥浆对钻井液的顶替，而且不易引起舌进现象。这种顶替方式已经被认为是最有效的顶替，所以在进行设计时，设计者通常首选的就是紊流顶替。但是由于水泥浆黏度大，紊流边界层的流速较低，形成紊流顶替时所需要的压降大。因此这种顶替方式的驱动力比较弱，特别是那些不规则的井眼，在局部易形成回流使得钻井液滞留，造成界面上的水泥浆胶结质量差。

关于水泥浆流变模式，常用的包括宾汉模式、幂律模式、卡森模式、赫-巴模式等。从流动模型看，幂律流型和宾汉流型是赫-巴流型的特例，用赫-巴流体描述固井水泥浆流变特性更接近于实际情况，赫-巴流体模型的适用范围更广，计算精度更高。下面基于赫-巴流型假设，给出了赫-巴流体偏心环空临界排量计算方法[式(7.1)]，这对固井施工中紊流临界排量的确定具有重要意义[14]。

$$Q = 2\pi \int_{k_e}^{1} \xi R^2 \left(\int_{1}^{\xi} \frac{pR^2(\xi^2 - \lambda^2)}{2\xi\eta} \mathrm{d}\xi \right) \mathrm{d}\xi \tag{7.1}$$

式中，p 为压力梯度，Pa/m；R 为井径，m；ξ、k_e 为无量纲半径坐标；Q 为临界排量；η 为泥浆黏度。

ξ、k_e 计算公式如下：

$$\xi = \xi(\theta) = \frac{r}{R(\theta)} \tag{7.2}$$

$$k_e = k_e(\theta) = \frac{R_1}{R(\theta)} \tag{7.3}$$

式中，θ 为偏心角，(°)；R_1 为钻杆半径，m；r 为井眼半径。

由于页岩气井水平段普遍比较长，且全角变化率变化较大，应该优先采用紊流注水泥技术提高顶替效率。目前，我国的页岩气水平井在进行固井作业时，已经尝试使用紊流注水泥技术。

7.4　合理优选套管

无论何种变形机理，最终的结果都是地层载荷超过了套管强度，进而导致套管变形。因此，合理优选套管是非常重要的。套管强度随钢级和壁厚的增加而增加，在成本允许的情况下，应尽可能提高套管的钢级和壁厚，进而提高其抗变形能力。在目前的研究中还是以壁厚对套管的影响为主。

7.4.1　理论计算分析

1. 有限元模型

页岩地层具有一定的倾角，且天然裂缝及断层比较发育。当大量压裂液注入地层时，应力场发生突变。当达到临界孔隙压力时，断层很容易被激活，引起断层滑动，导致套管变形，如图 7.6 所示[15]。

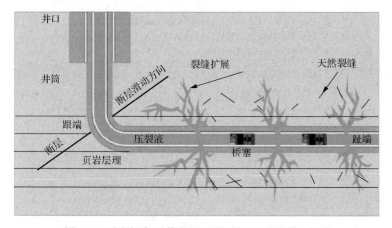

图 7.6　页岩气水平井多级压裂引起断层滑移示意图

　　为便于对比，建立了两种页岩气水平井断层滑移模型，沿轴向分为 3 段，如图 7.7 所示，中间部分代表天然断层。其中一个模型断层滑移距离为零，即不存在滑移，如图 7.7(a) 所示；另一个模型则产生了断层滑移，如图 7.7(b) 所示。模型考虑了地层的横观各向同性特征。

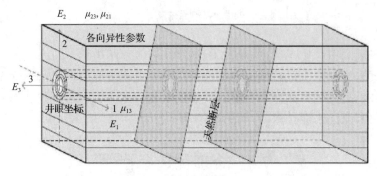

(a) 断层未滑移

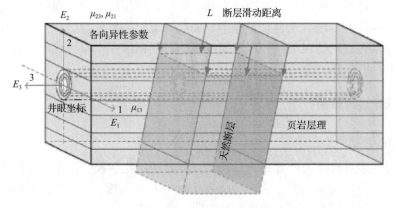

(b) 断层产生滑移

图 7.7　页岩气水平井断层滑移模型

E_1、E_2、E_3 分别为方向 1、2、3 的弹性模量，GPa；μ_{13}、μ_{21}、μ_{23} 为泊松比

　　利用 ABAQUS 有限元软件对上述模型进行分析，相应的参数见表 7.2、表 7.3。

表 7.2　流体-套管-水泥环-地层热力学参数

材料	弹性系数/GPa	泊松比	膨胀系数/(10⁻⁵/℃)	导热系数/[W/(m·℃)]	比热容/[J/(kg·℃)]	密度/(kg/m³)
套管	210	0.3	1.06	58.2	460	7850
水泥环	10	0.17	1.0	1.74	1830	1800
地层	22	0.23	1.02	1.0	1043	2500
流体				1.73	3935	1080

表 7.3　地应力与温度参数

	数值
最大水平主应力/MPa	82
最小水平主应力/MPa	55
垂直地应力/MPa	57
套管内压/MPa	75
地层温度/℃	100
流体温度/℃	20

2. 计算结果分析

图 7.8 给出了壁厚为 9.17mm 时不同套管外径下套管最大等效应力随圆周角的变化规律，套管外径 D_{out} 分别设为 101.6mm、127.0mm、139.7mm、152.4mm、177.8mm。显然套管直径越大，其应力值越高，套管受力越严重。

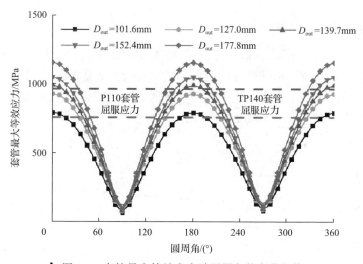

图 7.8　套管最大等效应力随圆周角的变化规律

图 7.9 给出了不同断层滑移距离条件下套管最大等效应力随套管径厚比的变化规律，套管径厚比 D_{out}/t 设为 27.94、19.96、15.52、12.70、10.75、9.31，断层滑动距离设置为 0mm、5mm、10mm、15mm 和 20mm。由图可见，径厚比越大，套管最大等效应力越大，显然不利于套管保护。

综合上述分析结果，在地应力、压裂施工参数相同的条件下，应该优选小外径、大厚壁(即小径厚比)的套管，此时的套管最大等效应力小、安全系数高，对于套管保护是有利的。例如，当 D_{out}/t 为 12.70、断层滑动距离为 10mm 时，P110 套管(屈服应力为 758MPa)的安全系数为 0.85，TP140 套管(屈服应力为 965MPa)的安全系数为 1.1。当 D_{out}/t 为 10.75 时，TP140 套管的安全系数可达 1.2。

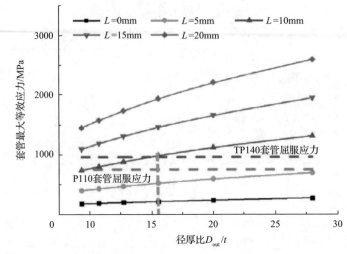

图 7.9　不同断层滑移距离条件下套管应力随套管径厚比的变化规律

7.4.2　实际套管实验结果

中国石油集团石油管工程技术研究院对 3 种套管做了抗剪切实验,结果如图 7.10 所示。显然,套管钢级和壁厚对抵抗剪切载荷均有显著影响。在剪切载荷达到极限值以前,套管变形量不大,处于弹性变形区。当剪切载荷达到极限值以后,套管变形量迅速增加,进入塑性变形阶段。

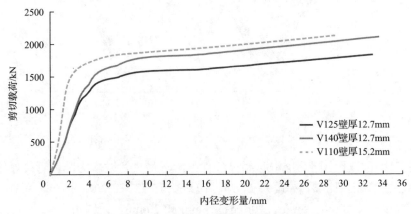

图 7.10　套管内径变形量与剪切载荷的关系

在实际工程中,应该根据地应力条件、压裂施工参数等开展相关实验研究,确定具体区块的地层载荷大小,以便优选合理的套管钢级和壁厚。在成本允许的条件下,应优选高钢级、大壁厚、小径厚比套管。目前,我国页岩气现场已经开始尝试使用外加厚厚壁套管,取得了一定的效果。但仍有部分井出现套管变形问题,如何优选套管仍需进一步探索。

7.5 优化固井方式

研究表明，页岩气套管变形的力学机理是由套管承受了巨大的非均匀外挤载荷所致。因此，如果能将非均匀外挤载荷转化为均匀外挤载荷，则可以从根本上解决页岩气套管变形问题。本书提出了分段固井方式，即在套管变形段环空不固井，而是注入一段流体，利用流体的流动性吸收地层变形，实现最大程度的套管保护。当然，这种固井方式会影响到分段压裂改造效果，且需要对套管变形段进行精确预测。在目前套管变形形势严峻，且缺乏有效手段的背景下，应该开展相关的现场试验，以便积累经验，争取有所突破。

以下从分段固井方法的概念、组合体受力有限元模型分析、不同固井方法下套管应力对比分析、分段固井方法可行性分析 4 个方面来具体介绍。

7.5.1 分段固井方法

分段固井方法示意图如图 7.11 所示。其基本设想是在确保直井段固井封住环空、趾端封住井底的基础上，针对容易产生井筒完整性失效的井段，环空不固井，而是注入一段流体，在其相邻井段则进行正常固井作业。水泥浆凝固后的水泥环形成"硬(水泥石)+软(流体)+硬(水泥石)"的"三明治"结构。其优势是将分段压裂过程中可能产生的极端非均匀外挤载荷转化为均匀外挤载荷，从而达到防止套管变形、保持井筒完整性的目的。

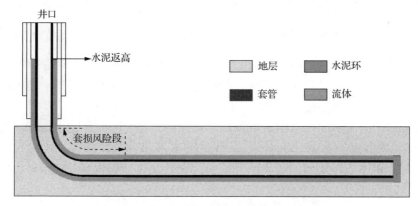

图 7.11 分段固井方法示意图(文后附彩图)

7.5.2 组合体受力有限元模型分析

为说明问题方便，以出现套管变形问题的威远—长宁 W201-H1 页岩气井为例进行对比计算，该井井深 2740m，垂深为 1550m，生产套管钢级为 P110，屈服强度为 758MPa，几何及力学参数见表 7.4。初始状态下最大水平主应力和垂向地应力分别为 48MPa 和 35MPa，施工泵压为 60MPa。建立常规固井和分段固井条件下套管-水泥环-地层组合体受力模型，如图 7.12 所示。

表 7.4　W201-H1 井套管-水泥环-地层几何及力学参数

名称	外径/mm	弹性模量/GPa	泊松比
套管	139.7	210	0.3
水泥环	215.9	10	0.17
地层		22	0.23
流体		0.4	0.47

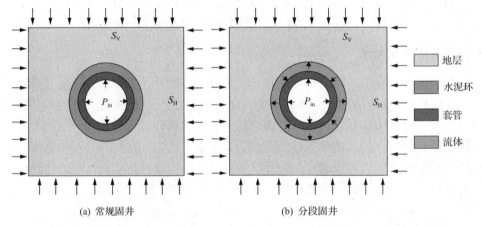

(a) 常规固井　　　　　　　　　　(b) 分段固井

图 7.12　常规固井与分段固井条件下套管-水泥环-地层受力模型（文后附彩图）

假设压裂过程中水泥环完好，则其性能参数保持不变。井筒附近的地层，由于压裂液的浸入，刚度会逐渐退化。同时，压裂裂隙扩展不规则且不均匀会导致近井筒地应力出现剧烈变化，出现"局部高压区"和"应力亏空区"[3,4]，对套管产生极端非均匀地应力，甚至是点载荷。为分析问题方便，设定初始和极端地应力状态及套管内压，见表 7.5。其中为 σ_H 最大水平主应力，MPa，σ_v 为垂向地应力，MPa，p_{in}^{max} 为压裂时套管内压，MPa，p_{in}^{min} 为压裂结束时套管内压，MPa。

表 7.5　初始和极端地应力状态下外挤载荷

项目	最大外挤载荷/MPa	最小外挤载荷/MPa	套管内压/MPa
初始应力状态	σ_H	σ_v	p_{in}^{max}
极端应力状态	$\sigma_H + p_{in}^{max}$	0	p_{in}^{min}

7.5.3　不同固井方法下套管应力对比分析

图 7.13 为初始地应力状态下套管应力周向分布曲线,可知采用常规固井方法,套管应力周向分布呈明显的非均匀状态,最大应力位于与最大水平地应力方向垂直处;采用分段固井,相比于常规固井时的套管应力大小及分布均发生变化,应力大幅降低且转化为均匀分布,最大应力值仅为常规固井条件下最大应力值的 34.3%。也就是说,如果地应力状态不发生改变,那么压裂过程中,套管是安全的,不会发生变形。

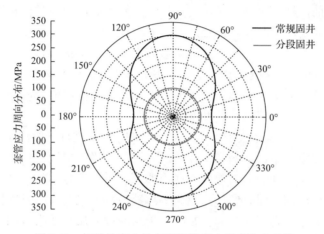

图 7.13　初始地应力状态下套管应力周向分布曲线

图 7.14 为极端地应力状态下套管应力周向分布曲线,可知采用常规固井方法,套管应力周向分布呈不均匀状态,且最大应力超过了套管的屈服强度,套管会

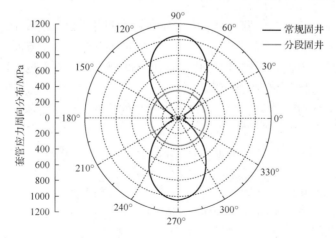

图 7.14　极端地应力状态下套管应力周向分布曲线

发生剪切破坏。水平位置处应力微小"突起"是因为套管内壁出现压-拉应力转换，最大应力位于与最大水平主应力方向垂直处。采用分段固井，应力大幅降低且呈均匀分布状态，最大应力值仅为常规固井条件下最大应力值的33%。而且，最大应力值远远小于套管屈服强度，说明套管是安全的。

7.5.4　分段固井方法可行性分析

(1)非固井段套管能否抵抗地层载荷分析。大庆油田有限责任公司第一采油厂油页岩层段曾多次发生套管变形问题[16]，当时存在两种观点：一种观点认为应该将水泥返到地面，环空全部注满水泥，增加套管承载能力；另一种观点认为应该尝试套损段不固井，水泥面返到套损段以下。后来进行了现场实验，13口井水泥返到地面，另外3口井在油页岩层段则没有固井，其上部为自由段套管。结果表明，前13口井油页岩层段的套管全部发生变形，后3口井套管完好。究其原因，在于非固井段套管的受力状态发生了显著变化。这里提出的分段固井方法比上述实例要复杂些，但从保护套管角度看是可行的。

(2)从固井工艺实施角度看该方法是可行的，只要进行分段注水泥，就可以形成理想的"三明治"结构。相当于在非固井段打一段隔离液，只需采用批混罐或批混撬，将预先配置好的隔离液泵入井内即可。需要注意的是，必须对水泥量进行严格的计算和控制，同时要尽量避免隔离液与水泥浆混浆，可以控制隔离液的密度及黏度与水泥浆完全一致，否则容易导致两种介质界面附近的水泥环质量下降，影响固井效果。

(3)压裂液与环空流体的混合问题。压裂液大部分会进入分簇射孔孔眼，实现裂缝扩展，也会有一部分进入环空与流体混合。由于都是液体，不会改变其维持非固井段套管承受均匀外挤载荷的特点。

(4)环空流体的腐蚀问题。由于中间段套管不固井，会长期浸泡在液体中，必须考虑注入流体的腐蚀性。为尽可能延长套管的使用寿命，一方面可以采用防腐蚀喷膜、更换防腐蚀套管等方法强化套管防腐性能；另一方面也可以在注入流体中加入防腐剂，延缓套管腐蚀时间。

(5)环空流体对井壁的影响。尽管非固井段的流体会浸泡裸眼井壁，但参考目前长水平井段钻进中大量采用水基钻井液且能保持井壁稳定的情况，在压裂改造期间非固井段的井壁稳定是可以保证的。在后期生产过程中，液体的长期浸泡有可能影响到井壁的稳定性，因此应该选择对页岩水化能力弱的惰性流体。另外，气体的产出会带出部分流体，可能造成一定程度的井壁坍塌。但此时的井眼通道已经形成，非固井段的距离也较短，即便改造失败，后果也是可以接受的。

(6)环空流体段对缝网体结构的影响。对于常规固井方式，假如压裂过程中水泥环保持完整，则压裂液会通过分簇射孔孔眼扩展，形成缝网；而对于分段固井方式，压裂液会部分进入环空流体，对整个井壁形成压迫，部分薄弱点存在形成裂缝的可能性。但由于分簇射孔孔眼处最为薄弱，压裂液仍会沿着优势通道前进，继续形成缝网体结构，只是规模可能会减小。

7.6　水泥浆体系优化

研究表明，降低水泥环的弹性模量可以有效改善套管受力情况。作者曾提出水泥环理想性能为高强度、低刚度的思想，利用高强度抵抗外挤载荷，利用低刚度吸收外挤载荷。这与现在普遍采用弹韧性水泥，高强度、低弹性模量水泥石是一致的。同时，低刚度意味着低弹性模量、高泊松比。目前更多研究强调了低弹性模量的重要性，已经研制成功弹性模量达到 5GPa 的水泥石。建议进一步研究新型水泥石材料，尽量做到高泊松比，以便最大限度地吸收地层载荷。同时，增加水泥环的变形能力，也有助于改善环空密封效果，避免或减缓环空带压现象。

近年来，国内学者在弹韧性水泥浆方面的研究有了较大进展，下面介绍相关的弹韧性水泥浆体系及应用效果。

7.6.1　水泥浆体系设计思路

一般以乳胶、弹性颗粒及纤维作为弹韧性功能材料，水泥浆体系可分为一元、二元及多元弹韧性水泥浆体系[17]，下面列出的水泥浆体系均为一元弹韧性水泥浆体系中的乳胶水泥浆体系。研究方法是对该类水泥浆体系进行常规性能和力学性能实验分析，从而优选出一定温度、压力范围内适合页岩气水平井固井的水泥浆体系。具体做法如下。

（1）丁苯胶乳 DRT-100L 是性能优良的增韧防窜剂，可以改善水泥石力学性能，配合粉体增韧防窜剂 DRT-100S 可对水泥石起到降低弹性模量、增强韧性的效果。

（2）优选石英砂、铁矿粉，配合微硅提高水泥石紧密堆积程度，从而在一定程度上提高弹韧性水泥石强度。

（3）优选与增韧防窜剂配伍性能好的配套外加剂，调节水泥浆施工性能。

（4）优化韧性水泥浆/水泥石综合性能，满足 2～3d 质量检测要求及长期密封要求。

7.6.2　水泥浆体系常规性能评价

通过实验研究，结合常规页岩气水平井固井对水泥浆的力学性能要求，确定适合页岩气水平井固井的乳胶水泥浆配方如下所述。

1. 常规密度乳胶水泥浆体系

配方 1 号：夹江 G 级水泥+20%石英砂+3%微硅+2.0%降失水剂 DRF-120L+X%缓凝剂 DRH-200L+0.6%分散剂 DRS-1S+8%胶乳 DRT-100L+1.2%胶乳调节剂 DRT-100L+2%增韧防窜剂 DRT-100S+0.15%稳定剂 DRK-3S+消泡剂 DRX-1L+抑泡剂 DRX-2L+水（水泥浆密度为 1.92g/cm^3）。

从表 7.6 可以看出，常规密度乳胶水泥浆性能良好，API 滤失量可以控制在 50 mL 以内，上下密度差不高于 0.03g/cm^3，无游离液，满足页岩气水平井水平段固井要求。

表 7.6　常规密度乳胶水泥浆性能表

配方	温度/℃	API 滤失量/mL	稠化时间/min	上下密度差/(g/cm^3)	游离液
1 号	100	43	228	0.02	0
1 号	110	45	198	0.02	0
1 号	120	46	186	0.03	0

2. 高密度乳胶水泥浆体系

不同密度水泥浆配方如下所述。

配方 2 号：夹江 G 级水泥+3%微硅+50%精铁矿粉+2.0%降失水剂 DRF-120L+X%缓凝剂 DRH-200L+0.8%分散剂 DRS-1S+10%胶乳 DRT-100L+1.4%胶乳调节剂 DRT-100LT+0.6%稳定剂 DRK-3S+消泡剂 DRX-1L+抑泡剂 DRX-2L+水泥基浆（2.15g/cm^3）。

配方 3 号：夹江 G 级水泥+3%微硅+80%精铁矿粉+2.0%降失水剂 DRF-120L+X%缓凝剂 DRH-200L+0.8%分散剂 DRS-1S+10%胶乳 DRT-100L+1.4%胶乳调节剂 DRT-100LT+0.6%稳定剂 DRK-3S+消泡剂 DRX-1L+抑泡剂 DRX-2L+水泥基浆（2.30g/cm^3）。

从表 7.7 可以看出，高密度乳胶水泥浆常规性能良好，API 滤失量可以控制在 50mL 以内，上下密度差不高于 0.03g/cm^3，无游离液，可以满足页岩气水平井直井段固井要求。

表 7.7　高密度乳胶水泥浆常规性能表

配方	温度/℃	API 滤失量/mL	稠化时间/min	上下密度差/(g/cm^3)	游离液
2 号	100	36	279	0.02	0
3 号	100	38	264	0.02	0
2 号	110	38	286	0.02	0
3 号	110	40	313	0.02	0
2 号	120	42	295	0.03	0
3 号	120	40	348	0.03	0

7.6.3 水泥石力学性能评价

对不同密度的水泥石抗压强度及弹性模量进行了评价，结果见表 7.8。

表 7.8 高密度乳胶水泥石力学性能表

水泥石密度/(g/cm³)	120℃抗压强度(72h 后)/MPa	弹性模量/GPa	备注
1.90	40.5	8.8	未进行弹韧性改造
1.90	32.2	6.0	弹韧性改造
2.15	28.2	8.4	未进行弹韧性改造
2.15	24.8	5.7	弹韧性改造
2.30	27.6	8.3	未进行弹韧性改造
2.30	24.3	5.8	弹韧性改造

从表 7.8 中的数据可以看出，经弹韧性改造后的常规密度(1.90g/cm³)水泥石与未经弹韧性改造的水泥石相比，水泥石抗压强度降低 20%左右，而水泥石弹性模量降低了 32%左右。经弹韧性改造后的高密度(2.15g/cm³)水泥石与未经弹韧性改造的水泥石相比，水泥石抗压强度降低 12%左右，而水泥石弹性模量降低了 32%左右。经弹韧性改造后的高密度(2.30g/cm³)水泥石与未经弹韧性改造的水泥石相比，水泥石抗压强度降低 12%左右，而水泥石弹性模量降低了 30%左右。这说明常规密度水泥石与高密度水泥石弹韧性改造效果良好，有利于保证水泥石在分段压裂过程中的力学完整性。

7.6.4 现场应用情况

以上水泥浆体系在黄页 1 井得到应用，该井为直井，两级套管结构，表层套管下至 494.24m，油层套管下至 2484.54m。压裂设计施工排量为 10m³/min，地层闭合压力为 45MPa，预计地层最高压力为 70MPa。压裂层位为下寒武统九门冲组，岩性为黑色碳质泥页岩。压裂井段为 2340～2370m，厚 30m。固井质量测井数据见表 7.9。经试压测试，加压 20MPa，稳压 30min，降压 0.5MPa。经过综合评价，固井质量为优，满足九门冲组压裂的需要。总体来看，该水泥浆体系现场使用效果较好[18]。

表 7.9 黄页 1 井固井质量评价

井段/m	所解释层位	固井质量
320～1050		差
1050～1245		中
1245～1568		中-优
1568～2443	含测井解释的页岩层	优

7.7　分段分簇参数优化

分段分簇参数对于水力压裂裂缝的扩展及缝网体的形成十分重要，同样也会对近井地带应力场和变形场产生显著影响，进而影响到套管的外挤载荷。因此，应该建立基于套管结构完整性保护的分段分簇参数优化方法。鉴于我国页岩气储层非均质性强、岩性界面多、断层和裂缝发育的条件，建议在 TOC 含量高且地层均质的井段进行加密分段和分簇，以便增加缝网复杂程度。而对于断层和裂缝发育的井段，则应该适当降低分段和分簇数量，避免在压裂过程中引起地层滑移，最大限度地保护套管结构完整性。

7.7.1　分段压裂裂缝缝间距优化

国外学者对缝间距优化问题研究得较早，Fisher 等[19]、Olson[20]先后通过水平井微地震测量的方法验证了裂缝压开后"应力影"效应的存在。Soliman 等[21]认为，裂缝开启引起的应力干扰是水平井分段压裂中控制缝间距的限制因素，应尽量避免缝间应力干扰来促使裂缝向远处扩展延伸。Singh[22]等定义了最小缝间距的概念，最小缝间距就是指裂缝和应力反转区(即各向同性点)之间的距离，图 7.15 为裂缝转向应力场及最小缝间距示意图。对于渗透率极低的页岩储层，提高页岩气产量的关键就在于如何在水平段放置裂缝并尽可能地减小裂缝间距。

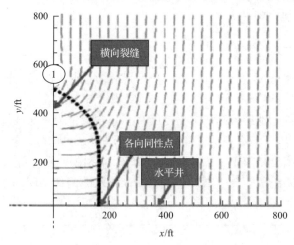

图 7.15　裂缝转向应力场及最小缝间距示意图

Roussel 等[23]还建立了三维孔弹性-多级压裂裂缝模型，在给定储层特性、压裂方式等条件下模拟水平井最优裂缝间距，通过计算得到以下结论。

(1)交替压裂方式可以使低应力区域内的"中间裂缝"在扩展延伸过程中具有

提高裂缝复杂性及减小最小裂缝间距的可能性。

(2)交替压裂方式具有使中间裂缝沿着先压裂缝正交直线的中点延伸的优势。

(3)连续压裂过程中，当裂缝间距小于某一临界值时，一些裂缝便会与先压裂缝相互交叉，这会影响储层有效改造体积和改造效果。

2012 年，张汝生等[24]利用 ABAQUS 数值软件建立了三维数值模型来分析水平井多级水力裂缝干扰机理。主要做法是将黏聚力孔压单元嵌入射孔簇内，结合簇间距、簇数、缝高、压裂液黏度、地层非均质性等条件，对缝间干扰机理进行研究分析。研究发现，增加簇间距或者减小簇数均会减弱缝间干扰，导致更多裂缝扩展延伸；较高的压裂液黏度会增加裂缝宽度，同时也会引起较强的缝间干扰；较高的泵速会引起较大的缝间距。另外，弹性模量高的目标储层将引起更强的缝间干扰，建议对弹性模量较高的目标储层，增大其簇间距。

总体来讲，国外对页岩气多级压裂裂缝扩展和缝间干扰的研究比较系统。从国外工业界的做法来看，目前倾向于加密簇间距和缝间距，以便增加缝网复杂程度，提高页岩气产量。国外的页岩气储层比较均质，非均质性并不突出，套管变形问题不明显，因此适当加密缝间距是可行的。而国内的页岩气则有很大不同，储层埋藏深、破裂压力高、非均质性突出，套管变形问题严重，因此需要开展非均匀分簇射孔研究，以便在保证井筒完整性的前提下改善开发效果。

7.7.2　非均匀分簇射孔参数优化

页岩气开发主要依靠水平井，并结合大规模分段体积压裂改造技术，而分簇射孔技术是进行分段体积压裂、形成有效缝网体的重要手段。相对于欧美开发成功的页岩气区块，我国的页岩气区块普遍经历了复杂的地质构造运动，使储层非均质性更强，裂缝层理充分发育，缝网形成机制更加复杂。此时就需要开展非均匀分簇射孔如局部加密射孔、定面射孔等，以降低起裂压力，增大储层改造体积。

前人研究表明，射孔孔眼的存在会明显削弱射孔套管的强度，现场应用也发现采用定面射孔等非均匀射孔方式时，套管撕裂挫断或胀破的风险进一步增大，因此需要对非均匀射孔参数对套管强度的影响进行研究，以便在降低起裂压力的同时，尽可能保护套管。

1. 有限元模型的建立

模型假设：①射孔孔眼不存在偏心，即孔眼中心轴线与套管轴线垂直并相交；②孔眼轴线垂直面上的投影为圆形，且不考虑孔边的毛刺及裂纹；③所射孔眼均未堵塞，每个孔眼的直径分别相等；④忽略套管的椭圆度及壁厚不均匀度。

2. 有限元模型参数

采用 ANSYS 软件中的"Structure"模块建立 1500mm 长的套管模型，如图 7.16 所示。套管为 P110 套管，材料为弹塑性材料，弹性模量 E=206GPa，泊松比 μ=0.3，密度为 7850kg/m³，热膨胀系数为 1.16×10^{-5}，套管外径为 139.7mm，壁厚为 9.17mm，屈服极限为 758MPa，模拟入井深度为 3000m，其中 2000~3000m 为水平段，孔径为 10mm，射孔密度为 16 孔/m，相位角为 90°。

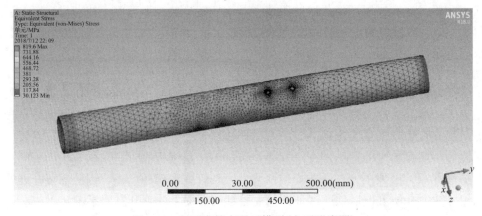

图 7.16　射孔套管有限元模型（文后附彩图）

在所建立的几何模型的基础上将该模型进行离散，选用 10 节点四面体单元。由于孔眼附近存在应力集中现象，在划分单元时设置两倍孔眼直径范围内的单元尺寸为 0.2mm，而管体其他部位为 2mm，这样既可以得到较为精确的结果，又能减少单元和节点数。

3. 加密射孔参数优化

目前常用的加密射孔方法主要有 3 种，分别是轴向加密射孔、环向加密射孔和螺旋线加密射孔，如图 7.17 所示，分别分析轴向距、环向角和螺旋配合方式对套管强度的影响。射孔后套管最大等效应力值是反映套管强度的主要参数，这里采用应力系数 K 来表征加密射孔后套管强度的变化，K 为加密射孔后套管最大等效应力与加密前套管最大等效应力的比值。当 K 大于 1 时，表示加密射孔后套管最大等效应力增大，套管剩余抗挤强度减小。

图 7.18 为轴向加密射孔对套管强度的影响规律，可以看出，套管进行轴向加密射孔后，套管应力系数均大于 1.0，说明套管强度降低。随着孔眼轴向距的增大，应力系数 K 逐渐下降并趋于平缓，说明随着孔眼轴向距的增大，套管强度下降程度减小。因此在进行轴向加密射孔时，应对孔眼轴向距进行调节，以最大限度地保护套管。以本模型中 10mm 孔眼为例，轴向加密时轴向距应大于 20mm。

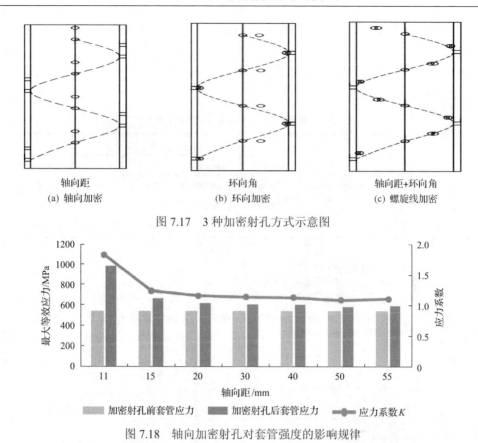

图 7.17　3 种加密射孔方式示意图

图 7.18　轴向加密射孔对套管强度的影响规律

图 7.19 为环向加密射孔对套管强度的影响规律，可以看出套管进行环向加密射孔后，套管应力系数均大于 1.0，说明套管整体强度降低。随着环向角的增大，应力系数 K 先快速下降，后趋于稳定。因此在环向加密射孔时，应该对环向角进行调节，以最大限度地保护套管。以本模型中 10mm 孔眼为例，环向角应大于 10°。

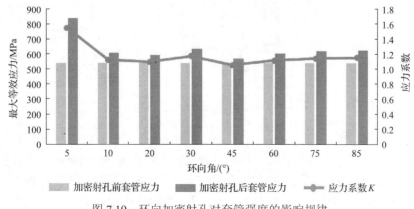

图 7.19　环向加密射孔对套管强度的影响规律

　　表 7.10 给出了螺旋线加密射孔前后的套管强度值。螺旋线加密射孔后套管等效抗挤强度进一步降低，但螺旋线加密射孔套管抗挤强度降低幅度最小，且在较小的轴向距和环向角的配合下(两孔离得更近)也能保证套管强度，因此可以用于页岩储层高密度射孔。

表 7.10　螺旋线加密射孔前后的套管强度值

	轴向距+环向角(螺旋线配合)				
	10mm+8°	20mm+30°	30mm+45°	40mm+60°	50mm+80°
加密射孔前套管等效抗挤强度/MPa	70.78	70.78	70.78	70.78	70.78
加密射孔后套管等效抗挤强度/MPa	65.19	68.37	68.09	68.94	65.40
抗挤强度下降百分比/%	7.9%	3.4%	3.8%	2.6%	7.6%

4. 定面射孔参数优化

　　定面射孔是近几年发展起来的一种新型射孔方式，其射孔参数主要有定面夹角、定面轴向距和定面交错角，如图 7.20 所示，这些参数变化会对套管强度产生重要影响。

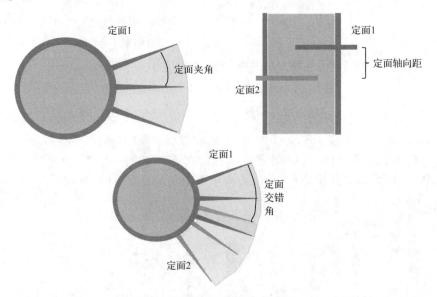

图 7.20　定面射孔参数示意图

　　设置定面轴向距为 120mm，孔眼直径为 10mm，得到定面夹角变化对射孔后套管抗挤强度的影响，如图 7.21 所示，可见定面夹角为 5°～10°时，套管抗挤强度降低幅度约为 13%。定面夹角超过 10°后，套管抗挤强度降低趋势趋于稳定，平均降低幅度约为 9.83%，表明定面夹角对套管抗挤强度影响较小。为保证套管安全,对于不同孔径的定面射孔,定面夹角均有一个最小值,实际射孔时夹角取值应大于这个最小值,本例中定面夹角大于 10°较为合理。

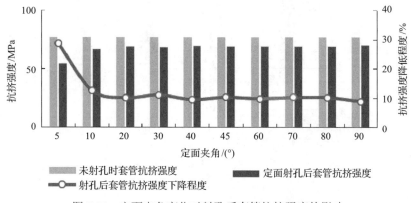

图 7.21 定面夹角变化对射孔后套管抗挤强度的影响

设置定面夹角为 30°,孔眼直径为 10mm,得到定面轴向距变化对射孔后套管抗挤强度的影响,如图 7.22 所示,可见定面轴向距小于 20mm 时,套管抗挤强度严重降低,平均为 36.3%。定面轴向距大于 20mm 时,套管抗挤强度降低趋于平缓,平均降幅约为 12.5%。显然,相比于定面夹角,定面轴向距对套管抗挤强度影响较大,为保证套管安全,对于不同孔径的定面射孔,定面轴向距均有一个最小值,实际射孔时轴向距取值应大于这个最小值,本例中轴向距应取 20mm以上。

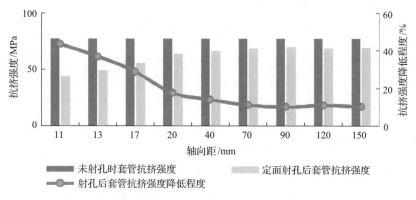

图 7.22 定面轴向距变化对射孔后套管抗挤强度的影响

定面交错角变化对射孔后套管抗挤强度的影响如图 7.23 和图 7.24 所示,可见当定面交错角为定面夹角的 1/2 和 1.5 倍时,套管抗挤强度降低程度最小,有利于套管保护。因此进行定面射孔时,每个定面中的孔眼不应处在同一轴线上。

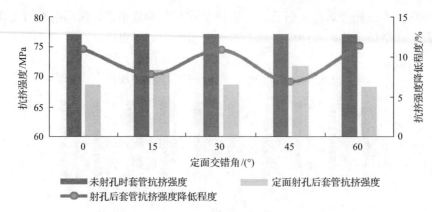

图 7.23　定面交错角变化对射孔后套管抗挤强度的影响（定面夹角为 30°）

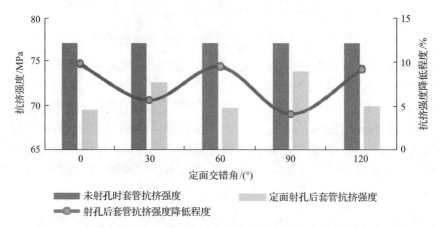

图 7.24　定面交错角变化对射孔后套管抗挤强度的影响（定面夹角为 60°）

　　综合以上研究，可得出以下结论：①轴向、环向和螺旋线加密射孔后套管整体强度均有所降低。其中螺旋线加密方式下套管强度降低幅度最小，可用于高密度布孔；②进行定面射孔时，定面夹角、定面轴向距和定面交错角都会影响套管抗挤强度，定面夹角和定面轴向距存在最优取值区间。同时，每个定面中的射孔孔眼不应处在同一轴线上。

7.8　断层滑移预测与压裂参数优化

　　从改善压裂效果的角度讲，提高压裂的压力和排量，显然有利于复杂缝网体的形成，进而可提高页岩气井的改造效果。但从套管保护的角度讲，降低压裂的压力和排量则是更有利的。目前采取的改善井眼轨迹质量、改善下套管作业、采用厚壁套管、弹韧性水泥等措施，尽管取得了一定的效果，但未能从根本上解决套管变形问题。因此，有必要从压裂参数优化入手，尽可能减少或者避免出现地层滑移的情况。由于断层及天然裂缝分布的随机性很大，地球物理解释的精度尚不能识别微小断层或天然裂缝等弱面，滑移地岩块体的规模、滑移距离、滑移方向等也难以准确计算。在目前的条件下，应该通过现场试验的方式，逐步探索降低压裂参数和压裂后产量的对应关系，为参数优化奠定基础。但是，这种方式的区域性很强，所得出的规律不具有普遍意义。因此，应该进一步加强地层滑移地质建模研究，得出压裂参数与地层滑移参数的量化模型，从根本上解决压裂参数优化问题。

7.8.1　优化方法的提出

断层滑移问题与页岩气的生产关系密切，国外学者早在 20 世纪 60 年代就对此进行了研究。美国科罗拉多州的研究工作者最先关注到地层流体的变化会导致断层滑移，并证明了阿蒙东定律和莫尔-库仑破坏准则能够应用于断层滑移分析。随后，Healy 等[25]指出注入流体过程中的井底压力与断层滑移频率存在密切联系。1984 年，Zoback[26]证实注水过程中垂直应力、最小主应力和孔隙压力满足阿蒙东方程，诱发断层滑移的摩擦系数约为 0.6。从 2011 年开始，美国的 Bowland 页岩地层、俄克拉荷马地区，加拿大的 British Colombia、英国的 Blackpool 地区等都发生了由水力压裂导致的断层滑移现象，引起了更多学者的关注。

但以往的研究都是以微地震监测为手段，只能判断水力压裂之后引发断层、裂缝滑移的位置及时间情况等，而不能应用于水力压裂之前的断层、裂缝滑移预测。

本书基于阿蒙东定律及页岩地层渗流特征，同时结合页岩气井水平井组的特点，提出了一种预测断层滑移可能性的方法。该方法结合页岩气水平井组压裂作业间的施工压力、邻井套管压力变化，反演压裂过程中页岩地层压力的时空变化，从而利用阿蒙东定律判断井筒附近断层发生滑移的时间、位置，实现压裂过程中断层滑移的预测，进而指导压裂作业参数的优化。

7.8.2　地层压力的监测

页岩气水平井组压裂过程中的地层压力测量是指利用页岩气井水平段具有多条分支且分支间距尺度在百米级的特点，在相邻的两支水平井段的压裂射孔段分别设置压裂点和监测点，如图 7.25 所示。同时，通过地震物探资料，得到水平井层位地层的断层、裂缝带分布。通过钻井资料，可以得到井深、方位、井间距。将两者相结合可以得到水平井组范围内的地层结构示意图。

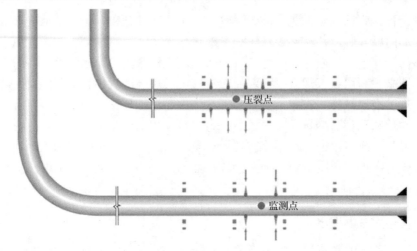

图 7.25　页岩气水平井组压裂过程中地层孔隙压力传递测量示意图

在压裂点进行作业时，通过压裂点的泵压计算该点的地层孔隙压力，同时通过监测点井口的套管压力计算监测点的地层孔隙压力。从而实现该段地层压裂过程中地层孔隙压力的监测，为后续地层孔隙压力扩散方程提供基础。

7.8.3　计算步骤

图 7.26 是页岩气水平井组压裂过程中预测断层滑移及压裂作业优化流程图，包括如下主要步骤。

(1)构建压裂过程地层孔隙压力一维扩散模型：

$$\frac{\partial^2 p}{\partial z^2} = \frac{1}{\alpha}\left(\frac{\partial p}{\partial t}\right)$$

式中，z 为距离；t 为时间；α 为页岩地层的扩散系数；p 为地层孔隙压力。

(2)结合压裂点与监测点井口压力，计算对应的地层孔隙压力：

$$p_{wf1} = p_{wh1} + p_{h1} - \Delta p_{wb1} - \Delta p_{perf1} - \Delta p_{near1}$$

式中，p_{wf1}、p_{wh1}、p_{h1} 分别为压裂点水平井的井底压力、井口压力、压裂液静水压力；Δp_{wb1}、Δp_{perf1}、Δp_{near1} 分别为压裂井井筒摩阻、射孔孔眼摩阻和近井弯曲摩阻。

$$p_{wf2} = p_{wh2} + p_{h2} - \Delta p_{wb2} - \Delta p_{perf2} - \Delta p_{near2}$$

式中，p_{wf2}、p_{wh2}、p_{h2} 分别为监测点水平井的井底压力、井口压力和压裂液静水压力；Δp_{wb2}、Δp_{perf2}、Δp_{near2} 分别为监测水平井筒摩阻、射孔孔眼摩阻和近井弯曲摩阻。

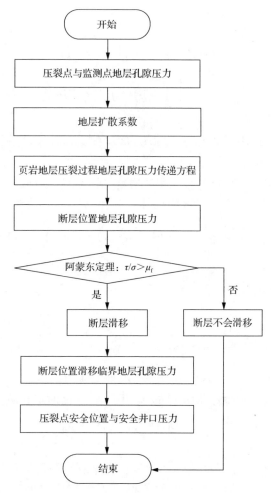

图 7.26　页岩气水平井组压裂过程中预测断层滑移及压裂作业优化流程图

τ 表示断层面的剪应力；σ 表示断层面的有效主应力；μ_f 表示断层面的摩擦系数

（3）求解、确定页岩地层压裂过程中孔隙压力的扩散系数。将步骤（2）中计算的压裂点水平井的井底压力 p_{wf1} 与监测点水平井的井底压力 p_{wf2} 视为这两点的地层孔隙压力 p_1、p_2，已知两点距离 z，结合两点不同时间下的地层孔隙压力，反演求取扩散系数 α：

$$p_2(z,t) = \left[1 - \mathrm{erf}\left(\frac{z}{2\sqrt{\alpha t}}\right)\right] p_1(z,t)$$

式中，z 为距离；t 为时间。

(4) 得到确定的适用于该段地层的地层孔隙压力扩散方程, 求取压裂开始后地层不同位置、不同时间点的地层孔隙压力图版:

$$p(z,t) = \left[1 - \mathrm{erf}\left(\frac{z}{2\sqrt{\alpha t}}\right)\right] p_0$$

式中, $p(z,t)$ 为要求取的目标点地层孔隙压力; p_0 为压裂点稳定后地层孔隙压力; z 为距离; t 为时间。

(5) 基于确定的压裂过程地层孔隙压力扩散模型, 计算断层随时间变化对应的地层孔隙压力值 p_p。

(6) 利用阿蒙东定律判断断层、裂缝滑移的可能性。可以计算得到断层面的有效主应力 $\sigma_\mathrm{n} = S_\mathrm{n} - p_\mathrm{p}$, S_n 为垂直断层面方向的主应力, 根据阿蒙东定律判断是否导致断层滑移: 若 $\dfrac{t}{\sigma_\mathrm{n}} > \mu_\mathrm{f}$, 则断层滑移; 否则断层不会滑移。

(7) 若预判断层发生滑移, 根据临界状态的断层主地应力关系计算断层滑移的极限地层孔隙压力 $p_{\mathrm{p\,max}}$:

$$\frac{\sigma_1}{\sigma_3} = \frac{\sigma_\mathrm{H} - p_{\mathrm{p\,max}}}{\sigma_\mathrm{h} - p_{\mathrm{p\,max}}} = [(\mu^2+1)^{0.5} + \mu_\mathrm{f}]^2$$

式中, σ_H 为最大水平主应力; σ_h 为最小水平主应力。

(8) 根据极限地层孔隙压力 $p_{\mathrm{p\,max}}$, 利用压裂过程地层孔隙压力扩散方程, 确认距离 z 的安全值及安全压裂稳定后地层孔隙压力 p_0, 再通过后续计算得到安全压裂后压裂点水平井井口压力 p_{wf1}。

上述计算过程给出了借助相邻两井压裂数据判断断层滑移的初步计算方法, 但是由于我国页岩地层的复杂性, 加之断层、天然裂缝的识别精度有待提高, 关于压裂过程中断层滑移的判断及相关参数的确定等仍是一个难题, 有待进一步研究。

7.9　井身结构优化

井身结构合理与否对生产井的全寿命周期有显著影响, 井眼、套管和水泥环的尺寸都会对套管受力产生影响。特别是由于地质条件的限制, 我国页岩气井井眼轨迹质量普遍不太好, 套管下入过程中摩阻很大。如果能够适当调整井身结构、增大造斜段的尺寸, 则可以降低下套管过程的摩阻, 提高压裂前入井套管的先期结构完整性，显然是有利的。

　　我国页岩气区块多集中于川渝地区，实钻地层岩性复杂，矿物成分变化大，多种岩性交错互层发育；实钻过程中需要穿过多套压力体系不同的层位，导致钻井过程中地层易漏易垮、井下复杂事件频发，目标地层龙马溪组下部页岩层由于地层较薄且倾角较大，水平井井眼轨迹控制难度大，多为复杂的三维轨迹。固井时套管下入十分困难，套管下入过程中需要多次上拉下砸，由摩阻的影响导致套管下入后磨损严重、弯曲段套管弯曲应力集中，严重影响了套管的剩余强度。

　　套管与井眼之间摩阻过大的重要原因是套管与井眼之间间隙过小，导致套管通过弯曲井眼时阻力过大，尤其是井眼存在岩屑时，会导致套管下入时阻卡严重。因此，有必要从扩大套管与井眼之间间隙的角度出发，降低页岩气井套管下入过程中的摩阻。以长宁某实钻页岩气井为例，分析不同井眼扩大条件下套管下入的摩阻，页岩气井井身结构如图 7.27 所示。

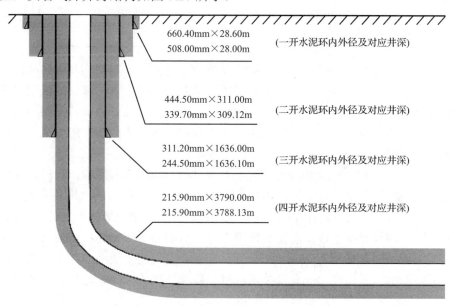

图 7.27　某实钻页岩气井井身结构

页岩气井不同开次对应的钻头尺寸及套管尺寸见表 7.11。

表 7.11　页岩气井不同开次对应的钻头尺寸及套管尺寸

开次	钻头尺寸/mm	套管内径/mm	套管外径/mm	套管鞋下入深度/m
一开	444.5	317.86	339.7	309
二开	311.2	222.4	244.5	1634
三开	215.9	121.36	139.7	3788

在本案例中，分 3 种情况分析套管下入时的摩阻：一是原始井身结构条件下的摩阻分析；二是在造斜段位置采用扩眼的方式钻井，具体措施为在井深 1634～2512m 井段，使用钻头直径由 8.5in 扩大至 8.75in，在井深为 2512～3788m 井段，保持钻头尺寸为 8.5in 不变；三是三开过程中，将钻头尺寸由 8.5in 改为 8.75in，即 1634～3788m 井段钻头尺寸由 8.5in 扩大至 8.75in。计算过程中设置钻井液密度为 1.38g/cm³，对比旋转下套管及滑动下套管条件下井身结构对套管下入难度的影响，计算结果见表 7.12。

表 7.12　不同条件下套管下入难度对比

项目	旋转下套管		滑动下套管	
	大钩载荷/(10⁴N)	扭矩/(10³N·m)	大钩载荷/(10⁴N)	扭矩/(10³N·m)
原始井身结构	44.46	8.54	25.91	
造斜段扩眼	44.46	8.17	28.07	
三开整体扩眼	44.46	6.63	32.77	

从表 7.12 中可以看出，旋转下套管条件下，不同的井身结构对大钩载荷没有明显影响，主要是因为旋转条件下忽略了井壁对套管的阻力；造斜段扩眼时可以降低转盘扭矩，有利于降低套管下入的难度。滑动下套管条件下，扩眼后的大钩载荷大于原始井身结构条件下的大钩载荷，说明套管下入时的摩阻变小。显然，无论采用何种下套管方式，井眼扩径均有利于套管下入。

上述研究表明，井身结构尺寸对下套管过程有较明显的影响。同时，井身结构的层次对套管完整性也有很大影响。以加拿大 Duvernay 页岩气区块为例，部分井采用了尾管完井方式，压裂过程中，在尾管顶部区域出现了较严重的变形问题。分析表明，尾管悬挂部位密封性易出现问题，压裂液突破密封后，通过技术套管鞋位置进入 Ireton 地层。该套地层裂缝、断层十分发育，进而引起了地层滑移，导致套管变形。后通过上提套管技术，避开裂缝发育的 Ireton 地层，或改用生产套管完井，套管变形问题得到了显著改善。

国内页岩气典型井身结构一般采用三开井身结构，即导管+一开+二开+三开。图 7.28 为加拿大 Duvernay 页岩气典型井井身结构，一般采用两种类型：尾管悬挂及生产套管从井口下至井底。由图可见，中国和加拿大的页岩气井身结构比较类似，主要区别在于是否使用尾管悬挂方式。

本书统计了 Duvernay 页岩气区块 6 个平台共计 37 口井的情况，其中 9 口井使用尾管完井方式，其他 28 口井采用生产套管完井方式。套管变形情况如图 7.29 所示。使用尾管的井在 Ireton 地层处发生套管变形的比例为 77.8%，变形量较大。使用套管完井的，在 Ireton 地层处发生套管变形的比例为 3.6%，且变形轻微。

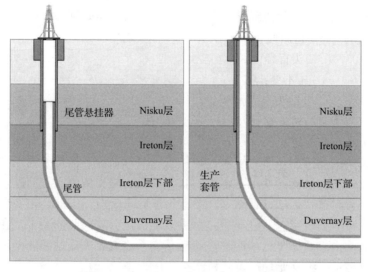

图 7.28　Duvernay 页岩气典型井身结构

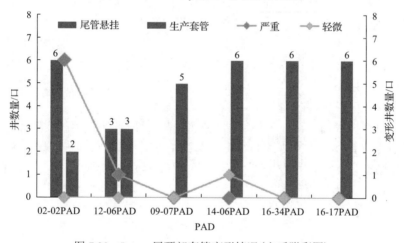

图 7.29　Ireton 层顶部套管变形情况（文后附彩图）

根据井身结构设计，技术套管下入深度都位于 Ireton 地层顶下部 5～17m，该层位天然裂缝和断层较为发育。分析认为，尾管悬挂部位是薄弱点，在多级压裂过程中，井筒温度压力频繁升降、交替变化，很可能导致水泥环失效，导致压裂液通过技术套管鞋底部进入 Ireton 地层。大量的压裂液进入地层后，引起了地层滑移，进而导致套管变形。

针对上述分析结果，建议采取两种应对措施：第一种措施是不采用尾管悬挂方式，将生产套管升至地面。由于压裂液无法进入裂缝发育的 Ireton 地层，也就避免了相应的地层滑移问题。这种方式的缺点是生产套管长度增大，成本有所增加。第二种措施是仍然采取尾管悬挂方式，但要提升中间套管下入深度，使套管鞋远离 Ireton 层位，这样也能有效避开裂缝发育的 Ireton 地层。上述方案均取得了良好的效果，使 Ireton 地层套管变形问题大大缓解。

7.10　可溶桥塞

桥塞是水平井分段压裂分层封隔的重要工具，压裂施工后，必须使用带磨鞋的连续油管一次性钻磨掉所有桥塞，才能打开油气通道，保持井筒畅通。但压裂施工过程中，易出现套管变形，造成钻塞周期长、施工成本高等问题。如果套管变形严重，有时甚至无法进行钻塞，要被迫放弃压裂段。因此，需要研究一种新型免钻铣的可溶解桥塞[27]，在压裂过程中能够满足分层封隔的要求，在压裂结束后的一段时间内，桥塞可自动溶解，避免压裂丢段或者无法钻塞的问题。目前，我国页岩气现场已经开始使用可溶桥塞进行压裂施工。

可溶桥塞是一种压裂之后免于钻除的桥塞，主体采用轻质高强度可溶合金材料，强度高，耐压 70MPa，遇水可溶，溶解时间可控。压裂施工结束后，可溶桥塞在高温高压环境下与井筒内的液体发生化学反应，溶解后随返排液排出井筒。避免了可钻式桥塞在下钻具磨铣过程易造成井下事故、碎屑和作业液体易污染储层等缺点。采用小直径系列化可溶桥塞后，丢段、合压的比例大幅降低，在一定程度上改善了分段压裂改造效果。

可溶桥塞技术的关键在于桥塞的快速溶解。桥塞的快速溶解实际上是桥塞组成材料中镁及其合金快速腐蚀的结果。腐蚀是材料在周围环境(液体、气体)作用下，由化学变化、电化学变化或者物理溶解而产生的。桥塞的作用介质环境是复杂的，当使用完井液的种类不同时会产生差异。但对腐蚀溶解起主要作用的是介质中的水溶液及氯离子。在水溶液中有[28]

$$Mg+2H_2O \longrightarrow H_2\uparrow + Mg(OH)_2$$

阴极反应：

$$Mg \longrightarrow Mg^{2+}+2e^-$$

阳极反应：

$$2H_2O+2e^- \longrightarrow H_2\uparrow + 2OH^-$$

$$Mg^{2+}+2OH^- \longrightarrow Mg(OH)_2\downarrow$$

镁在腐蚀时会产生钝化膜，但是其不属于致密性氧化膜，因此无法形成保护作用。由于氯离子半径小，穿透能力强，当镁合金处于含氯离子的溶液中时，氯离子很容易穿过氧化膜到达金属表面，并与金属相互作用形成可溶性化合物，达到溶解的效果[29]。

　　尽管该方法优点突出，但可溶桥塞也有一些自身的不足，由于井下环境复杂，不同环境下，无论是材料的溶解时间还是材料溶解后的黏度都会受到环境介质的影响。因此压裂作业必须根据其溶解情况来调整，这使现场作业的难度有所增加。

参 考 文 献

[1] 张宏军. 国产旋转尾管悬挂器在国内的首次应用[J]. 石油钻采工艺, 2009, 31(5): 105-107.

[2] 步玉环, 郭胜来, 马明新, 等. 复杂井眼条件下旋转套管速度对固井质量的影响[J]. 石油学报, 2011, 32(3): 529-533.

[3] 王金堂, 孙宝江, 李昊, 等. 大位移井旋转套管固井顶替模拟分析[J]. 中国石油大学学报(自然科学版), 2015, 39(3): 89-97.

[4] Clark C R, Carter L G. Mud displacement with cement slurries[J]. Journal of Petroleum Technology, 1973, 25(7): 775-783.

[5] 郑水刚. 偏心环空旋转套管流场对水泥浆顶替效率的影响[J]. 西部探矿工程, 1994, 6(2): 33-37.

[6] 丁士东, 高德利, 于东. 不同套管-井眼组合下旋转套管速度分析研究[J]. 石油钻探技术, 2006, 34(6): 33-35.

[7] 郑友志, 刘伟, 余才焌, 等. 旋转套管固井工艺技术在 LG-A 井的应用[J]. 天然气工业, 2010, 30(4): 74-76.

[8] 孙厚彦. 国内陆上首次旋转固井在 YK10 井的应用[J]. 西部探矿工程, 2006, 123(7): 188-189.

[9] 赵宝祥, 陈江华, 任国琛, 等. 高压窄密度窗口油基钻井液固井技术[J]. 石油钻采工艺, 2016, 38(6): 808-812.

[10] 王瑞和, 李明忠, 王成文, 等. 油气井注水泥顶替机理研究进展[J]. 天然气工业, 2013, 33(5): 69-76.

[11] 邵景妍. 带凹陷井筒固井驱替效率的数值研究[D]. 西安: 西安石油大学, 2016.

[12] 舒秋贵, 罗德明, 焦建芳, 等. 泥页岩层不规则井眼环空注水泥顶替理论与技术[J]. 钻采工艺, 2012, 35(4): 29-31.

[13] 舒秋贵. 油气井固井注水泥顶替理论与技术综述[J]. 西部探矿工程, 2005, 116(12): 89-91.

[14] 聂翠平, 林家昱, 吴朗, 等. 一种基于赫巴流型的注水泥紊流临界排量计算方法[J]. 西安石油大学学报(自然科学版), 2014, 29(5): 66-69, 8.

[15] 郭雪利, 李军, 柳贡慧, 等. 温-压作用下水泥环缺陷对套管应力的影响[J]. 石油机械, 2018, 46(4): 112-118.

[16] 宋治, 崔孝秉, 史交齐. 全国油层套管损坏情况调查原因分析、防治推荐意见[C]. 中国石油天然气集团公司石油管材研究所, 西安, 1998.

[17] 赵军. 页岩气井固井水泥浆体系研究进展[J]. 科技视界, 2018(12): 220-222.

[18] 陶谦, 丁士东, 刘伟, 等. 页岩气井固井水泥浆体系研究[J]. 石油机械, 2011, 39(S1): 17-19.

[19] Fisher M K, Wright C A, Davidson B M, et al. Integrating fracture mapping technologies to improve stimulations in the Barnet Shale[J]. SPE Production & Facilities, 2005, 20(20): 85-93.

[20] Olson J E. Multi-fracture propagation modeling: Applications to hydraulic fracturing in shales and tight gas sands[C]. The 42nd U.S. Rock Mechanics Symposium held in San Francisco, California, USA, 2008, ARMA-08-327.

[21] Soliman M Y, East L E, Adams D L. Geomechanics aspects of multiple fracturing of horizontal and vertical wells[J]. SPE Drilling & Completion, 2008, 23(3): 217-228.

[22] Singh V, Roussel N P, Sharma M M. Stress reorientation and fracture treatments in horizontal wells[C]. The SPE Annual Technical Conference and Exhibition, Denver, 2008.

[23] Roussel N P, Sharma M M. Optimizing fracture spacing and sequencing in horizontal well fracturing[C]. The SPE International Symposium and Exhibition on Formation Damage Control, Lafayette, 2010.

[24] 张汝生, 王强, 张祖国, 等. 水力压裂裂缝三维扩展 ABAQVS 数值模拟研究[J]. 石油钻采工艺, 2012, 34(6): 69-72.

[25] Healy J H, Rubey W W, Griggs D T, et al. The denver earthquakes[J]. Science, 1968, 161(3848): 1301-13110.

[26] Zoback M L. Stress field constrains on intraplate seismicity in eastern North America[J]. Journal of Geophysical Research, 1992, 97(B6): 11761-11782.

[27] 王林, 张世林, 平恩顺, 等. 分段压裂用可降解桥塞研制及其性能评价[J]. 科学技术与工程, 2017, 17(24): 228-232.

[28] 李宗田, 苏建政, 张汝生. 现代页岩气水平井压裂改造技术[M]. 北京: 中国石化出版社, 2016.

[29] 钟诗宇, 关馨, 王小红. 水平井分段压裂用桥塞研究现状及发展趋势[J]. 新疆石油科技, 2018, 28(3): 35-38.

彩　　图

图 1.2　中国第一口页岩气井——威 201 井

图 1.3　中石化涪陵"页岩气开发功勋井"——焦页 1HF 井

图 1.5　广西桂融地 1 井现场

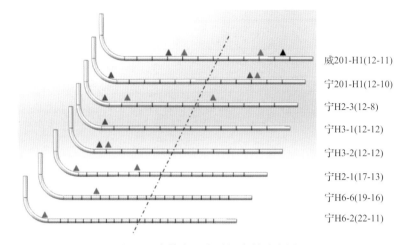

图 1.8　套管变形在时间上的分布图

黑色表示在压裂过程中发生套管变形；绿色表示在下桥塞过程中发生套管变形；
蓝色表示在钻桥塞过程中发生套管变形

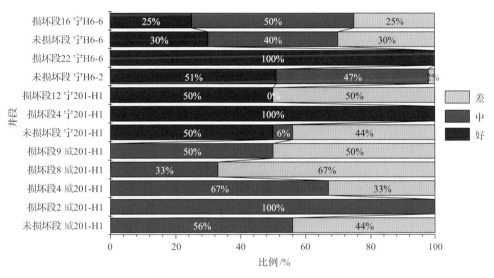

图 1.9　套管变形井段固井质量情况

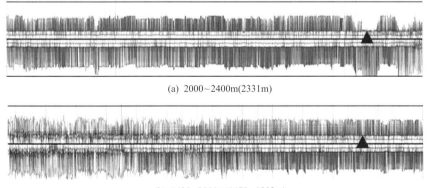

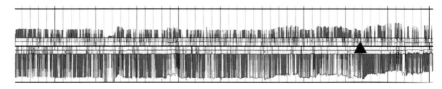

(c) 2500~2600m(2579m)

图 1.13　威 201-H1 井套管偏心与套管变形点

三角表示套损位置

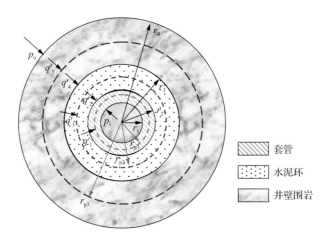

	套管
	水泥环
	井壁围岩

图 2.12　套管、水泥环及井壁围岩弹塑性组合体示意图

q'_1、q'_3、q'_5 分别为套管、水泥环、井壁围岩弹塑性界面应力；q'_2、q'_4 分别为套管-水泥环、水泥环-井壁围岩间的相互作用力

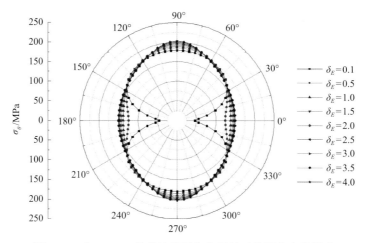

图 3.29　威 201-H1 井弹性模量各向异性对井周应力的影响

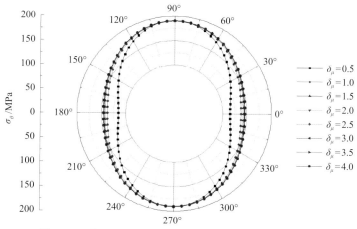

图 3.30　威 201-H1 井泊松比各向异性对井周应力影响

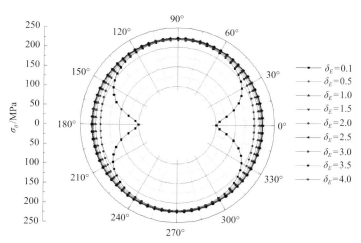

图 3.32　焦页 2HF 水平井弹性模量各向异性对井周应力的影响

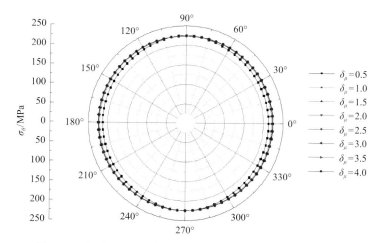

图 3.33　焦页 2HF 水平井泊松比各向异性对井周应力的影响

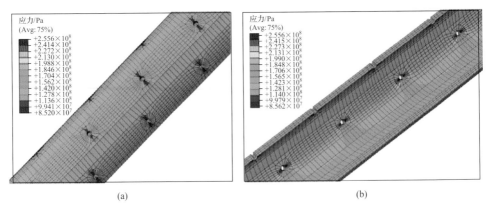

(a)   (b)

图 4.4   不同射孔密度条件下套管最大等效应力云图

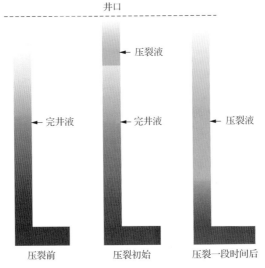

图 4.7   压裂液温度沿井筒分布示意图

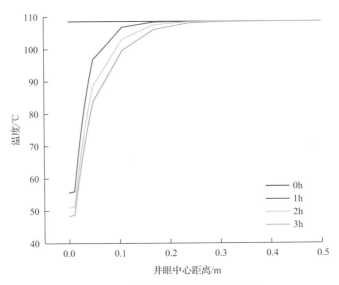

图 4.12   不同时刻井筒径向温度分布

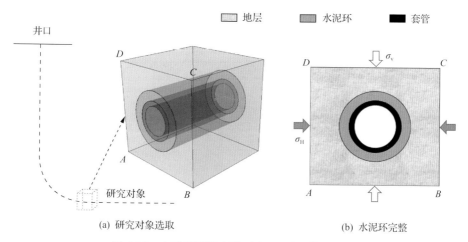

図例: 地层 ☐ 水泥环 ☐ 套管 ☐

(a) 研究对象选取   (b) 水泥环完整

图 4.16 水平段跟端套管-水泥环-地层简化模型

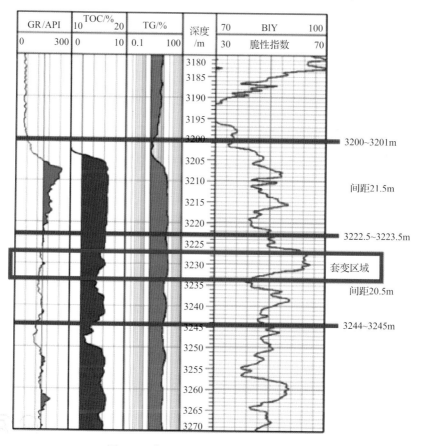

图 5.2 威 202H2-1 套变区域测井解释

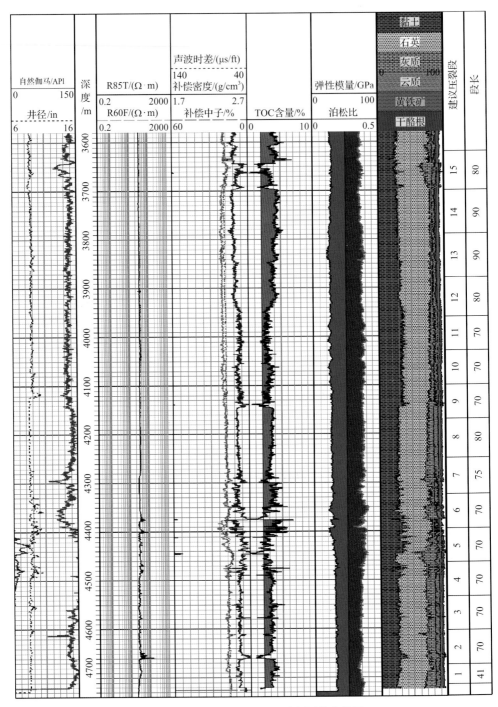

图 5.12 威 X 井的 13 级压裂段测井曲线图

1in=2.54cm；1ft=3.048×10⁻¹m

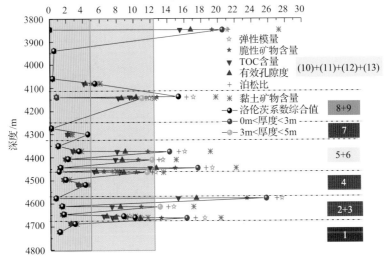

(a) 威X井的13级压裂段非均质性指数

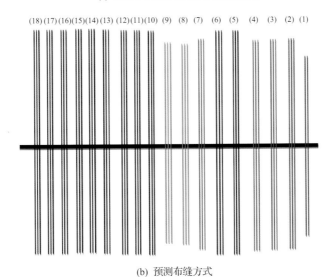

(b) 预测布缝方式

图 5.13 威 X 井 13 级压裂段的非均质性表征结果及预测布缝方式

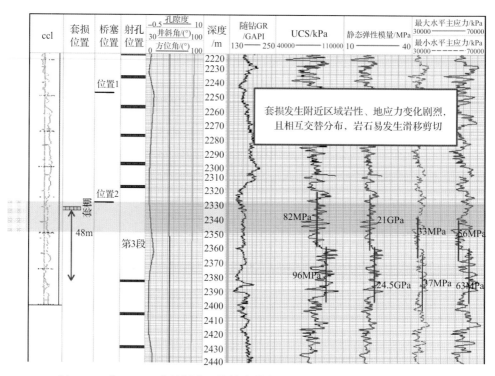

图 5.14　威 201-H1 井储层岩石特性交替变化测井数据(套变点 2331m 处)

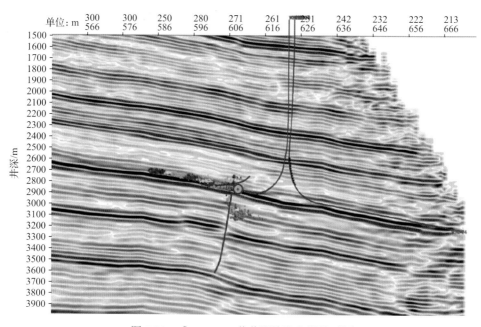

图 5.24　威 202H2-1 井井眼轨迹和微地震图

图 5.25 威 202H2-1 井微地震事件投影图

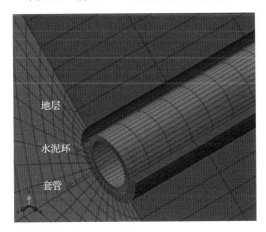

图 5.28 井筒穿越断层数值模型

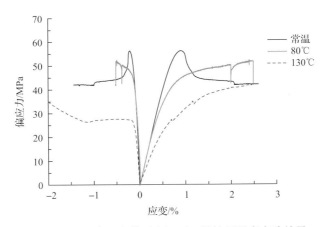

图 6.5 高温条件下水泥石三轴抗压强度实验结果

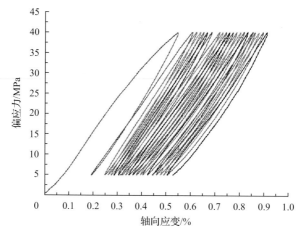

图 6.6　试样 1-3 循环加卸载应力-应变曲线

不同颜色的线表示不同的加载次数

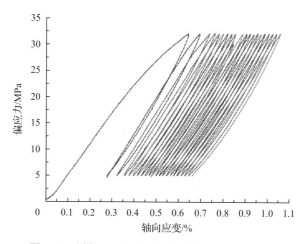

图 6.7　试样 2-3 循环加卸载应力-应变曲线

不同颜色的线表示不同的加载次数

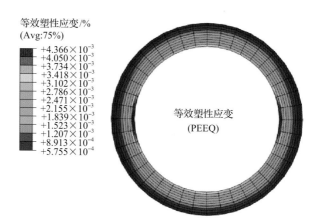

图 6.30　压裂 10 次后水泥环等效塑性应变云图

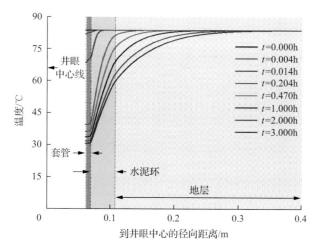

图 6.36　不同时刻井筒组合体温度径向分布

图 6.39　套管-水泥环不同时刻的温度分布云图

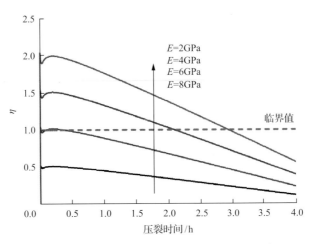

图 6.49　不同弹性模量下水泥环失效判定曲线

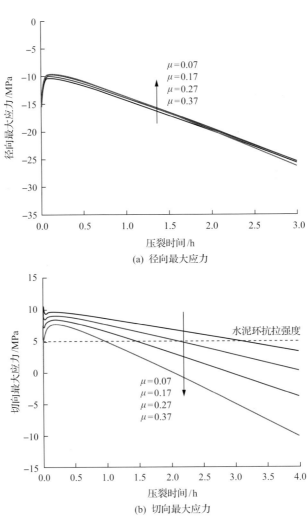

(a) 径向最大应力

(b) 切向最大应力

图 6.50　不同泊松比下水泥环径向、切向最大应力瞬态变化

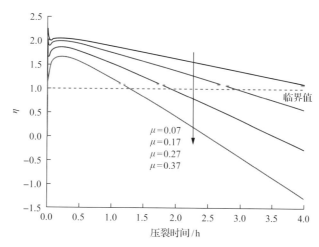

图 6.51　不同泊松比下水泥环失效判定曲线

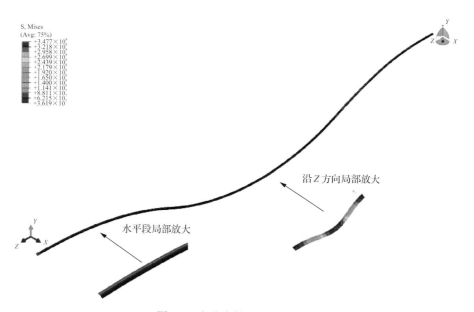

图 7.4　弯曲套管应力分布情况

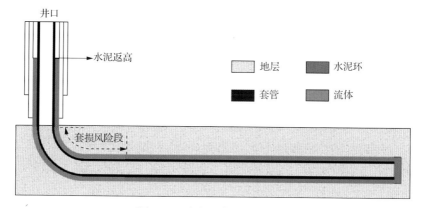

图 7.11　分段固井方法示意图

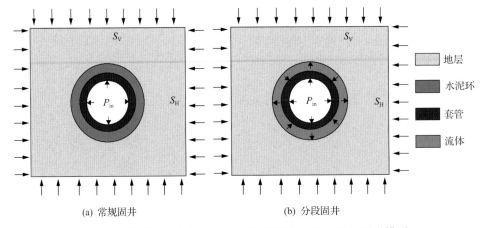

(a) 常规固井　　　　　　　　　　　　　(b) 分段固井

图 7.12　常规固井与分段固井条件下套管-水泥环-地层受力模型

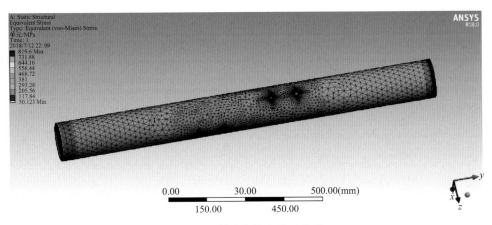

图 7.16　射孔套管有限元模型

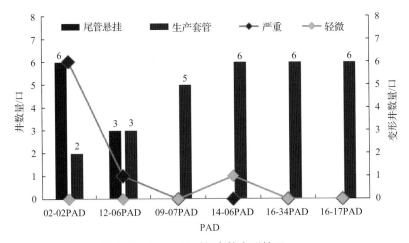

图 7.29　Ireton 层顶部套管变形情况